"十三五"江苏省高等学校重点教材（编号：2018－2－089）

全国高等职业教育"十三五"规划教材

通信技术与系统简明教程

主　编　华永平

副主编　范　宇

参　编　余　华

U0255936

机械工业出版社

本书以通信技术与系统为主线，将传统的涉及信号与线性网络、高频电子技术、数字通信技术、移动通信技术等多门课程的理论教学内容进行整合和压缩，将庞杂、认识上有难度的知识体系化繁为简，并尽量做到把理论知识与通信技术工作实践进行有机结合。总的学习内容可压缩为一门课（60~70学时）。

本书主要包括通信系统概述，通信信号、滤波器与传输信道，频率的产生与合成技术，模拟通信技术与系统、模拟信号数字化与编码技术，数字信号基带与频带传输技术，移动通信技术与系统共7章内容，其中第2~6章共安排了16个仿真实训，各章均含有适量的思考题与习题。

本书可作为高职高专院校电子信息工程技术、物联网应用技术、计算机网络技术、应用电子技术等专业的教材，也可供工程技术人员参考。

本书配有电子课件，需要的教师可登录 www.cmpedu.com 免费注册，审核通过后下载；或联系编辑索取（QQ：1239258369，电话：010-88379739）。

图书在版编目（CIP）数据

通信技术与系统简明教程/华永平主编 . —北京：机械工业出版社，2019.7

全国高等职业教育"十三五"规划教材

ISBN 978-7-111-63263-4

Ⅰ . ①通…　Ⅱ . ①华…　Ⅲ . ①通信技术-高等职业教育-教材 ②通信系统-高等职业教育-教材　Ⅳ . ①TN91

中国版本图书馆 CIP 数据核字（2019）第 145059 号

机械工业出版社（北京市百万庄大街 22 号　邮政编码 100037）
策划编辑：和庆娣　责任编辑：和庆娣
责任校对：刘志文　责任印制：张　博
三河市宏达印刷有限公司印刷
2019 年 9 月第 1 版第 1 次印刷
184mm×260mm · 13 印张 · 320 千字
0001—2500 册
标准书号：ISBN 978-7-111-63263-4
定价：39.90 元

电话服务　　　　　　　　网络服务
客服电话：010-88361066　机 工 官 网：www.cmpbook.com
　　　　　010-88379833　机 工 官 博：weibo.com/cmp1952
　　　　　010-68326294　金 书 网：www.golden-book.com
封底无防伪标均为盗版　机工教育服务网：www.cmpedu.com

全国高等职业教育规划教材
电子类专业编委会成员名单

出版说明

《国务院关于加快发展现代职业教育的决定》指出：到 2020 年，形成适应发展需求、产教深度融合、中职高职衔接、职业教育与普通教育相互沟通，体现终身教育理念，具有中国特色、世界水平的现代职业教育体系，推进人才培养模式创新，坚持校企合作、工学结合，强化教学、学习、实训相融合的教育教学活动，推行项目教学、案例教学、工作过程导向教学等教学模式，引导社会力量参与教学过程，共同开发课程和教材等教育资源。机械工业出版社组织全国 60 余所职业院校（其中大部分是示范性院校和骨干院校）的骨干教师共同策划、编写并出版的"全国高等职业教育规划教材"系列丛书，已历经十余年的积淀和发展，今后将更加结合国家职业教育文件精神，致力于建设符合现代职业教育教学需求的教材体系，打造充分适应现代职业教育教学模式的、体现工学结合特点的新型精品化教材。

"全国高等职业教育规划教材"涵盖计算机、电子和机电 3 个专业，目前在销教材 300 余种，其中"十五""十一五""十二五"累计获奖教材 60 余种，更有 4 种获得国家级精品教材。该系列教材依托于高职高专计算机、电子和机电 3 个专业编委会，充分体现职业院校教学改革和课程改革的需要，其内容和质量颇受授课教师的认可。

在系列教材策划和编写的过程中，主编院校通过编委会平台充分调研相关院校的专业课程体系，认真讨论课程教学大纲，积极听取相关专家意见，并融合教学中的实践经验，吸收职业教育改革成果，寻求企业合作，针对不同的课程性质采取差异化的编写策略。其中，核心基础课程的教材在保持扎实的理论基础的同时，增加实训和习题以及相关的多媒体配套资源；实践性较强的课程则强调理论与实训紧密结合，采用理实一体的编写模式；涉及实用技术的课程则在教材中引入了最新的知识、技术、工艺和方法，同时重视企业参与，吸纳来自企业的真实案例。此外，根据实际教学的需要对部分课程进行了整合和优化。

归纳起来，本系列教材具有以下特点。

1）围绕培养学生的职业技能这条主线来设计教材的结构、内容和形式。

2）合理安排基础知识和实践知识的比例。基础知识以"必需、够用"为度，强调专业技术应用能力的训练，适当增加实训环节。

3）符合高职学生的学习特点和认知规律。对基本理论和方法的论述容易理解、清晰简洁，多用图表来表达信息；增加相关技术在生产中的应用实例，引导学生主动学习。

4）教材内容紧随技术和经济的发展而更新，及时将新知识、新技术、新工艺和新案例等引入教材。同时注重吸收最新的教学理念，并积极支持新专业的教材建设。

5）注重立体化教材建设。通过主教材、电子教案、配套素材、实训指导和习题及解答等教学资源的有机结合，提高教学服务水平，为高素质技能型人才的培养创造良好的条件。

由于我国高等职业教育改革和发展的速度很快，加之我们的水平和经验有限，因此在教材的编写和出版过程中难免出现问题和疏漏。恳请使用这套教材的师生及时向我们反馈质量信息，以利于我们今后不断提高教材的出版质量，为广大师生提供更多、更适用的教材。

机械工业出版社

前　言

随着信息与通信技术的飞速发展，相关产业的发展也日新月异，与此同时，产业发展对职业类岗位人才提出了新的要求，即重点要求从业人员具备一定的信息系统及工程的实施与运行保障能力而非设计与开发能力；对相关的底层电路和信息处理的底层技术只需了解其基本概念和基本原理即可，无须做深入的理论学习和研究。因此，传统的专业课程体系内容需要进行有效的调整。在原高职高专电子信息类专业的课程体系中，一般都包含信号与线性网络、高频电子技术（或射频电子技术）、通信技术基础（或数字通信技术）、移动通信技术等内容，这些内容总体来说，存在着学习周期较长、理论程度较深、学习难度较大、实践教学难以开展、理论学习与实际工作差距较大等问题。有相当一部分高职院校，为回避此类课程学习难度问题，甚至取消了信号与线性网络、高频电子技术等课程内容，但同时也造成了学生在通信技术与系统方面基础知识结构的缺陷和认知上的不足，也对今后从事相关工作产生了不利影响。因此，目前急需能有效解决上述教学问题的相关教材。

基于上述思路，本书依据高职高专电子信息类专业相关岗位对信息与通信系统工程实施与运行等方面的职业技能要求，大幅度调整传统课程体系，按照毕业生岗位能力结构的变化重新组织相关教学内容，并嵌入一定的仿真实践学习内容，以增强学习者良好的学习体验和学习效果。

全书分为7章，主要内容如下。

第1章：介绍通信的基本概念和通信系统的一般模型；模拟通信系统、数字通信系统、现代通信网组成结构与核心指标等内容。

第2章：介绍通信信号、滤波器和传输信道等内容；并安排了三个仿真实训。

第3章：介绍反馈式正弦波振荡器的组成原理与性能指标、电容三点式振荡器、石英晶体振荡器、混频技术、频率合成技术等内容；并安排了三个仿真实训。

第4章：介绍电波传播与天线、调幅通信发射技术与系统、调幅通信接收技术与系统、调频通信技术与系统、微波通信技术与系统等内容；并安排了四个仿真实训。

第5章：介绍脉冲编码调制（PCM）、抽样信号的量化、PCM编码与解码、语音压缩编码技术、差错控制编码技术等内容；并安排了两个仿真实训。

第6章：介绍数字信号基带传输系统、数字基带信号及其传输技术、数字信号频带传输系统、数字调制技术、复用技术、数字通信系统的同步技术等内容；并安排了四个仿真实训。

第7章：简述移动通信发展历程；介绍移动通信的主要特点、工作频段、工作方式、组网技术，移动通信系统，移动通信终端设备等内容。

本书可作为高职高专院校电子信息工程技术、物联网应用技术、计算机网络技术、应用电子技术等专业的教材，也可供工程技术人员参考。

本书由华永平担任主编，范宇担任副主编，余华参编。

因编者水平有限，书中难免有错漏之处，恳请读者批评指正。

编　者

目　　录

XI

第1章　通信系统概述

所谓通信，就是把消息（信息）从一地传递到另一地的过程。早在远古时期，人们就通过简单的语言、壁画等方式交换信息。千百年来，人们一直在用语言、图符、钟鼓、烟火、竹简、纸书等传递信息，古代人的烽火狼烟、飞鸽传信、驿马邮递就是这方面的例子。在现代社会中，交警的指挥手语、航海中的旗语等不过是古老通信方式进一步发展的结果。这些信息传递的基本方式都是依靠人的视觉与听觉。19世纪中叶以后，随着电报、电话的发明和电磁波的发现，通信领域产生了根本性的巨大变革，实现了利用金属导线来传递信息，通过电磁波来进行无线通信，使神话中的"顺风耳""千里眼"变成了现实。从此，人类的信息传递可以脱离常规的视听觉方式，用电信号作为新的载体，由此带来了一系列通信技术的革新，开始了人类通信的新时代。

1.1　通信和通信系统

1.1.1　通信的基本概念

通信技术的应用过程中，常常涉及以下几个方面的概念，需要加以说明。

（1）通信（Communication）

通信在不同的环境下有不同的解释，在出现无线电（波）通信（Radio Communication）后通信被单一解释为信息的传递，是指由一地向另一地进行信息的传输与交换，其目的是传输消息。然而，通信技术是在人类实践过程中随着社会生产力的发展对传递消息的要求不断提升而发展起来的，并推动人类文明的不断进步。在各种各样的通信方式中，利用"电"来传递消息的通信方式称为电信（Telecommunication），这种通信方式具有迅速、准确、可靠等特点，且几乎不受时间、地点、空间、距离的限制，因而得到了飞速发展和广泛应用。

随着现代科学水平的飞速发展，相继出现了无线电、固定电话、移动电话、互联网、视频电话等各种通信方式。通信技术拉近了人与人之间的距离，提高了经济增长的效率，深刻地改变了人类的生活方式和社会面貌。

（2）消息（Message）

消息这个词应用比较广泛，在社会生活中，新鲜事就叫消息，还指报道事情的概貌而不讲述详细的经过和细节，以简明的文字迅速及时地报道最新事实的短篇新闻宣传文书，也是最常见、最经常采用的新闻体裁。在通信中，消息特指信源所产生的信息的物理表现形式，是人们感觉器官所能感知的语言、文字、数据、图像等的统称。消息可分为离散消息和连续消息两类，如文字、符号、数据等消息状态是可数的或有限的，为离散消息；如语音、图像等消息状态是连续变化的，为连续消息。

（3）信息（Information）

信息是消息的内涵，即消息中所包含的对受信者（信宿）有意义的内容。即通信系统传输和处理的对象，泛指人类社会传播的一切内容。人通过获得、识别自然界和社会的不同信息来区别不同事物，得以认识和改造世界。在一切通信和控制系统中，信息是一种普遍联系的形式。1948年，数学家香农在其论文《通信的数学理论》中指出："信息是用来消除随机不定性的东西"。创建一切宇宙万物的最基本万能单位是信息。控制论创始人维纳（Norbert Wiener）认为"信息是人们在适应外部世界，并使这种适应反作用于外部世界的过程中，同外部世界进行互相交换的内容和名称"，它也被作为经典性定义加以引用。

信息与消息的区别：信息是包含在消息中的抽象量，消息是信息的载荷者；消息是具体的，信息是抽象的。信息是消息，但消息并不一定包含信息。

（4）信号（Signal）

信号是表示消息的物理量，是运载消息的工具，是消息的载体。如电信号可以通过幅度、频率、相位的变化来表示不同的消息。这种电信号有模拟信号和数字信号两类。从广义上讲，信号包含光信号、声信号和电信号等。按照实际用途区分，信号包括电视信号、广播信号、雷达信号、通信信号等；按照所具有的时间特性区分，则有确定性信号和随机性信号等。

与消息相对应，可将信号分为模拟信号和数字信号。相应地，将传输模拟信号的系统称为模拟通信系统；将传输数字信号的系统称为数字通信系统。

1.1.2　通信系统的一般模型

一个基于点与点之间的通信系统通常由信源、发送设备、信道、接收设备和信宿五大部分构成（噪声源不是独立的组成部分），其一般模型如图1-1所示。

图 1-1　通信系统的一般模型

通信系统一般模型的各组成部分功能如下。

（1）信源（Source，也称发终端）

信源的主要任务是将发信者提供的非电量消息（如声音、图像等）变换成电信号。常用的信源设备如传声器、摄像机等。它能反映待发的全部消息，因为这些电信号的频谱结构是低通的，所以称为基带信号。基带信号有两大类，一类是模拟信号，如音频信号及视频信号等；另一类是数字信号，如计算机输出的数据信号等。

（2）发送设备（Transmitter，也称发射机）

发送设备的主要任务有两个：一是调制，二是放大。其中调制是用基带信号去控制载波的某个参数，使该参数随基带信号的大小而做线性变化，将调制后的信号称为已调信号，调制的基本类型有调幅、调频和调相三类。放大就是对已调信号进行电压和功率放大，使信号在进入信道前有足够的发射功率。

（3）信道（Channel，也称传输媒介）

信道就是从发送端到接收端之间的路径，包括两个通信设备之间的所有的媒介——线路、中继器、无线电波等。信道可以是无线的，也可以是有线的。按信道的传输介质来分，可分为有线信道和无线信道；按频率带宽来分，可分为窄带信道和宽带信道等；按它所传输的信号类型来分，可分为数字信道和模拟信道；按存在形式来分，可分为物理信道和逻辑信道。信道既给信号传输提供通道，同时也会给信号带来各种干扰和噪声。

（4）接收设备（Receiver，也称接收机）

接收设备的主要任务是将信道传送过来的已调信号进行反向处理，以恢复出与发送端一致的基带信号。从已调信号中恢复基带信号的处理过程，称为解调，是调制的反过程。由于信道对信号会产生一些干扰和噪声，因而接收设备还必须具有从众多干扰信号中选出有用信号、滤除干扰信号的能力。

（5）信宿（Destination，也称收终端）

信宿是信息传输的归宿点或通信系统的终点，可以是人或者机器。其作用与信源的作用相反，即完成电量到非电量的变换，将恢复出来的原电信号转换成相应的消息或数据。常用的信宿设备有扬声器、耳机、显示器、计算机等。

（6）噪声源（Noise）

噪声源是信道中的噪声与干扰以及分散在通信系统其他各处的噪声与干扰的集中表示。显然噪声源不是人为加入的设备，也不构成独立的组成部分。

1.1.3　通信的分类

按照不同的划分方法，通信可分成许多种类。下面介绍几种比较常用的分类方法。

（1）按通信业务种类划分

按通信业务的种类，可分为电报、电话、传真、数据传输、移动电话、可视（移动）电话、网络通信等。另外从广义的角度来看，广播、电视、雷达、导航、遥控、遥测也可以列入通信范畴。由于广播、电视、雷达和导航技术的不断发展，目前它们已从通信中分离出来，形成了独立的学科。

（2）按用户类型划分

按用户类型可分为公用通信和专用通信。公用通信如公用电话网、公用移动电话网等；专用通信如机场通信、军事通信等。

（3）按传输媒介（信道）划分

按传输媒介可分为两类。

1）有线通信：即信号在电缆、光纤、波导上传输的通信，分别称为明线通信、光缆通信、波导通信。其特点是媒介是可见的固态实体。

2）无线通信：即电波在空间传输的通信。无线通信按传输方式可分为微波中继通信、散射通信和卫星通信等，按所用波段可分为超长波通信、长波通信、短波通信、超短波通信、微波通信、毫米波通信和光通信等。这种通信形式的特点是，传输媒介（如电磁波）是不可见的、非固态的物质。

（4）按所传送的信号形式划分

按所传送的信号形式可分为模拟通信和数字通信。模拟通信包括普通电话、普通传真和普通电视等。数字通信包括数字电话、数字电视及其他各类数据通信等。数据和数字的定义并没有严格的区分，一般可以这样认为，数据是预先约定的具有某些含义的数字、字母或符号的组合。可用数据表示的信息是十分广泛的，例如电子邮件、各种文本文件、电子表格、数据库文件、图形和二进制可执行程序等，所以数据信号属于数字信号。

（5）按调制方式划分

根据消息在到达信道之前是否采取调制，通信可分为基带传输通信和频带传输通信。所谓基带传输是指信号没有经过调制而直接进入信道中传输的通信方式；而频带传输是指信号经过调制后再送到信道中传输，在接收端有相应的解调措施的通信方式。频带传输又可分为模拟频带传输和数字频带传输等。模拟频带传输还可分为调幅（AM）、调频（FM）、相位调制（PM）等。数字频带传输还可分为幅移键控（ASK）、频移键控（FSK）、相移键控（PSK）等。

（6）按多地址复用方式划分

通信网有模拟通信网和数字通信网，按其多地址方式可分为空分多址通信、频分多址通信、时分多址通信、码分多址通信和波分多址通信等多地址通信复用方式。

（7）按通信工作方式划分

按通信工作方式可分为单工通信、半双工通信及全双工通信。

所谓单工通信，是指消息只能单方向进行传输的一种通信工作方式，如广播、遥控、无线寻呼等。所谓半双工通信方式，是指通信双方都能收发消息，但不能同时进行收和发的工作方式，如对讲机、收发报机等。所谓全双工通信，是指通信双方可同时进行双向传输消息的工作方式。对于这种方式，通信双方同时进行消息收发，很明显，全双工通信的信道必须是双向信道，如电话、手机等。

1.2 模拟通信系统简介

模拟通信技术是 20 世纪主流的通信技术，虽然目前是数字通信技术大行其道的时代，但其基础的信道传输技术（包括无线发送和接收技术）仍然以模拟技术为主，因此适当了解模拟通信技术及其系统是必要的。最典型的模拟通信系统是无线电广播通信系统，下面给予简要介绍。

1.2.1 无线电广播通信系统基本组成

无线电广播通信系统基本组成如图 1-2 所示。该系统与通信系统的一般组成类似，只不过这里的信源与输入变换器是分离的；发送设备的作用主要是用来将基带信号对高频载波进行调制形成高频已调信号并以较大的功率送入信道，以实现信号的有效传输；接收设备的作用正好和发送设备相反，将接收到的高频已调信号中的基带信号解调出来，通过输出变换器送给接收端（终端）。

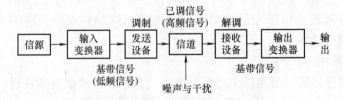

图 1-2　无线电广播通信系统基本组成

1.2.2 无线电广播发送设备

这里以无线电调幅广播通信为例，其发送设备的基本组成如图 1-3 所示。

图中，振荡器的作用是产生高频正弦信号，为后面的调制器提供基础的载波信号源；倍频器的作用是将振荡器产生的高频信号频率整数倍升高到所需的载波信号频率；调制放大器由低频电压和功率放大级组成，用来放大传声器所产生的微弱信号，并送入调制器；振幅调制器的作用则是将输入的高频载波信号和模拟低频调制信号（低频语音信号等）合成变换成高频已调信号，并以足够大的功率输送到天线，然后辐射到空间。

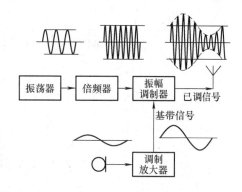

图 1-3　无线电调幅广播发送设备的基本组成

1.2.3 调制基本原理

前已述及，发送设备中要用到调制技术。那么何谓调制？用基带信号去控制高频信号的某一参数，使该参数按照基带信号规律变化的过程，称为调制。

若用基带信号去控制高频信号的振幅，称为调幅（Amplitude Modulation，AM）；若用基带信号去控制高频信号的频率，称为调频（Frequency Modulation，FM）；若用基带信号去控制高频信号的相位，称为调相（Phase Modulation，PM）。

在调制过程中，基带信号也称为调制信号，未调制的高频信号称为载波信号，经调制后的高频信号则称为已调信号（亦称频带信号）。

那么，在无线电通信过程中为何要采用调制技术？其原因有以下两点：

（1）天线尺寸大于信号波长的 1/10，信号才能有效发射

例如，某音频电信号频率为 $f = 1\text{kHz}$，则其波长为

$$\lambda = \frac{C}{f} = \frac{3 \times 10^8 \text{m/s}}{10^3 / \text{s}} = 300\text{km}$$

即天线长度需大于 300km，显然是不现实的。

（2）实现信道的频率复用

多路或多系统通信，需要给每路信号或每个系统分配一个频率信道，以避免相互干扰。利用调制技术可以方便地解决这个问题，即将不同的信号调制到不同的载波频率上即可。

1.2.4 无线电广播接收设备

这里仍以无线电调幅广播通信为例，其接收设备（超外差式调幅接收机）的基本组成如图 1-4 所示。

图中，高频放大器的作用首先是对天线所接收到的微弱信号进行频率预选（滤波），抑制无用频率的信号，保留所需的有用频率信号然后加以放大；混频器的作用是将高频放大器输出载频 f_c 的已调信号与本机振荡器输出的频率为 f_L 的高频等幅信号进行频率混合，并产生频率较低的固定中频 $f_I = f_L - f_C$ 的已调信号；中频放大器的作用是进一步滤除无用信号，并

将有用的中频信号放大到足够值；检波器对中频放大器送来的信号进行解调，可恢复出原基带信号，然后经低频放大器后输出。

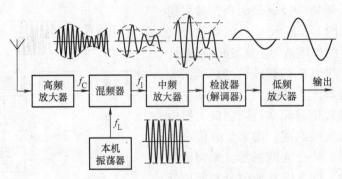

图 1-4　超外差式调幅接收机组成框图

1.2.5　模拟通信系统的主要性能指标

一个通信系统的质量优劣主要通过其性能指标的好坏来衡量。通常通信系统的性能指标涉及多个方面，如通信的有效性、可靠性、标准性和经济性等。由于通信的基本目的就是实现信息传输，那么信息传输的及时有效和准确可靠的程度就是对通信系统主要性能的要求，因此通信系统的主要性能指标即为通信的有效性和可靠性。

（1）有效性

模拟通信的有效性是指同一系统或信道在一定带宽范围内能容纳的通信信号（如语音）的路数。数量越多，有效性越好。

模拟通信系统的有效性通常用有效传输频带（系统带宽）来衡量，同样的消息用不同的调制方式，则需要不同的频带宽度。模拟系统的有效传输带宽越小，系统同时传输的话路数也就越多，有效性就越好。例如单边带（SSB）调制和普通调幅（AM）比较，对于每路话音信号，SSB 占用频带只有 AM 的一半，因此在一定频带内用 SSB 信号传输的路数可以比 AM 多一倍，可以传输更多消息，从而 SSB 的有效性比 AM 好。

（2）可靠性

模拟通信的可靠性是指通信信号（接收端）的质量，或者说通信信号的辨识度。一般可用信噪比和失真度来衡量。信号与噪声功率比（简称信噪比）S/N 越大，通信质量越高。模拟通信对 S/N 的要求是，对于一般无线电音频载波通信，则 $S/N \geqslant 26\text{dB}$；如果需要听清 95% 以上，则 $S/N \geqslant 40\text{dB}$；而电视节目由于清晰度要求很高，所以 $S/N \geqslant 40 \sim 60\text{dB}$。

S/N 是由信号功率和信号传输过程中引起的失真和各种干扰、噪声决定的，其中信号功率和信道中的加性噪声又是最主要的因素。决定 S/N 的重要因素是调制和解调方式。当信号功率一定，信道噪声一定时，即接收设备输入端的信噪比一定时，经过不同方式的解调后输出端的信噪比 S/N 是不同的。例如 FM 的可靠性高于 AM。因此在实际使用时需要根据不同条件和要求，选择抗噪声性能好的调制方式，以提高通信的可靠性。

1.2.6　通信波段划分

前已述及，在每一个无线电通信系统中，都会有一个载波信号来携载和传送基带信号，这个载波的频率也称为工作（主）频率。由于频率（频谱）是人类共同的资源，也是稀缺和有限的资源，必须加以管理和规范使用，既要做到不同系统之间不能相互干扰，还要做到合理、有效地开发和利用无线电频谱资源。为此国际无线电咨询委员会（CCIR）对通信波段做了一个明确的划分，如表1-1所示。

表1-1　通信波段划分

波段名称		波长范围	频率范围	频段名称
超长波		10~100km	3~30kHz	甚低频（VLF）
长波		1~10km	30~300kHz	低频（LF）
中波		100~1000m	0.3~3MHz	中频（MF）
短波		10~100m	3~30MHz	高频（HF）
超短波（米波）		1~10m	30~300MHz	甚高频（VHF）
微波	分米波	10~100cm	0.3~3GHz	特高频（UHF）
	厘米波	1~10cm	3~30GHz	超高频（SHF）
	毫米波	1~10mm	30~300GHz	极高频（EHF）
	亚毫米波	0.1~1mm	300~3000GHz	超极高频
红外光波		1~100μm	3~300THz	

一般调幅广播工作在中波段和短波段；单边带电台工作在短波段；调频广播工作在超短波波段；电视工作在超短波波段和分米波波段；移动通信则一般工作在分米波波段和厘米波波段。

1.3　数字通信系统简介

数字通信技术是当今主流的通信技术，由于其具有模拟通信技术无可比拟的优越性，因此在全球范围内得到了极为广泛的应用。下面对数字通信系统的基本构成和特点作简要介绍。

1.3.1　数字通信系统基本组成

数字通信系统基本组成如图1-5所示，其各组成部分的作用如下。

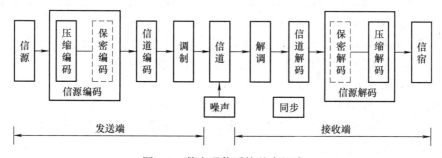

图1-5　数字通信系统基本组成

由于信源一般都是模拟信号，因此信源编码的主要作用是将模拟信号转换成相应的数字信号，即A-D转换，以进入数字通信系统传输，同时通过数据压缩技术降低单路数字信号的传码率，从而提高整个系统消息传输的有效性。另外从信息安全的角度考虑，一般还要进行保密编码。

信道编码的作用是减少信道中的干扰对信息传输质量的影响，以提高系统的可靠性。信道中的干扰有两个方面，一是来自外部的噪声与干扰使得接收端产生错码，可以通过"抗干扰编码"来提高数字通信系统的抗干扰能力，实现可靠通信；二是源自信道本身的频率特性的不理想而造成数字信号波形失真并使得接收端产生误判，可以通过码型变换（包括电信号波形变换）的方法使数字信号更适合在信道上传输。

调制的作用是对完全编码后的数字基带信号进行调制，并转换成适合信道传输的高频数字已调信号（数字频带信号），亦称数字调制。这里的数字调制本质上与模拟调制并无本质区别，也是将基带信号调制在高频正弦波上，仅仅是基带信号变成数字信号而已，因此两者的已调信号都具有模拟信号的基本特征。但由于数字已调信号携带的信息是数字的，因此仍然称其为数字信号。

接收端的解调是调制的逆过程，其作用是将接收到的数字已调信号转换为数字基带信号；同样信道解码、信源解码等部分的作用也与发送端对应部分的作用正好相反，是一一对应的逆变换关系。

同步是使收发两端的信号在时间上保持步调一致，它是保证数字通信系统有序、准确、可靠工作的前提条件。

1.3.2 信息量的概念及其计算

在数字通信系统中，"信息量"是一种基本的计量单位。所谓信息量是指衡量某消息中包含信息多少的物理量。

"信息"一词在概念上与消息的意义相似，但它的含义却更具普遍性和抽象性。信息可被理解为消息中包含的有意义的内容，消息可以有各种各样的形式，但消息的内容可统一用信息来表述。因此传输信息的多少可直观地使用"信息量"进行衡量。

在任何有意义的通信中，虽然消息的传递意味着信息的传递，但对接收者而言，一些消息比另外一些消息具有更多的信息。例如，甲方告诉乙方一件经常可能发生的事件，"明天中午12时正常开饭"，那么比起告诉乙方一件极不可能发生的事件，"明天中午12时有地震"来说，前一消息包含的信息显然要比后者少一些。因为对乙方（接收者）来说，前一事件很可能（必然）发生，不足为奇，而后一事件极难发生，听后会使人惊奇。这说明消息确实有量值的意义，而且可以看出，对接收者来说，事件越不可能发生，越会使人感到意外和惊奇，则信息量越大。正如已经指出的，消息是多种多样的，因此，量度消息中所含的信息量值，必须能够用来估计任何消息的信息量，且与消息种类无关。另外，消息中所含信息的多少也应和消息的重要程度无关。

由概率论可知，事件的不确定程度，可用事件出现的概率来描述。事件出现（发生）的可能性越小，则概率越小，反之，概率越大。基于这种基础，可以得到结论：消息中的信息量与消息发生的概率紧密相关。消息发生的概率越小，则消息中包含的信息量就越大。且概率为零时（不可能发生事件）信息量为无穷大，概率为1时（必然事件）信息量为0。

综上所述，消息 x 中所含信息量 I 是消息发生的概率 $P(x)$ 的函数，即信息量的定义：若一消息 x_i 出现的概率为 $P(x_i)$，则这一消息所含的信息量为

$$I(x_i) = \log_a \frac{1}{P(x_i)} = -\log_a P(x_i) \qquad (1\text{-}1)$$

信息量 I 的单位与对数的底数有关，$a = 2$ 时单位为比特（bit，简写为 b）；$a = e$ 时单位为奈特（nat，简写为 n）；$a = 10$ 时单位为笛特（det）或称为十进制单位。由于计算机处理的都是二进制信号，因此常用 bit（比特）为单位作为计量单位。

若某消息集由 M 个可能的消息（事件）所组成，每次只取其中之一，各消息之间相互统计独立，且出现概率相等，$P(x_i) = 1/M$，则这类消息为离散独立等概消息。

当 $M = 2$（二进制）时，$P(x_i) = 1/2$，则

$$I(x_i) = -\log_2 P(x_i) = 1 \text{ bit}$$

即对于等概的二进制信号，其每个符号（码元）所包含的信息量为 1bit。

当 $M = 2^N$（进制）时，$P(x_i) = 1/M = 2^{-N}$，则

$$I(x_i) = -\log_2 P(x_i) = \log_2 M = N \text{ bit} \qquad (1\text{-}2)$$

即等概 $M(= 2^N)$ 进制的每个符号（码元）所包含的信息量为 N bit，是二进制的 N 倍。由此容易看出，四进制信号每个符号（码元）所包含的信息量为 2bit；以此类推，八进制和十六进制信号每个符号（码元）所包含的信息量分别为 3bit 和 4bit。

至于离散独立非等概消息的信息量，因其计算比较复杂，这里不予讨论。

1.3.3　数字通信系统的性能指标

从宏观的层面上看，数字通信系统的主要性能指标仍然是有效性和可靠性指标，但其量化的具体指标的表达形式有较大差异。

（1）有效性

在数字通信系统中，一般用传输速率来衡量通信的有效性，具体指标有传码率、传信率和频带利用率。

传码率：又称码元速率，指系统在单位时间内传送码元数目的多少，用 R_B 表示，单位为码元/秒，又称波特（Baud）。

$$R_B = 1/T_B \qquad (1\text{-}3)$$

传信率：又称比特率，指系统在单位时间内传送信息量的多少，用 R_b 表示，单位为比特/秒（bit/s）。

$$R_b = R_B \log_2 M \qquad (1\text{-}4)$$

式中，M 为 M 进制。

频带利用率：指通信系统在单位频带内所能达到的传信率，用 η_B（Baud/Hz）或 η_b（bit/s/Hz）表示。其定义为

$$\eta_B = \frac{R_B}{B} \qquad (1\text{-}5)$$

$$\eta_b = \frac{R_b}{B} \qquad (1\text{-}6)$$

式中，B 为信道所需的传输带宽。

（2）可靠性

数字通信系统的可靠性是指接收信息的准确程度，一般用差错率来衡量，具体指标有误

码率、误比特率。

误码率：指在传输码元总数中发生差错的码元数所占的比例。

$$P_{\mathrm{e}} = \lim_{N \to \infty} \frac{\text{错误接收码元数 } n}{\text{传输总码元数 } N} \tag{1-7}$$

误比特率：指在传输比特总数中发生差错的比特数所占的比例。

$$P_{\mathrm{b}} = \frac{\text{错误接收比特数}}{\text{传输总比特数}} \tag{1-8}$$

对于二进制系统而言，$P_{\mathrm{b}} = P_{\mathrm{e}}$；对于多进制系统而言，$P_{\mathrm{b}} < P_{\mathrm{e}}$。因此，从传输可靠性考虑，二进制比多进制好。

1.3.4　数字通信的特点

1. 数字通信的优点

前已述及，数字通信具有模拟通信无可比拟的优越性，其优良的特性主要表现在以下几个方面。

（1）抗干扰能力强

由于在数字通信中，传输的信号幅度是离散的，以二进制为例，信号的取值只有两个，这样接收端只需判别两种状态。信号在传输过程中受到噪声的干扰，必然会使波形失真，接收端对其进行抽样判决，以辨别是两种状态中的哪一种。只要噪声的大小不足以影响判决的正确性，就能正确接收（再生）。而在模拟通信中，传输的信号幅度是连续变化的，一旦叠加上噪声，即使噪声很小，也很难消除它。

数字通信抗干扰性能好，还表现在长距离中继通信时，它可以消除噪声积累。这是因为数字信号在每次再生后，只要不发生错码，它仍然像信源中发出的信号一样，没有噪声叠加在上面。因此中继站再多，数字通信仍具有良好的通信质量。而模拟通信中继时，只能增加信号能量（对信号放大），而不能消除噪声。

（2）差错可控

数字信号在传输过程中可能出现的错误（差错），可通过纠错编码（信道编码）技术来控制，以提高传输的可靠性。

（3）易加密

数字信号与模拟信号相比，它容易加密和解密。因此，数字通信保密性好，即信息安全可以得到充分保障。

（4）易于与现代技术相结合

由于计算机技术、数字存储技术、数字交换技术以及数字处理技术等现代技术飞速发展，许多设备、终端接口均是数字信号，因此极易与数字通信系统相连接，并实现通信网管理与维护的自动化和智能化。

2. 数字通信的不足

数字通信存在的不足之处主要表现为以下两方面。

（1）频带利用率不高

系统的频带利用率，是指系统允许最大传输带宽（信道的带宽）与每路信号的有效带宽之比。在数字通信中，数字信号占用的频带宽，以电话为例，一路模拟电话通常只占据

4kHz 带宽，但一路接近同样话音质量的数字电话可能要占据 20～60kHz 的带宽。因此，如果系统传输带宽一定的话，模拟电话的频带利用率是数字电话的 5～15 倍。

（2）系统设备比较复杂

数字通信中，要准确地恢复信号，接收端需要严格的同步系统，以保持收端和发端严格的节拍一致、编组一致。因此，数字通信系统及设备一般都比较复杂，体积较大。

不过，随着新的宽带传输信道（如光导纤维）的采用、窄带调制技术和超大规模集成电路的发展，数字通信的这些缺点已经弱化。随着微电子技术和计算机技术的迅猛发展和广泛应用，如今数字通信在大多数通信方式中已基本取代模拟通信而占主导地位。

1.4 现代通信网简介

现代通信技术的发展使各种通信系统无法孤立地存在，人们的通信需求和通信业务的不断扩展使通信系统之间通过交换系统按照一定的拓扑结构组合在一起构成通信网。其中交换系统对通信电路和通信业务量进行汇集和分配，完成某个区域内任意两个终端用户的相互接续。因此通信网又称为通信系统的系统。

1.4.1 现代通信网的基本结构

通信网是通信系统的系统，其构成通常由两大部分构成。一是构成通信网的硬件部分，即构成通信网的一些硬件设备；二是构成通信网的软件部分，即保证通信网内用户信息能够进行可靠、有效传输的软件系统，如信令、协议以及各种标准。

1. 通信网的硬件基本组成

通信网的硬件基本组成有用户终端、传输线路和交换系统。

（1）用户终端

用户终端通常是放在用户处，用于发送和接收用户信息、与网络交换控制信息，通过网络实现呼叫和接入服务，常见的用户终端设备有电话机、传真机、计算机终端、手机等。

（2）传输线路

传输线路是交换设备之间的通信路径，承载用户信息和网络控制信息。传输线路可以采用不同的媒体，如铜线、同轴电缆或光纤等，为延长用户信息的传输距离而不损失能量，在传输线路上应安装不同的电气设备，进行信号的放大等处理。铺设线路一般是建设通信网中投资最大、耗时最长的工程项目。

（3）交换系统

交换系统是将点对点的通信系统连接成通信网，完成网内选路功能从而满足网内任意两个用户之间能够进行信息交换的需求。

2. 通信网的软件组成

上述的这些组成部分只是构成了一个通信网的硬件部分，为使网络达到高度的自动化和智能化，还必须有一套软件，如信令、协议和各种标准。正是这些软件构成了通信网的核心，并决定了网络的性能，从而使用户之间、用户和网络之间、各个转接点之间有共同的语言，达到任意两个用户之间都能快速接通和相互交换信息的目的，使网络能被正确地控制，可靠合理地运行，同时保证通信质量的一致性和信息的透明性。

通信网的软件组成主要有网络协议、信令系统等。

3. 通信网的基本结构

通信网的基本结构有多种形式，如图 1-6 所示。

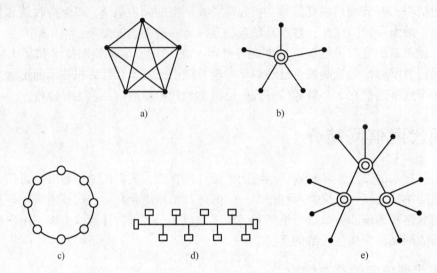

图 1-6　通信网的基本结构

a) 网状　b) 星形　c) 环形　d) 总线型　e) 复合网

（1）网状网

完全互连的网结构即为网状网（见图 1-6a）。在网状网结构中，当节点数为 N 时，传输链路数为 $N(N-1)/2$，即随着节点数 N 的增加，传输链路数以 N 的二次方次幂非线性地增加。这种网络结构传输链路利用率低、经济性差，然而其冗余度较大，点与点之间可用通路多，这对网络的接续质量和稳定性是有利的。

（2）星形网

星形网中的各节点都连到转接中心（见图 1-6b）。在星形网结构中，当节点数为 N 时，需要 $N-1$ 条传输链路，因此，N 很大时可节省大量的传输链路。通常当传输链路费用高于交换设备费用时采用这种网络结构。但是，设置转接交换中心需要增加一定的费用，而且当转接交换中心的转接能力不足或设备发生故障时，网络的接续质量和稳定性会受到影响。

（3）环形网和总线型网

环形网（见图 1-6c）和总线型网（见图 1-6d）主要用于计算机通信网中。在这两种网络结构中，信息传输速率较高，节点或总线终端节点的信息识别能力和信息处理能力较强。

（4）复合网

复合网由网状网和星形网复合而成（见图 1-6e）。复合网以星形网为基础，在通信量较大的区域形成网状网结构。这种网络结构兼具了网状网和星形网结构的优点，经济性较好，可靠性较高。在设计复合网时，要同时考虑交换设备和传输链路的费用。

1.4.2　通信网的协议

1. 网络协议及其功能

在通信网中，通信的双方必须遵守共同的约定，即通信的双方必须使用相同的格式，采用一致的时序发送和接收信息，通信双方之间这种管理信息传递和交换的规则称为通信协议。通信网络协议是设计和开发通信设备和通信系统的基础。

协议是通信双方实体共同遵守的规则，主要内容包括：

1）语法：数据格式、编码方式和信号等级等。

2）语义：数据的内容、意义，保证信息可靠传送的控制信息、差错控制。

3）定时：速率匹配、排序等。

网络协议的主要功能有：数据的分段与重组、数据封装、连接控制、流量控制、差错控制、寻址等。

2. OSI 参考模型

通信网的协议十分繁杂、涉及面很广，因此制定协议时常采用分层次法，把整个协议分成若干个层次，各层之间既相互独立，又相互联系，每一层完成一定的功能，下一层为上一层提供服务。国际标准化组织（ISO）和国际电报电话咨询委员会（CCITT）联合制定的开放系统互联（Open System Interconnect，OSI）参考模型是实现各个网络之间互通的一个标准化理想模型。

OSI 模型规定了一个网络协议的框架结构，它把网络协议从逻辑上分为物理层、数据链路层、网络层、传送层、会话层、表示层和应用层。其中下面三层称为低层协议，提供网络服务；上面的四层为高层协议，提供末端用户功能。如图 1-7 所示。

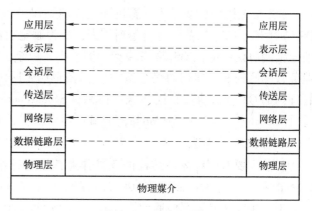

在 OSI 模型中，数据发送时在垂直的层次中自上而下地逐层传递直至物理层，在物理层的两个端点进行通信。接收时则相反，由下而上。各层的主要功能如下。

图 1-7　OSI 参考模型

（1）物理层

物理层主要描述通信线路上比特流的传输问题，协议描述传输的电气特性、机械特性、功能特性和过程特性。典型的设计内容有：信号的发送电平、线路码型、网络连接器插针的数量和功能、传输方式等。

（2）数据链路层

数据链路层主要描述在数据链路中帧流的传输问题，目的是保证在相邻的点之间正确、有序地传输数据帧。协议内容主要有：帧格式、帧类型、数据链路的建立和释放、信息流量控制、差错控制等。

（3）网络层

网络层主要处理数据分组在网络中的传输。协议功能主要有：路由选择、网络层连接的建立和终止、在一个给定的数据链路上网络连接的复用、分组的排序和信息流的控制、差错控制等。

（4）传送层

传送层处理从信息源到目的地之间的数据传输。协议主要功能有：把传送层的地址变换为网络层的地址、传送层连接的建立和终止、在网络层连接上对传送层连接的复用、端到端的顺序控制、端到端的信息流控制、端到端的差错检测和恢复处理。第一层到第三层是链接的，第四层到第七层是端点到端点的。

（5）会话层

会话层主要控制用户之间的会话。协议主要功能有：把会话地址变换成它的传送地址、会话连接的建立和终止、会话连接的控制和同步等。会话层是用户与用户之间的连接。

（6）表示层

表示层处理应用实体间交换数据的语法，目的是解决数据格式和表示方式的差别。该层协议使计算机的文件格式能够经过变换而得以兼容，进行的处理有文本压缩、数据加密、字符编码的转换等。

（7）应用层

应用层为应用进程提供访问 OSI 环境的方法，例如虚拟文件协议提供对文件传送的远程访问、管理和传送，文件传送协议提供在两个终端之间的文件传送服务，公共管理信息协议支持对网络的性能管理、故障管理和配置管理等。

3. OSI 参考模型在通信网中的应用

OSI 参考模型最初是为计算机网建立的协议模型，随着计算机技术向通信领域的渗透，OSI 参考模型的应用范围已经逐渐扩大，成为制定通信网协议的重要依据。目前在已经制定的通信网协议中应用 OSI 参考模型的例子有：分组交换数据通信网的 X. 25 协议、窄带综合业务数字网的 S/T 接口协议、No. 7 公共信道信令网协议、用户接入网的 V5 接口协议、电信管理网的 Q3 接口协议，同步数字体系（Synchronous Digital Hierarchy，SDH）、异步传输模式（Asynchronous Transfer Mode，ATM）等均采用了 OSI 参考模型。

4. TCP/IP 模型

目前主要有两种体系结构的互操作通信协议标准，除了 OSI 参考模型以外，还有一种 TCP/IP 模型。传输控制协议/因特网互联协议（Transmission Control Protocol/Internet Protocol，TCP/IP）（又名网络通信协议）是在 20 世纪 70 年代由美国国防部资助、美国加州大学等机构开发出来的一个协议体系结构，最初用于世界上第一个分组交换网——阿帕网（Advanced Research Projects Agency Network，ARPANET），作为该网的协议。后来 ARPANET 逐步演变为当今的 Internet，TCP/IP 又作为 Internet 的网络协议。ARPANET 与 OSI 参考模型不同，TCP/IP 模型没有官方的标准文件加以规定，因此在不同的资料上，TCP/IP 的层次划分不完全一致，一般分为五层：应用层、传送层（TCP）、网间层（IP）、网络接入层和物理层。

目前，TCP/IP 泛指以 TCP 和 IP 为基础的一个协议簇，而不是仅仅指 TCP 和 IP 两个协议。TCP/IP 已经成为一种得到广泛应用的工业标准。

1.4.3　通信网的质量要求

1. 一般通信网的质量要求

为了使通信网能够快速、有效、可靠地传递信息，充分发挥其作用，对通信网一般提出三项要求：接通的任意性和快速性；信号传输的透明性和传输质量的一致性；网络的可靠性和经济合理性。

1）接通的任意性和快速性是对通信网最基本的要求，是指网内的一个用户能快速地接通网内任意其他用户。影响接通的任意性和快速性的主要因素，一是通信网的拓扑结构，如果拓扑结构不合理增加转接次数，就会使阻塞率上升，时延增大；二是通信网的网络资源，网络资源不足的后果是阻塞率上升；三是通信网的可靠性，可靠性降低会造成传输链路或交换设备出现故障，甚至丧失其应有的功能。

2）信号传输的透明性是指在规定的业务范围内的信息都可以在网内传输，对用户不加任何限制；传输质量的一致性是指网内任何用户通信时应具有相同的或相仿的传输质量，而与用户的距离无关。

3）通信网的可靠性显然是非常重要的，一个可靠性不高的通信网会经常出现故障乃至通信中断，这样的网是不能使用的，但是绝对可靠的通信网也是不存在的。这里所说的可靠性是指概率意义上的，使平均故障间隔时间达到要求。可靠性要求必须与经济合理性结合起来，提高可靠性必须增加投资，但是造价太高又不易实现，因此在实际操作过程中根据实际需要在可靠性与经济性之间取得折中和平衡。

2. 电话通信网的质量要求

电话通信是目前用户最基本的业务需求，对电话网的三项要求是：接续质量、传输质量和稳定质量。接续质量是用户通话被接续的速度和难易程度，通常用接续损失和接续时延度量。传输质量是指用户接收到的话音信号的清楚逼真程度，可用响度、清晰度和逼真度来衡量。稳定质量是指通信网的可靠性，其指标主要有失效率、平均故障间隔时间、平均修复时间等。

1.5 现代通信技术的发展方向与前沿技术

1.5.1 现代通信技术的发展方向

现代通信技术的主要内容及发展方向，是在全面"数字化"的基础上，以光纤通信为主体，卫星通信及无线电通信为辅助的宽带化、综合化、个人化和智能化的通信网络技术。

（1）宽带化

宽带化是指通信系统能传输的频率范围越宽越好，即每单位时间内传输的信息越多越好。由于通信干线已经或正在向数字化转变，宽带化实际是指通信线路能够传输的数字信号的比特率越高越好。数字通信中用比特率表示传送二进制数字信号的速率。

而要传输极宽频带的信号，非光纤莫属。光纤传输光信号的优点是：传输频带宽，通信容量大，传输损耗小，中继距离长；抗电磁干扰性能好；保密性好，无串音干扰；体积小，重量轻。光纤通信技术发展的总趋势是不断提高传输速率和增长无中继距离；从点对点的光纤通信发展到光纤网；采用新技术，其中最重要的是光纤放大器和光电集成及光集成技术。

（2）综合化

综合化就是把各种业务和各种网络综合起来，如视频、语音和数据业务等。把这些业务综合化（数字化）后，通信设备易于集成化和大规模生产，在技术上便于与微处理器进行处理和用软件进行控制和管理。

（3）个人化

个人化即通信可以达到"每个人在任何时间和任何地点与任何其他人通信"。每个人将有一个识别号，而不是每一个终端设备（如现在的电话、传真机等）有一个号码。现在的通信，如拨电话、发传真，只是拨向某一设备（话机、传真机等），而不是拨向某个个体。未来的通信只需拨个人的识别号，不论该人在何处，均可拨至该人并与之通信（使用哪一个终端决定于他所持有的或归其暂时使用的设备）。要实现通信的个人化，需有相应终端和高智能化的网络，这一技术目前尚处在初级研究阶段。

（4）智能化

智能化就是要建立先进的智能网。一般说来，智能网能够灵活方便地开设和提供新业务的网络。它是隐藏在现存通信网里的一个网，而不是脱离现有的通信网而另建一个独立的"智能网"，而只是在已有的通信网中增加一些功能单元。

上述四个方面是互相联系的，没有数字化、宽带化、智能化和个人化都难以实现；没有宽带综合业务数字网，也就很难实现智能化和个人化。

1.5.2 现代通信的前沿技术

现代通信的前沿技术当属可见光通信和量子通信技术。

1. 可见光通信技术

可见光无线通信技术又称光保真技术（Light Fidelity，LiFi），是一种利用可见光波谱（如灯泡发出的光）进行数据传输的全新无线传输技术，为德国物理学家 Herald Haas（哈拉尔德·哈斯）所发明。

可见光无线通信技术是运用已铺设好的设备（无处不在的 LED 灯），通过在灯泡上植入一个微小的芯片形成类似于 AP（WiFi 热点）的设备，即利用电信号控制发光二极管（LED）发出的肉眼看不到的高速闪烁信号来传输信息，使终端随时能接入网络。该技术通过改变房间照明光线的闪烁频率进行数据传输，只要在室内开启电灯，无须 WiFi 也可接入互联网。

众所周知，WiFi 技术的应用已经越来越普及，不过由于无线信号不稳定、上网速度慢、WiFi 热点太少而无线用户越来越多，这就会产生"网络阻塞"效应，影响用户的体验和使用效果。而可见光通信这一新技术的出现可以使这些问题得到有效解决。

通过给普通的 LED 灯泡加装微芯片，使灯泡以极快的速度闪烁，就可以利用灯泡发送数据。而灯泡的闪烁频率达到每秒数百万次。通过这种方式，LED 灯泡可以快速传输二进制编码。但对人眼来说，这样的闪烁是不可见的，只有光敏接收器才能探测。这一技术意味着，只要在有电灯泡的地方，就可以获得无线互联网连接。实际上，这也意味着任何路灯都可以成为互联网接入点。

不过，可见光通信技术并不只是能提升互联网的覆盖范围。作为无线数据传输的最主要技术，WiFi 利用了无线射频信号。然而，无线电波在整个电磁频谱中仅占很小的一部分。随着用户对无线互联网需求的增长，可用的射频频谱正越来越少。而可见光频谱的宽度达到射频频谱的 1 万倍，这意味着可见光通信能带来更高的带宽。可以预见，可见光通信技术能带来高达 1Gbit/s 的数据传输速度。

另外，可见光通信技术还有一个重要优点，这就是不需要再新建任何基础设施。而传统射频信号的发射需要添加能量密集的设备。

不过，可见光通信技术也存在一定的局限性。一个明显的问题是，可见光无法穿透物体，因此如果接收器的光线被阻挡，那么将无法实现通信。不过也有简单的变通解决方法，即在光信号被阻挡的情况下，可以无缝地切换至射频传输方式。因此，可见光通信并不是要完全取代 WiFi 通信技术，而是一种相互补充的技术，这将有助于释放频谱空间。

显然，可见光通信技术具有极高的安全性，因为可见光只能沿直线传播，因此只有处在光线传播直线上的人才有可能获取信息。

2. 量子通信技术

量子通信是指利用量子纠缠效应进行信息传递的一种新型的通信方式。量子通信是近二十年发展起来的新型交叉学科，是量子论和信息论相结合的新的研究领域。量子通信主要涉及：量子密码通信、量子远程传送和量子密集编码等，近年来这门学科已逐步从理论走向实验，并向实用化方向发展。

光量子通信主要基于量子纠缠态的理论，使用量子隐形传送（传输）的方式实现信息传递。根据实验验证，具有纠缠态的两个粒子无论相距多远，只要一个发生变化，另外一个也会瞬间发生变化，利用这个特性实现光量子通信的过程如下：首先构建一对具有纠缠态的粒子，将两个粒子分别放在通信双方，将具有未知量子态的粒子与发送方的粒子进行联合测量（一种操作），则接收方的粒子瞬间发生坍塌（变化），坍塌（变化）为某种状态，这个状态与发送方的粒子坍塌（变化）后的状态是对称的，然后将联合测量的信息通过经典信道传送给接收方，接收方根据接收到的信息对坍塌的粒子进行逆变换，即可得到与发送方完全相同的未知量子态。

光量子通信具有极高的安全性和高效性。安全性方面，一是表现为量子加密的密钥是随机的，即使被窃密者截获，也无法得到正确的密钥，因此无法破解信息；二是通信双方终端分别具有纠缠态的两个粒子中的一个，其中一个粒子的量子态发生变化，另外一方的量子态就会随之立刻变化，并且根据量子理论，宏观的任何观察和干扰，都会立刻改变量子态，引起其坍塌，因此窃密者由于干扰而得到的信息已经被破坏，并非原有信息。高效性方面，则表现为被传输的未知量子态在被测量之前就处于纠缠态，即同时代表多个状态，例如一个量子态可以同时表示 0 和 1 两个数字，7 个这样的量子态就可以同时表示 128 个状态或 128 个数字：0 ~ 127。一次这样的光量子通信传输，就相当于经典通信方式的 128 次。可以测算如果传输带宽是 64 位或者更高，那么其传输效率之高将是惊人的。

显然，未来量子通信将为新一代的通信技术带来革命性变化，因此具有较高的应用价值。

思考题与习题

1-1 试画出基于点对点的通信系统的基本模型，并说明各部分作用。

1-2 试画出模拟通信发射系统与接收系统的基本组成框图，并说明各部分作用。

1-3 模拟通信系统的主要指标是什么？具体内容是什么？

1-4 通信系统中为什么要使用调制技术？试说明调制的原理。

1-5 试画出数字通信系统的基本组成框图，并说明各部分作用。

1-6 数字通信系统的主要指标是什么？具体内容是什么？为什么数字通信比模拟通信具有更好的通信质量？

1-7 现代通信网的两大组成部分是什么？具体作用是什么？

1-8 现代通信网的基本结构形式有哪些？试分别加以说明。

1-9 试画出网络协议的OSI模型，并说明其各个协议层的功能。

1-10 试说明TCP/IP的内涵以及与OSI的区别。

1-11 通信网的质量要求有哪些？试分别加以说明。

1-12 现代通信技术的发展趋势是什么？试结合现代社会生活中所使用到的通信技术案例加以说明。

1-13 试说明可见光通信和量子通信的基本原理。

1-14 某数字传输系统传送八进制码元的传码率为1200Baud，此时该系统的传信率是多少？

1-15 某信号的频率范围为40kHz～4MHz，则该信号的带宽为多少？

1-16 某数字通信系统在1min内传送了360000个四进制码元，则其码元速率为多少？

1-17 某数字通信系统的码元速率为1200Baud，接收端在30min内共接收到216个错误码元，则该系统的误码率为多少？

1-18 某数字通信系统传送四进制码元，码元速率为4800Baud，接收端在5min的时间内共接收到288个错误比特，则该系统的误比特率为多少？

1-19 现有两个数字通信系统，在125ms时间内分别传输了19440个十六进制码元和二进制码元，求这两个系统的传信率和传码率。

1-20 某数字通信系统，其传码率为8.448MBaud，它在5s时间内共出现了2个误码，试求其误码率。

第2章 通信信号、滤波器与传输信道

众所周知，信息是多种多样、丰富多彩的。例如，人们互相问候、发布新闻、广播图像音频或每天使用的机器声音不正常了等，这些都传递了某种信息。而这些信息的具体物理形态也是千差万别的，例如，语音信息（话音或音乐）是以声压变化表示的；视觉信息是以亮度或色彩变化表示的；文字和数据信息是字符串表示的；影响物体运动的信息由作用于物体上的外力表示；影响经济运行的信息表现为投资及各个产业的统计数据等。通常人们把信息的具体物理表现形式称为信号（Signal），或者说，信号是传递某种信息的物理量。表现各种不同信息的信号都有一个共同点，即信号是一个或多个独立变量的函数，它一般都包含了某个或某些现象性质的信息。

在通信过程中，自始至终都会涉及信号的传输和处理。通信信号中的核心信号是基带信号（有用信号），另外经常要用到能携带基带信号进行有效传输的载波信号（一般为高频正弦信号）。除此之外信号传输过程中还会叠加噪声与干扰信号，需要对其进行抑制和最大限度地滤除。而滤波器就是实现这一目的的常用电路之一，所以滤波器及其基本特性也是需要大家学习和理解的。

信号在传输过程中，必然是通过相应的信道进行传输，因此在研究信号的同时还要了解各种传输信道的特性。

2.1 通信信号

2.1.1 信号的分类

信号不同的物理形态并不影响它们所包含的信息内容，且不同物理形态的信号之间可以相互转换。例如，以声压变化表示的语音信号可以转换成以电压或电流变化表示的语音信号，甚至可以转换为一组数据表示的语音信号，即所谓数字语音。它们仅在物理形态上不一样，但都包含了同样的语音信息。在信号的众多表现形式中，电信号因其有着特殊的优点被广泛应用，例：电信号可以迅速远距离传输并且能十分方便地对其进行加工变换。由于电信号处理起来比较方便，在实际工程中通常把非电信号转化为电信号进行传输。本书讨论的内容仅限于单一变量的电信号。

信号的具体分类如下。

1）按信号载体的物理特性，可分为电信号、光信号、声信号、磁信号、机械信号、热信号。

2）按自变量的数目，可分为一维信号、多维信号（二维信号、三维信号等）。

3）按信号中自变量和幅度的取值特点，可分为连续时间信号、离散时间信号和数字信号。

连续时间（Continuous Time，CT）信号：自变量时间在定义域内是连续的。如果连续时间信号的幅度在一定的动态范围内也连续取值，信号就是模拟信号（Analog Signal）。自然界中的信号大多数是模拟信号。

离散时间（Discrete Time，DT）信号：自变量时间在定义域内是离散的。离散时间信号可以通过对连续时间信号的采样来获得，或信号本身就是离散时间信号。

数字信号（Digital Signal）：时间离散，幅度量化为有限字长二进制数的信号。

4）按信号时域波形特点，可分为周期信号，如正弦信号、矩形信号、锯齿波信号等；非周期信号，如单次或有限次矩形脉冲信号等规则信号；随机信号（也是非周期、非规则信号），如语音信号、图像信号等，而这类信号恰恰包含所需要的有用信息，是通信的目标信号。

5）按信号的能量特点，可分为能量信号和功率信号。

若信号 $x(t)$ 在整个时间域内能量有限，即

$$\int_{-\infty}^{\infty} \mid x(t) \mid^2 \mathrm{d}t < \infty$$

则称 $x(t)$ 是能量信号。

若信号 $x(t)$ 在整个时间域内能量无限，但功率有限，即

$$\lim_{T \to \infty} \frac{1}{T} \int_{-T/2}^{T/2} \mid x(t) \mid^2 \mathrm{d}t < \infty$$

则称 $x(t)$ 是功率信号。

特别地，对于周期信号来说，其在单位电阻上的归一化功率为

$$P = \frac{1}{T} \int_{-T/2}^{T/2} \mid x(t) \mid^2 \mathrm{d}t$$

2.1.2 正弦信号

1. 数学表达式与波形

按正弦规律变化的电压或电流等形式的信号称为正弦信号。正弦信号是通信中最为常用的信号之一，低频正弦信号常用于模拟测试信号或信令信号，高频（射频）正弦信号常用于载波信号。

正弦信号（电压）的数学表达式为

$$\begin{aligned}
u(t) &= U_{\mathrm{m}} \sin[\omega(t - t_0)] = U_{\mathrm{m}} \sin(\omega t - \omega t_0) = U_{\mathrm{m}} \sin(\omega t + \varphi_0) \\
&= U_{\mathrm{m}} \sin(2\pi f t + \varphi_0) = U_{\mathrm{m}} \cos(2\pi f t + \varphi_0 - \pi/2)
\end{aligned} \tag{2-1}$$

式中，U_{m} 为正弦波正向或负向最大值，称为振幅，单位为 V（伏特）；$\omega = 2\pi f$ 为角频率，单位为 rad/s（弧度/秒）；$f = \omega/2\pi$ 为频率，单位为 Hz（赫兹）；$T = 1/f$ 为周期，单位为 s（秒）；$\varphi_0 = -\omega t_0$ 为初相位，单位为 rad（弧度）。

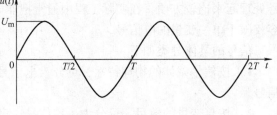

图 2-1　正弦信号电压波形

其波形（$t_0 = 0$，$\varphi_0 = 0$）如图 2-1 所示。

2. 特性参数

显然，正弦信号是模拟周期信号，其在单位电阻上的归一化功率为

$$P = \frac{1}{T} \int_{-T/2}^{T/2} | u(t) |^2 \mathrm{d}t = U_\mathrm{m}^2/2$$

有效值为 $U = U_\mathrm{m}/\sqrt{2}$。

在信号研究领域，由于余弦信号与正弦信号的波形变化规律完全一致，因此常把正弦和余弦信号均称为正弦波信号。正弦信号是一种变化规律最为"平滑"的信号，也是唯一一种通过任何线性系统而不会产生失真的信号，因此正弦信号是最常用的信号之一，常用来作为标准信号源、系统与设备的标准测试信号或信息传输的载体。

3. 频谱与带宽

所谓频谱，是指信号在各个正弦频率分量上的幅度分布或所包含的频率成分及其幅度大小的分布情况。频谱图则是频谱的图形表示。如正弦信号 $u_1(t) = U_{1\mathrm{m}} \sin(\omega_1 t + \varphi_0) = U_{1\mathrm{m}} \sin(2\pi f_1 t + \varphi_0)$ 的频谱图如图 2-2 所示。

由图 2-2 可见，正弦信号的频谱结构最为简单，只有一条谱线（常将 φ_0 省去不画），其频带宽度（带宽）为 $B = 0$。

显然，正弦信号属于功率信号，其频谱集聚在一个频点 (f_1) 上，其能量为无穷大。

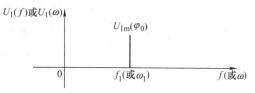

图 2-2　正弦信号频谱图

2.1.3　矩形波信号

1. 数学表达式与波形

矩形波信号时域波形如图 2-3 所示。该信号的数学表达式为

$$u(t) = \begin{cases} U_\mathrm{m} & t_0 + nT \leq t < t_1 + nT, n = 0, \pm 1, \pm 2, \cdots \\ -U_\mathrm{m} & t_1 + nT \leq t < t_2 + nT, n = 0, \pm 1, \pm 2, \cdots \end{cases} \tag{2-2}$$

式中，U_m 为矩形波正向或负向最大值；T 为周期，$T = t_2 - t_0$；$f = 1/T$ 为频率。

2. 特性参数

通常把矩形波信号一个周期内正向值持续的时间所占的比例称为占空比，用 D_on 表示为

$$D_\mathrm{on} = \frac{t_1 - t_0}{T} \times 100\%$$

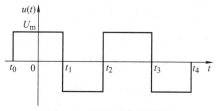

图 2-3　矩形波信号波形

若占空比为 50%（此时，$t_2 - t_1 = t_1 - t_0$），则该矩形波称为方波。

显然，矩形波信号也是模拟周期信号，其在单位电阻上的归一化功率为

$$P = \frac{1}{T} \int_{-T/2}^{T/2} | u(t) |^2 \mathrm{d}t = U_\mathrm{m}^2$$

有效值为 $U = U_\mathrm{m}$，均值则为 0。

矩形波信号常用来作为开关信号、时间（时序）控制信号等，在数字系统和设备中有着较为广泛的应用。

3. 频谱与带宽

矩形波信号是非正弦周期信号，这类信号的频谱分析通常采用傅里叶级数分解方法。

（1）非正弦周期信号的傅里叶级数分解

周期信号是定义在（$-\infty$，∞）区间，每隔一定时间 T，按相同规律重复变化的信号。它可以表示为

$$x(t) = x(t + mT)$$

式中，m 为任意整数。

周期为 T 的信号 $x(t)$，在满足狄里赫利条件[⊖]时，其三角形式的傅里叶级数展开式为

$$x(t) = a_0 + a_1\cos\omega_1 t + a_2\cos2\omega_1 t + a_3\cos3\omega_1 t + \cdots$$
$$+ b_1\sin\omega_1 t + b_2\sin2\omega_1 t + b_3\sin3\omega_1 t + \cdots$$

$$x(t) = a_0 + \sum_{n=1}^{\infty}(a_n\cos n\omega_1 t + b_n\sin n\omega_1 t),\ n = 1,2,\cdots \tag{2-3}$$

式中，系数 a_0，a_n，b_n 称为傅里叶系数，计算公式为

$$a_0 = \frac{1}{T}\int_{t_0}^{t_0+T}x(t)\,\mathrm{d}t$$

$$a_n = \frac{2}{T}\int_{t_0}^{t_0+T}x(t)\cos n\omega_1 t\mathrm{d}t \tag{2-4}$$

$$b_n = \frac{2}{T}\int_{t_0}^{t_0+T}x(t)\sin n\omega_1 t\mathrm{d}t$$

式中，T 为信号 $x(t)$ 的周期，$\omega_1 = \dfrac{2\pi}{T}$ 称为 $x(t)$ 的基波角频率。为方便起见，积分区间 $(t_0,\ t_0+T)$ 通常取为 $\left(-\dfrac{T}{2},\ \dfrac{T}{2}\right)$ 或 $(0,\ T)$。

可见 a_0 实际上就是信号 $x(t)$ 的平均值亦即直流分量，而 a_n 和 b_n 都是 n（或 $n\omega_1$）的函数。其中 a_n 是 n（或 $n\omega_1$）的偶函数，而 b_n 是 n（或 $n\omega_1$）的奇函数。

将式（2-3）中同频率项 $a_n\cos n\omega_1 t$ 和 $b_n\sin n\omega_1 t$ 合并为一个频率为 $n\omega_1$ 的正弦分量后，还可把三角形式的傅里叶级数写成另一种形式

$$x(t) = a_0 + A_1\cos(\omega_1 t + \varphi_1) + A_2\cos(2\omega_1 t + \varphi_2) + A_3\cos(3\omega_1 t + \varphi_3) + \cdots \tag{2-5}$$
$$= a_0 + \sum_{n=1}^{\infty}A_n\cos(n\omega_1 t + \varphi_n)$$

式中

⊖ 狄里赫利条件：

1）在任何周期内，$x(t)$ 绝对可积，即 $\displaystyle\int_{-\frac{T}{2}}^{\frac{T}{2}}|x(t)|\,\mathrm{d}t < \infty$ 。

2）在任何有限区间内，$x(t)$ 具有有限个极大值和极小值。

3）在任何有限区间内，$x(t)$ 连续，或只具有有限个第一类间断点。

$$A_n = \sqrt{a_n^2 + b_n^2}, \quad \varphi_n = \arctan \frac{-b_n}{a_n}$$

$A_n \cos(n\omega_1 t + \varphi_n)$ 项称为 $x(t)$ 的 n 次谐波分量。一次频率分量 $A_1 \cos(\omega_1 t + \varphi_1)$ 通常又称为基波分量。

式(2-3) 和式(2-5) 表明，任意周期信号 $x(t)$ 只要满足狄里赫利条件，就可以分解成直流、基波以及一系列谐波分量之和。

（2）矩形波信号的频谱特性

为简单起见，现分析如图 2-4 所示为方波信号的频谱。先求其傅里叶级数。

根据式(2-4) 可得

$$a_0 = 0$$

$$a_n = 0$$

$$b_n = \frac{2}{T} \int_{-\frac{T}{2}}^{\frac{T}{2}} x(t) \sin n\omega_1 t \, \mathrm{d}t$$

$$= \frac{4}{T} \int_{0}^{\frac{T}{2}} E \cdot \sin n\omega_1 t \, \mathrm{d}t$$

$$= \frac{4E}{T} \left(\frac{-\cos n\omega_1 t}{n\omega_1} \right) \Big|_{0}^{\frac{T}{2}}$$

$$= \begin{cases} \dfrac{4E}{n\pi} & n = 1,3,5,\cdots \\ 0 & n = 2,4,6,\cdots \end{cases}$$

所以 $x(t)$ 的傅里叶级数为

$$x(t) = \frac{4E}{\pi} \left(\sin\omega_1 t + \frac{1}{3}\sin 3\omega_1 t + \frac{1}{5}\sin 5\omega_1 t + \cdots \right) \tag{2-6}$$

由式(2-6) 可得方波的频谱图如图 2-5 所示。其频谱的特点是，只有基波和奇次谐波成分，无直流和偶次谐波成分。理论上来说，其带宽为无穷大，但实际上没有必要这么考虑，因为信号功率有限，级数是收敛的，高次谐波分量衰减很快。通常保留 5 次谐波内的频率分量即可近似将原信号还原。因此，该方波信号的带宽

$$B \approx 5f_1 \left(f_1 = \omega_1/2\pi \right)$$

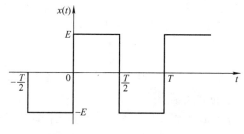

图 2-4　周期矩形波（方波）

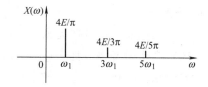

图 2-5　矩形波（方波）信号频谱图

2.1.4 单次脉冲信号

常用的单次脉冲信号如图 2-6a 所示，假定是幅度为 1、宽度为 τ 的门函数 $g_\tau(t)$。显然该信号是能量信号，而非功率信号。$g_\tau(t)$ 可表示为

$$g_\tau(t) = \begin{cases} 1 & |t| < \dfrac{\tau}{2} \\[2mm] 0 & |t| > \dfrac{\tau}{2} \end{cases}$$

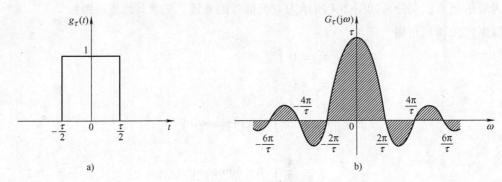

图 2-6 门函数及其频谱

通过傅里叶变换（傅里叶级数在复数频率域的变换方法）可得 $g_\tau(t)$ 的频谱密度函数 $G_\tau(j\omega)$ 如图 2-6b 所示。由图可见，非周期信号的频谱是连续谱，而且是频谱密度函数。

需要指出的是，类似于门信号这样的能量有限信号，不可能在某个频点上存在独立的幅度不为 0 的频率分量，否则就是功率信号了。此类信号只存在频谱密度，即单位频带的信号幅度（V/Hz），类似于一个线状物体，在一个点上的质量为 0，但存在质量密度，即单位长度的物体质量。

对门函数 $g_\tau(t)$ 而言，其频谱图中的第一个零值对应的角频率为 $\dfrac{2\pi}{\tau}\left(f = \dfrac{1}{\tau}\right)$，当脉冲宽度减小时，第一个零值处的频率也相应增大。取零频率到 $G_\tau(j\omega)$ 的第一个零值对应频率间的频段为信号的带宽，则 $g_\tau(t)$ 的信号带宽为

$$B = \frac{1}{\tau}$$

即脉冲宽度与频带宽度成反比。

2.1.5 语音与图像信号

1. 语音信号

人们在讲话时，信息在大脑中变换为指挥各器官动作的神经电脉冲信号，这些信号去控制发声器官产生语音波，其中包括了人们希望表达的原始信息。

简单说来，语音由元音和辅音组成。当气流从气管中发出时，它使声带产生振动，产生一个准周期的空气脉冲。这个脉冲激励某一形状的声道，产生了元音。受肌肉控制的声道的

形状和大小略有不同，于是产生了不同的声音。通常称其谐振频率为共振峰频率，简称共振峰。发辅音时，气流在声道中要经过不同部位的阻碍，所以辅音的音波是一个类似于白噪声的较为复杂的非周期性波。

语音声波经过声-电转换器（传声器）可得到电信号形式的语音信号波形。如图 2-7 所示为某语音信号波形的一小部分。其中，图 2-7a 所示为语音音节波形轮廓，图 2-7b 所示为语音波形细节。

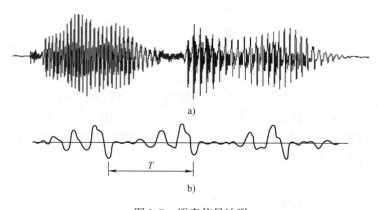

图 2-7　语音信号波形

a）语音音节波形轮廓　b）语音波形细节

语音信号的基本特点如下。

1）语音信号幅度动态范围一般最大为 40dB，实际由于说话人的差别可以达到 60 ~ 70dB。

2）频率集中在 300 ~ 3400Hz。

3）元音幅度较大，有准周期性；清辅音幅度小，和噪声特性相似。

4）在长时间的语音信号中有相当多的无信号区间，即所谓的语音寂静区间。

音乐信号属于语音信号范畴。乐器信号与普通语音信号相比，其波形更规则一些，频率范围则更宽，如交响乐的高音可达 15 000Hz 左右。

语音信号在某个时刻点的瞬时值在该时刻点未到来前几乎都是不可预知的、不能确定的，这类信号不是一个确定的时间函数，不能用一个十分确切的时间表达式来描述它，只能通过概率统计的方法来对它进行描述，这种不确定信号称之为随机信号。

确定信号与随机信号并不是彼此孤立存在的，它们之间有着十分密切的联系，在一定的条件下，随机信号可以表现出来某些确定性，可以近似地作为确定信号来分析，简化分析过程，便于应用。因此，一般先研究确定信号，然后在此基础上再根据随机信号的统计规律进一步研究随机信号的特性。

语音信号作为一种随机信号是时域无限信号，不具备可积分条件，因此不能直接进行傅里叶变换。一般用具有统计特性的功率谱作为谱分析的依据。功率谱具有单位频率的平均功率量纲，所以标准说法是功率谱密度。

功率谱的概念是针对功率有限信号的（能量有限信号可用能量谱分析），所表现的是单位频带内信号功率随频率的变换情况。保留频谱的幅度信息，但是丢掉了相位信息，所以频谱不同的信号其功率谱可能是相同的。

语音信号和图像信号是常见的随机信号，其时域特性是随机的，幅度频谱是波动的，但功率谱是基本确定的，频率范围也是基本确定的。

通常语音信号的功率谱特性大致如图 2-8 所示，其带宽通常取其频率的上限值，即 $B = 3400\text{Hz}$。

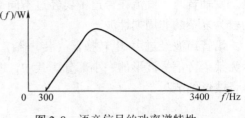

图 2-8　语音信号的功率谱特性

2. 图像信号

"图像"一词主要来自西方艺术史译著，通常指 Image、Icon、Picture 和它们的衍生词，也指人对视觉感知的物质再现。图像可以由光学设备获取，如照相机、镜子、望远镜、显微镜等；也可以人为创作，如手工绘画。图像可以记录与保存在纸质媒介、胶片等对光信号敏感的介质上。日常生活中常见的用传统照相机拍摄的照片，书籍、杂志、画册中的插图，海报，广告画，X 射线胶片，电影胶片，缩微胶片等，均为模拟图像。在模拟图像中，图像信息是以连续形式存储和表现的。随着数字采集技术和信号处理理论的发展，越来越多的图像以数字形式存储。因而，有些情况下，"图像"一词实际上是指数字图像。

图像信号具有以下特点。

1）二维性：数字图像是用配置在二维平面（画面）上的灰度值或彩色值来表示信息的，信息扩展在二维平面上。大家知道，声音是时基媒体，即声音信号是随时间发生变化的。若二维平面上的图像中的图案随时间发生变化，则称之为动态图像，如电影胶片和视频等。

2）抽象性：图像包含的或从图像获取的信息，往往用语言难于表达。也就是说，相对于语言描述，图像积极地表达了更多的信息。

3）降维性：图像记录的是二维画面，但是其内容是描述三维世界或三维物体的。也就是说，生成图像时进行了从三维到二维的降维处理。

4）一览性：人处理图像信息时，几乎能在瞬时捕获二维画面整体信息并进行处理。如果进一步仔细观察局部细节，更能获得与全局无矛盾的解释。

5）随机性与宽带性：图像信号也是一种随机信号，这一点与语音信号类似；但图像信号属于宽带信号，特别是动态图像（视频）信号带宽通常为几 MHz，比语音信号要宽得多，因此图像通信通常要比语音通信占用更多的频率资源。

2.1.6　数字信号

1. 离散时间信号

信号按自变量改变或取值方式不同，可分成两种基本类型的信号：连续时间信号和离散时间信号，简称连续信号和离散信号。

连续时间信号是指在信号的定义域内，任意时刻除若干个不连续点外都有确定的函数值的信号，可用 $x(t)$ 表示。连续时间信号最明显的特点是自变量除有限个间断点外，其余是连续可变的。例如，正弦信号或如图 2-9 所示的信号等均为连续时间信号。连续信号的幅值可以是连续的，也可以是离散的（只取某些规定值）。

离散信号是指只在某些不连续规定的时刻有定义，而在其他时刻没有定义的信号。这里讨论均匀间隔的离散时间信号，通常以 $x(k)$ 表示（k 取整数值，$k = 0$，± 1，± 2，…）。

离散时间信号最明显的特点是其定义域为离散的时刻点。如按月计利的储蓄存款信息就是离散信号，气象台按整点报送的大气温度是离散信号，电报信息也是离散信号。离散信号是定义在离散的时刻点上，而在这些离散的时刻点之外无定义，不能误以为在这些时刻点之外定义为零。同样，离散时间信号的幅值可以是连续的，也可以是离散的，图2-10所示信号为幅值连续的离散时间信号。

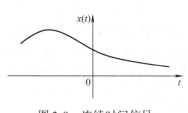

图2-9　连续时间信号

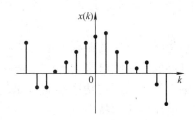

图2-10　离散时间信号

2. 数字信号

数字信号是时间离散、幅度也离散（量化为有限字长二进制数）的信号。图2-11所示为二进制数字信号 $x(k)$ 及其物理实现电压信号 $u(t)$。对于 $x(k)$ 来说，k 的取值是离散的（图中对应小圆点的时刻点），只能取 $(k=0, \pm1, \pm2, \cdots)$；$x(k)$ 的值也是离散的，只能为数字代码 1 或 0。相应地，$u(t)$ 在幅值取值是离散的，高电平（U_m）代表 1，低电平代表 0；不过因

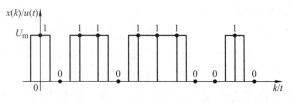

图2-11　数字信号及其电压实现信号波形

考虑到传输的可靠性和方便接收端的信息采集，每个数字代码所对应的电平会保持一段时间，因此 $u(t)$ 在时间 t 上是连续的，但这并不影响其作为数字信号的实质内涵。

2.1.7　噪声与干扰

在通信系统的中，总会存在一些不需要但不可能完全避免的信号，这类信号随机变化，对正常通信起干扰作用，通常称之为噪声。噪声可以理解为通信系统中对信号有影响的所有干扰的集合，有加性噪声和乘性噪声之分。

1. 按来源分类

（1）外部噪声

外部噪声也称为干扰，由信道引入，又可分为自然干扰和人为干扰。自然干扰有天电干扰、宇宙干扰和大地干扰等。人为干扰主要有工业干扰和无线电台的干扰。

（2）内部噪声

内部噪声是通信系统设备内部产生的各种噪声，如热噪声、散弹噪声等。

设备的内部噪声主要是由电路中的电阻、谐振回路和电子器件（电子管、晶体管、场效应晶体管、集成电路等）内部所具有的带电微粒无规则运动所产生的。这种无规则运动产生了正、负值的无规则起伏电流，因此亦称为起伏噪声（Fluctuation Noise）。它是一种随机过程，即在同一时间（0～T）内，某一次观察和下一次观察会得出不同的结果。对于随

机过程，不可能用某一确定的时间函数来描述。但是，它却遵循某一确定的统计规律，可以利用其本身的概率分布特性来充分地描述它的特性。

实际上噪声电压是由无数个单脉冲电压叠加而成的。按理说，整个噪声电压的振幅频谱是由把每个脉冲的振幅频谱中相同频率分量直接叠加而得到的。然而，由于噪声电压是个随机值，各脉冲电压之间没有确定的相位关系，各个脉冲的振幅频谱中相同频率分量之间也就没有确定的相位关系，因此不能通过直接叠加得到整个噪声电压的振幅频谱。

虽然整个噪声电压的振幅频谱无法确定，但其功率频谱（密度）却是完全能够确定的。由于单个脉冲的振幅频谱是均等的，则其功率频谱也是均等的，由各个脉冲的功率频谱叠加而得到的整个噪声电压的功率频谱也是均等的。因此，常用功率频谱（简称功率谱）来说明起伏噪声电压的频率特性。

起伏噪声的功率谱在极宽的频带内具有均匀的密度，如图 2-12 所示。图中，$S(f)$ 称为噪声功率（单位电阻上）谱密度，单位为 W/Hz。在实际无线电设备中，只有位于设备的通频带 Δf_n 内的噪声功率才能通过。

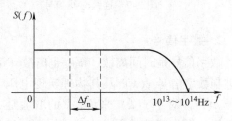

图 2-12　起伏噪声的功率谱

由于起伏噪声的频谱在极宽的频带内具有均匀的功率谱密度，因此起伏噪声也称白噪声（White Noise）。"白"字借自光学，即白（色）光是在整个可见光的频带内具有平坦的频谱。必须指出，真正的白噪声是没有的，白噪声意味着有无穷大的噪声功率。这当然是不可能的。因此，白噪声是指在某一个频率范围内，$S(f)$ 保持常数。

2. 按性质分类

（1）窄带噪声

窄带噪声是占有频率很窄的连续波噪声，只存在于特定频率、特定时间和特定地点，所以它的影响是有限的，可以测量、防止，如其他电台信号等。

（2）脉冲噪声

脉冲噪声是突发性地产生幅度很大、持续时间很短、间隔时间很长的干扰，如闪电、电火花等。

（3）起伏噪声

起伏噪声是以热噪声、散粒噪声和宇宙噪声为代表的噪声，其特征前已述及。

2.1.8　通信信号仿真实训

［仿真 2-1］常用周期信号时域与频域特性的测量。

仿真软件：Multisim 2001 及以上版本（下同）。

仿真电路：图 2-13 所示仿真电路。

（1）正弦信号时域与频域特性的仿真测量

① 由函数信号发生器输出一正弦信号 u_i，其振幅 $U_{im} = 10\mathrm{V}$、频率 $f_i = 2\mathrm{kHz}$。

② 保持步骤①，用示波器观察 u_i 的波形，从波形中测量其振幅、周期频率和初相位

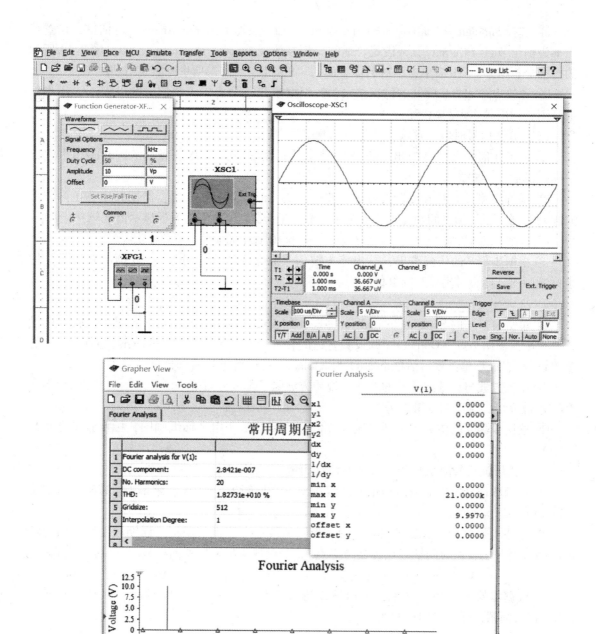

图 2-13　正弦信号时域与频域特性的仿真测量

（示波器时间轴起点为参考零点），与函数信号发生器面板显示值比较并记录：

$U_{\mathrm{im}} =$ ＿＿＿＿＿＿ V，$T_{\mathrm{i}} =$ ＿＿＿＿＿＿ ms，$f_{\mathrm{i}} =$ ＿＿＿＿＿＿ $\times 10^3\,\mathrm{Hz}$，$\varphi_0 =$ ＿＿＿＿＿

③ 根据步骤②的仿真结果，写出该正弦信号数学表达式，并画出其波形（用坐标纸画图，标出时刻点和幅度值）。

$u_{\mathrm{i}}(t) =$ ＿＿＿＿＿＿＿＿＿＿＿＿＿＿＿＿＿＿＿＿＿＿＿＿＿＿＿＿＿ V

④ 选择 Simulate→Analyses→Fourier Analysis 命令,弹出 Fourier Analysis 对话框,设置节点 1 为输出节点（Output）,并设置合适的分析参数（Analysis Parameters,参见图 2-13 所示的扫描分析结果）,最后单击该对话框下面的 "Simulate" 可得傅里叶频谱分析结果。

⑤ 比较步骤④与步骤②的仿真结果,并根据步骤④画出该正弦信号的频谱图（用坐标纸画图,标出频率点和幅度值）。

（2）方波信号时域与频域特性的仿真测量

① 由函数信号发生器输出一方波信号 u_i,其振幅 $U_{im} = 10V$、频率 $f_i = 2kHz$,占空比（Duty Cycle）$= 50\%$。

② 保持步骤①,用示波器观察 u_i 的波形,从波形中测量其振幅、周期频率和正向与负向起始时刻（示波器时间轴起点为参考零点）,与函数信号发生器面板显示值比较并记录:

$U_{im} = $ _____ V, $T_i = $ _____ ms, $f_i = $ _____ $\times 10^3$ Hz, $t_0 = $ _____ ms, $t_1 = $ _____ ms

③ 根据步骤②的仿真结果,写出该方波信号数学表达式（分段）,并画出其波形（用坐标纸画图,标出时刻点和幅度值）。

$u_i(t) = $ _____ V

④ 单击窗口中的 Simulate→Analyses→Fourier Analysis 后弹出 Fourier Analysis 对话框,设置节点 1 为输出节点（Output）,并设置合适的分析参数（Analysis Parameters,同图 2-13 的参数设置）,最后单击该对话框下面的 "Simulate" 可得傅里叶频谱分析结果。

⑤ 比较方波与正弦波频谱的差异,说明方波除了基波分量外,_____（还含有/不含有）谐波分量,且谐波分量仅为_____（奇/偶）次谐波。

⑥ 根据步骤④的仿真结果画出该方波信号的频谱图（用坐标纸画图,标出频率点和幅度值）。

（3）矩形波信号时域与频域特性的仿真测量

① 由函数信号发生器输出一矩形波信号 u_i,其振幅 $U_{im} = 10V$、频率 $f_i = 2kHz$,占空比（Duty Cycle）$= 25\%$。

② 保持步骤①,用示波器观察 u_i 的波形,从波形中测量其振幅、周期频率和正向与负向起始时刻（示波器时间轴起点为参考零点）,与函数信号发生器面板显示值比较并记录:

$U_{im} = $ _____ V, $T_i = $ _____ ms, $f_i = $ _____ $\times 10^3$ Hz, $t_0 = $ _____ ms, $t_1 = $ _____ ms

③ 根据步骤②的仿真结果,写出该矩形波信号数学表达式（分段）,并画出其波形（用坐标纸画图,标出时刻点和幅度值）。

$u_i(t) = $ _____ V

④ 单击窗口中的 Simulate→Analyses→Fourier Analysis 后弹出 Fourier Analysis 对话框,设置节点 1 为输出节点（Output）,并设置合适的分析参数（Analysis Parameters,同图 2-13 的参数设置）,最后单击该对话框下面的 "Simulate" 可得傅里叶频谱分析结果。

⑤ 比较矩形波与方波频谱的差异,说明矩形波除了含有基波分量和奇次谐波外,_____（还含有/不含有）偶次谐波分量,且谐波分量的丰富度_____（多于/少于）方波。

⑥ 根据步骤④的仿真结果画出该矩形波信号的频谱图（用坐标纸画图,标出频率点和幅度值）。

2.2 滤波器

在实际的信号处理过程中，常常遇到有用信号叠加上无用噪声的问题。这些噪声有的是与信号同时产生的，有的是在信号传输过程中混入的。噪声有时会大于有用的信号，从而淹没掉有用的信号。因此，从接收到的信号中，消除或减弱干扰噪声，就成为信号处理中十分重要的问题。

所谓滤波，就是根据有用信号与无用信号的不同特性，消除或减弱干扰与噪声，提取有用信号的过程。而实现滤波功能的系统（电路）就称为滤波器。

例如，传统的收音机的调台旋钮就是一个简单滤波器的旋钮。利用它可以通过滤波器选到所希望的电台。原因是各个电台都有一个固定的频率，选到哪个台的频率就能听到哪个电台的信号。所以滤波器是一种选频的电路或器件。它的选频能力取决于它产生的衰减大小，对希望接收的频率信号能顺利通过，也就是对这些频率的信号衰减很小或衰减为零，衰减很小或衰减为零的这一组频率范围（区间）称为滤波器的通频带，简称通带；对不希望收到的频率的信号则衰减很大，衰减很大的那些频率范围（区间）称为阻频带，简称阻带。通带与阻带的交界频率称为截止频率（简称截频），一般用 ω_c 表示。

2.2.1 滤波器的作用与分类

1. 线性系统（电路）的频率特性

由于滤波器的滤波作用是通过系统或电路对不同频率信号的所产生的衰减特性不同而实现的，因此这里先讨论频率特性的概念。系统或电路通常也称为网络，在电路层面上，"网络"一词则更通用。

所谓网络的频率特性即网络频率响应特性（简称频响）就是指网络在不同频率的正弦信号激励（输入）下的稳态响应（输出）与信号频率的关系。

如图 2-14a 所示的简单 RC 网络中，网络函数（电压传输函数）

$$H(\mathrm{j}\omega) = \frac{\dot{U}_o}{\dot{U}_i} = \frac{\dfrac{1}{\mathrm{j}\omega C}}{R + \dfrac{1}{\mathrm{j}\omega C}} = \frac{1}{1 + \mathrm{j}\omega\,RC} = \mid H(\mathrm{j}\omega)\,\mathrm{e}^{\mathrm{j}\varphi(\omega)} \mid \tag{2-7}$$

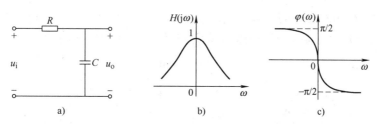

图 2-14　一阶 RC 低通网络及其幅频特性与相频特性

a）RC 电路　b）幅频特性　c）相频特性

式中

$$|H(j\omega)| = \frac{1}{\sqrt{1 + \omega^2 R^2 C^2}} \qquad (2-8)$$

$$\varphi(\omega) = -\arctan(\omega RC) \qquad (2-9)$$

$|H(j\omega)|$ 与 ω 之间的关系曲线称幅频特性；$\varphi(\omega)$ 与 ω 之间的关系曲线称相频特性。根据式(2-8) 和式(2-9) 可画出图 2-14a 所示网络的幅频特性和相频特性，如图 2-14b、c 所示。

由图 2-14b、c 可见：当 $\omega = 0$，即输入为直流信号时，$|H(0)| = 1$，$\varphi(0) = 0$，这说明输出信号电压与输入信号电压大小相等、相位相同；当 $\omega = \infty$ 时，$|H(j\infty)| = 0$，$\varphi(\infty) = -\pi/2$，这说明输出信号电压大小为 0，而相位滞后输入信号电压 $\pi/2$。由此可见，对图 2-14a 所示网络来说，直流和低频信号容易通过，而高频信号受到抑制，所以这样的网络称为低通网络，或称之为低通滤波器。

这里引入截止频率的概念。低通网络的截止角频率是指网络函数的幅值 $|H(j\omega)|$ 下降到 $|H(0)|$ 值的 $1/\sqrt{2}$ 时所对应的角频率，记为 ω_H。这样定义的截止角频率具有一般性。对于图 2-14a 所示的由电阻、电容组成的一阶低通网络，因 $|H(0)| = 1$，所以按 $|H(j\omega_H)| = 1/\sqrt{2}$ 来定义，由式(2-8) 得

$$|H(j\omega_H)| = \frac{1}{\sqrt{1 + \omega_H^2 R^2 C^2}} = \frac{1}{\sqrt{2}}$$

所以

$$\omega_H^2 R^2 C^2 = 1$$
$$\omega_H = \frac{1}{RC} \qquad (2-10)$$

$$f_H = \frac{\omega}{2\pi} = \frac{1}{2\pi RC} \qquad (2-11)$$

显然，该网络的通频带 $f_{bw} = f_H$。

2. 信号通过线性系统不失真的条件

信号在传输过程中，由于传输系统的影响，传输到输出端的响应 $r(t)$ 与输入端的激励 $e(t)$ 的波形总是有些不同，信号的这种畸变叫作信号的失真。所谓信号的无失真传输，是指系统的零状态响应与激励的波形相比，只是幅度和出现的时刻不同，不存在形状上的变化。

若激励信号为 $e(t)$，响应为 $r(t)$，则无失真传输的含义用数学公式表示为

$$r(t) = Ke(t - t_0) \qquad (2-12)$$

式中，K 为常数，t_0 为滞后时间。式(2-12) 表明，与激励相比，响应 $r(t)$ 的幅度为原信号的 K 倍，在时间上延迟 t_0 后出现，但波形的形状不变，如图 2-15 所示。

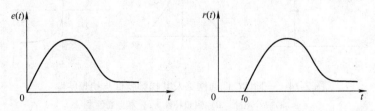

图 2-15　无失真传输时系统的激励与响应

可以证明，该系统的幅频特性 $|H(j\omega)|$ 与相频特性 $\varphi(\omega)$ 分别为

$$|H(j\omega)| = K \tag{2-13}$$

$$\varphi(\omega) = -\omega t_0 \tag{2-14}$$

式(2-13) 和式(2-14) 表明，信号无失真传输时，要求系统的幅频特性 $|H(j\omega)|$ 为一常数，相频特性 $\varphi(\omega)$ 为一过原点的直线（又称为线性相位特性），分别如图 2-16 所示。

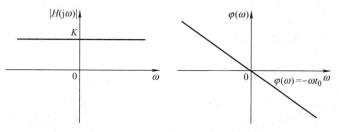

图 2-16　无失真传输系统的幅频与相频特性

事实上绝大部分情况下，信号带宽总是有限的（称为带限信号），对应的无失真传输系统的通频带也是有限的，只要通频带范围能稍超过信号带宽即可，通频带之外的无用或干扰信号则被滤除了，这就是所谓的滤波，相应的系统或网络称为滤波器。如截止频率为 ω_c 的理想低通滤波器的频率特性可表示为

$$H(j\omega) = |H(j\omega)| e^{j\varphi(\omega)} \tag{2-15}$$

其中

$$|H(j\omega)| = \begin{cases} K & -\omega_c \leqslant \omega \leqslant \omega_c \\ 0 & |\omega| > \omega_c \end{cases}$$

$$\varphi(\omega) = -\omega t_0$$

式中，t_0 为延迟时间。如图 2-17 所示即为该滤波器的幅频特性 $|H(j\omega)|$ 和相频特性 $\varphi(\omega)$ 的曲线。

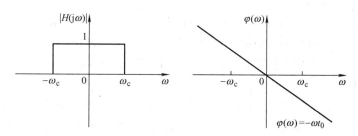

图 2-17　理想低通滤波器的幅频特性和相频特性

需要指出的是，理想滤波器在实际电路中是无法实现的，但实际滤波器可以最大限度地逼近理想滤波器，将失真限制在一个允许的范围内。

3. 滤波器的分类

滤波器的种类很多，从不同的角度，可将其划分为不同的类型。

根据滤波器幅频特性的通带与阻带的范围，可将其划分为低通滤波器、高通滤波器、带通滤波器和带阻滤波器。

根据构成滤波器元件的性质，可将其划分为有源滤波器和无源滤波器。前者仅有无源元件，如电阻、电容和电感等组成，后者则含有有源器件，如运算放大电路等。

根据滤波器所处理的信号的，可将其划分为模拟滤波器和数字滤波器。模拟滤波器用于处理模拟信号（连续时间信号），数字滤波器用于处理离散时间信号。

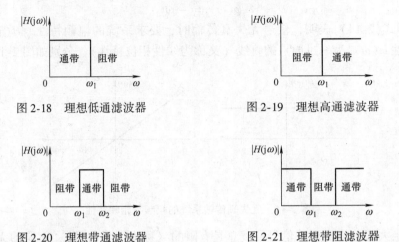

图 2-18　理想低通滤波器　　　　　　　图 2-19　理想高通滤波器

图 2-20　理想带通滤波器　　　　　　　图 2-21　理想带阻滤波器

（1）理想低通滤波器

理想低通滤波器的功能是使 $\omega=0$（直流）到某一指定频率 ω_1（截止频率）的分量无衰减地通过，而大于 ω_1 的频率分量全部衰减为零。理想低通滤波器的幅频特性（幅频响应）如图 2-18 所示，其通频带（简称通带）为 $(0, \omega_1)$，阻频带（简称阻带）为 (ω_1, ∞)。

（2）理想高通滤波器

理想高通滤波器是使高于某一频率 ω_1 的分量全部无衰减地通过，而小于 ω_1 的各分量全部衰减为零。理想的高通滤波器的幅频特性如图 2-19 所示，其通带为 (ω_1, ∞)，阻带为 $(0, \omega_1)$。

（3）理想带通滤波器

理想带通滤波器的功能是使某一指定频带 (ω_1, ω_2) 内的所有频率分量全部无衰减地通过，而使此频带以外的频率分量全部衰减为零。理想带通滤波器的幅频特性如图 2-20 所示，其通带为 (ω_1, ω_2)，低端阻带 $(0, \omega_1)$，高端阻带为 (ω_2, ∞)。

（4）理想带阻滤波器

理想带阻滤波器的功能是使在某一指定频带内的所有频率分量全部衰减为零，不能通过此滤波器，而使此频带以外的频率分量全部无衰减地通过。理想带阻滤波器的幅频特性如图 2-21 所示，其阻带为 (ω_1, ω_2)，低端通带为 $(0, \omega_1)$，高端通带为 (ω_2, ∞)。

前已述及，理想滤波器实际是无法实现的，但可以最大限度地逼近理想特性。

2.2.2　*LC* 滤波器

前面介绍的 *RC* 滤波器由于 *R*、*C* 值的限制，其截止频率很难做到很高，滤波特性不理想，且电阻有损耗和噪声，所以在高频电路中，常采用 *LC* 滤波器。

1. 谐振型 *LC* 滤波器

谐振型 *LC* 滤波器多为带通型滤波器，且相对带宽较窄。如图 2-22 所示为谐振型 *LC* 滤波器的几种基本电路。

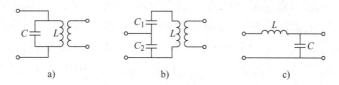

图 2-22 谐振型 *LC* 滤波器

a) 简单并联型　b) 部分接入型　c) 低通型

对于谐振型 *LC* 滤波器，其谐振频率 $f_0 = \dfrac{1}{2\pi\sqrt{LC}}$

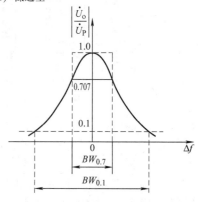

（图 2-22b 所示电路的 $C = \dfrac{C_1 C_2}{C_1 + C_2}$），其相对频率特性
如图 2-23 所示。图中，$\Delta f = f - f_0$，U_o 为输出电压，
U_P 为谐振时（$f = f_0$）的输出谐振电压。

参见图 2-23，该滤波器的通频带定义为 U_o / U_P 值
由最大值下降到 0.707 时，所确定的频带宽度 $2\Delta f$ 就
是回路的通频带 f_{bw}。可以证明，通频带 $f_{bw} = f_0 / Q_e$
（Q_e 为有载品质因数，一般 $Q_e \gg 1$）。

图 2-23　谐振型 *LC* 滤波器的频率特性

2. 非谐振型 *LC* 滤波器

非谐振型 *LC* 滤波器可以组成低通、高通、带通和带阻滤波器，一般其 *Q* 值很小，相对
带宽较宽。如图 2-24 所示为 *LC* 低通滤波器的基本电路类型。

要组成 *LC* 高通滤波器，只需将图 2-24 所示各电路的串联臂的电感 *L* 改为电容 *C*，并联
臂的电容 *C* 改为电感 *L* 即可。

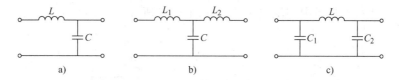

图 2-24　*LC* 低通滤波器

a) 低通 L 型　b) 低通 T 型　c) 低通∏型

要组成 *LC* 带通滤波器，只需将图 2-24 所示各电路的串联臂的电感 *L* 改为 *LC* 串联支路，
并联臂的电容 *C* 改为 *LC* 并联支路即可。

要组成 *LC* 带阻滤波器，只需将图 2-24 所示各电路的串联臂的电感 *L* 改为 *LC* 并联支路，
并联臂的电容 *C* 改为 *LC* 串联支路即可。

2.2.3　集中参数滤波器

在中频放大器中，由于中频是固定不变的，为提高中频滤波器的选择性并简化调试工
艺，常采用集中参数滤波器，常用的有石英晶体滤波器、陶瓷滤波器和声表面波滤波器等。

1. 石英晶体谐振器

为了获得工作频率高度稳定、阻带衰减特性十分陡峭的滤波器，就要求滤波器元件的品

质因数 Q 很高。LC 型滤波器的品质因数一般在 100 ~ 200 范围内，不能满足上述要求。自然界存在一种物理与化学性质都极为稳定的物质——石英晶体，用它切割成的石英谐振器，其品质因数 Q 可达几万甚至几百万，因而可以构成工作频率稳定度极高、阻带衰减特性很陡峭、通带衰减很小的滤波器。石英谐振器还广泛用于频率稳定度极高的振荡器电路中。如图 2-25 所示为石英晶体谐振器外形与电路符号。

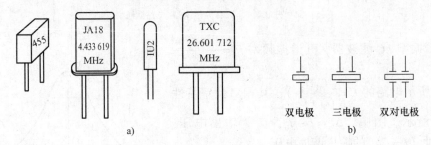

图 2-25　石英晶体谐振器外形与电路符号

a) 石英晶体谐振器外形　b) 电路符号

石英是矿物质硅石的一种（现也能人工制造），它的化学成分是 SiO_2，其形状为结晶的六角锥体。晶体的基本特性是它具有压电效应（Piezoelectric Effect）。依靠这种效应，可以将机械能转变为电能；反之，也可以将电能转变为机械能。

什么是压电效应呢？当晶体受到机械力时，它的表面上就产生了电荷。如果机械力由压力变为张力，则晶体表面的电荷极性就反过来。这种效应称为正压电效应。反之，如果在晶体表面加入一定的电压，则晶体就会产生弹性变形。如果外加电压作交流变化，晶体就产生机械振动。振动的大小基本上正比于外加电压幅度，这种效应称为反压电效应。

压电石英是一种各向异性的结晶体。滤波器（或振荡器）中所用的石英片或石英棒都是按一定的方位从石英晶体中切割出来的，如图 2-26 所示。

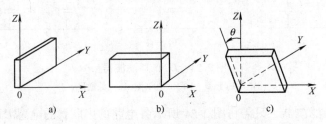

图 2-26　石英晶体的各种切割方式

石英晶体和其他弹性体一样，也具有惯性和弹性，因而存在固有振动频率。当外加电源频率与晶体的固有振动频率相等时，晶体片就产生谐振。这时，机械振动的幅度最大，相应地晶体表面产生的电荷量亦最大，因而外电路中的电流也最大。因此石英晶体片本身具有谐振回路的特性，它的等效电路及电路符号如图 2-27 所示。图中 C_0 代表石英晶体支架静电容量，一般为几至几十皮法（pF）；L_q、C_q、r_q 代表晶体本身的特性：L_q 相当于晶体的质量（惯性），C_q 相当于晶体的等效弹性模数，r_q 相当于摩擦损耗。晶体的 LCR 参量是很特异的，L_q 很大，一般以几亨（H）至十分之几亨计；C_q 很小，一般以百分之几皮法计；r_q 一般以几至几百欧（Ω）计。因而图 2-27 的等效电路的 Q_q 值极高，等效阻抗极大（以几百 kΩ 计）。

此外，还有一种泛音晶体，即工作在机械振动谐波上。它与电信号谐波不同，不是其基波的整数倍而是在整数倍的附近。泛音晶体必须配合适当线路才能工作在指定的频率。

石英晶体的主要优点是：它的 Q_q 值极高，一般为几万甚至为几百万，这是普通 LC 电路无法比拟的；此外，由于 $C_0 \gg C_q$，因而图 2-27 的接入系数 $p \approx \dfrac{C_q}{C_0}$ 非常小，也就是说，晶体与外电路的耦合必然很弱。由于上述两个优点，使石英晶体的谐振频率极其稳定。

下面分析石英谐振器等效电路的阻抗特性。由图 2-27 可见，该电路必然有两个谐振频率。一为左支路的串联谐振频率 f_q，即石英片本身的自然谐振频率

$$f_q = \frac{1}{2\pi\sqrt{L_q C_q}}$$

石英谐振器的并联谐振频率

$$f_P = \frac{1}{2\pi\sqrt{L_q \dfrac{C_q C_0}{C_q + C_0}}} = \frac{1}{2\pi\sqrt{L_q C}}$$

式中，C 为 C_0 和 C_q 串联后的等效电容。

显然，$f_p > f_q$。但由于 $C_0 \gg C_q$，所以 $C \approx C_q$，$f_p \approx f_q$ 相差很小。

参见图 2-27，在忽略 r_q 的情况下，设其总等效电抗为 jX_e，则可画出石英谐振器的等效电抗曲线如图 2-28 所示。

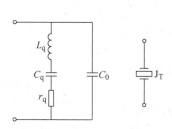

图 2-27　石英谐振器的基频等效电路和电路符号　　图 2-28　石英谐振器的电抗曲线（忽略 r_q）

必须指出，在频率 f_p 和 f_q 之间，谐振器所呈现的等效电感并不等于石英晶体片本身的等效电感 L_q。

由以上分析可知，石英晶体具有以下重要的特性：

1）石英晶体的物理和化学性能都十分稳定，因此，外界因素对其性能影响很小。

2）它具有正、反压电效应，而且在谐振频率附近，晶体的等效参数 L_q 很大、C_q 很小、r_q 也不高。因此，石英晶体的 Q 值可高达数百万数量级。

3）石英晶体滤波器（或振荡器）工作在串、并联谐振频率之间很狭窄的工作频带内，具有极陡峭的电抗特性曲线，因而对外部参数变化所引起的谐振频率变化具有极灵敏的补偿能力。

石英晶体谐振器的主要缺点是它的单频性和窄带性，即每块晶体用于振荡器时只能提供一个稳定的中心工作频率，且正因为有极高的 Q 值，其作为滤波器使用时的通频带较窄，在中心工作频率 10MHz 左右时，其通频带约在 10kHz 左右。作为中频滤波器常用于窄带调频通信接收机，如单边带军用电台、对讲机、GSM 手机等。

2. 陶瓷滤波器

利用某些陶瓷材料的压电效应构成的滤波器，称为陶瓷滤波器（Ceramic Filter）。常用的陶瓷滤波器是用锆钛酸铅 [Pb（ZrTi）O_3] 压电陶瓷材料（简称 PZT）两面涂以银浆，加高温烧制成银电极，再经直流高压极化之后即成。它具有与石英晶体相类似的压电效应，因此也可以用作滤波器。如图 2-29 所示为陶瓷滤波器外形与符号，这种滤波器的优点是：陶瓷容易焙烧，可以制成各种形状，适合滤波器的小型化；而且耐热性、耐湿性较好，很少受外界条件的影响。它的等效品质因数 Q_L 为几百以上，比 LC 滤波器高，但远比石英晶体滤波器低。因此作滤波器时，通带没有石英晶体那样窄，选择性也比石英晶体滤波器差。

图 2-29　陶瓷滤波器外形与符号
a) 陶瓷滤波器外形　b) 电路符号

单片陶瓷滤波器的等效电路和电路符号如图 2-30 所示。图中 C_0 等效于压电陶瓷谐振子的固定电容值；而电感、电容和电阻（L'_q、C'_q 和 r'_q）分别相当于机械振动时的等效质量、等效弹性模数和等效阻尼。因此陶瓷谐振器的等效电路结构与石英晶体的相同。

如将陶瓷滤波器连成如图 2-31 所示的形式，即为双端口陶瓷滤波器。图 2-31a 所示为两个谐振子连接成的三端式（双端口）陶瓷滤波器（只需 3 个引脚），图 2-31b

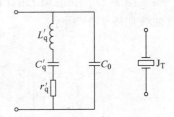

图 2-30　单片陶瓷滤波器的
等效电路和电路符号

和图 2-31c 所示分别为由五个谐振子和九个谐振子连接成的三端式陶瓷滤波器。谐振子数目愈多，滤波器的性能愈好。

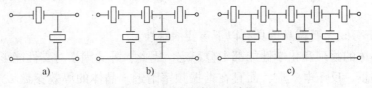

图 2-31　三端式陶瓷滤波器

参见图 2-31a，适当选择串臂和并臂陶瓷滤波器的串、并联谐振频率，就得到理想的衰减特性。例如，要求滤波器通过（455±5）kHz 的频带，那么，串臂陶瓷片的串联谐振频率 f_{q1} 应和并臂陶瓷片的并联谐振频率 f_{P2} 相重合，并等于 455kHz。而串臂陶瓷片的并联谐振频率 f_{P1} 应等于（455＋5）kHz，并臂陶瓷片的串联谐振频率 f_{q2} 则应等于（455－5）kHz。对 455kHz 的载频信号来说，串臂陶瓷片产生串联谐振，阻抗最小；并臂陶瓷片产生并联谐振，阻抗最大，因而能让信号通过。对（455＋5）kHz 的信号，串臂陶瓷片产生并联谐振，阻抗最大，信号不能通过；对（455－5）kHz 的信号，并臂陶瓷片产生串联谐振，阻抗最小，使信号旁路（无输出）。因此，滤波器仅能通过频带为（455±5）kHz 的信号。

陶瓷滤波器常用于调幅（AM）广播接收机、调频（FM 宽带）广播接收机、电视伴音（FM 宽带）接收系统等中，作为固定中频滤波器，其中心频率分别为 455kHz、10.7MHz 和 6.5MHz。

3. 声表面波滤波器

声表面波滤波器是声表面波（用 SAW 表示）器件的一种。SAW 器件是一种利用弹性固体表面传播机械振动波的器件。

声表面波滤波器优点：体积小、重量轻、性能稳定、特性一致性好、工作频率高（几MHz ~ 几 GHz）、通频带宽、抗辐射能力强、动态范围大等。实用的声表面波滤波器的矩形系数可小于 1.2，相对带宽可达 50%。

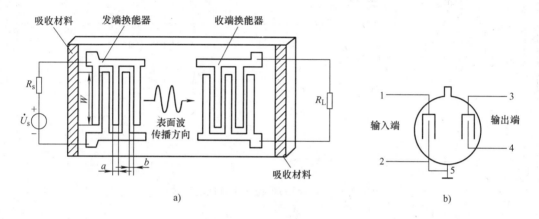

图 2-32　声表面波滤波器内部结构与电路符号

如图 2-32a 所示为声表面波内部结构示意图，图 2-32b 所示为其电路符号。它以铌酸锂、锆钛酸铅和石英等压电材料为基片，利用真空蒸镀法，在基片表面形成叉指形金属膜电极，称为叉指电极。

加输入信号时，叉指电极间便产生交变电场，由于压电效应的作用，使基片表面产生弹性形变，激发出与输入信号同频率的声表面波，它沿基片表面传播至收端，由于压电效应的作用，在收端的叉指电极间得到电信号，并传送给负载。

声表面波滤波器常用于电视接收机、3G 以上移动通信接收机等中，作为高频宽带中频滤波器使用。

2.2.4　滤波器仿真实训

[仿真 2-2]　一阶 RC 网络频率特性的测量。

仿真电路：图 2-33 所示仿真电路。

① 选择 Simulate→Analyses→AC Analysis 命令，弹出 AC Analysis 对话框，设置节点 2 为输出节点（Output），并设置合适的频率参数（Frequency Parameters，参见图 2-33 所示的分析结果），最后单击该对话框下面的 "Simulate" 可得频率特性分析结果。

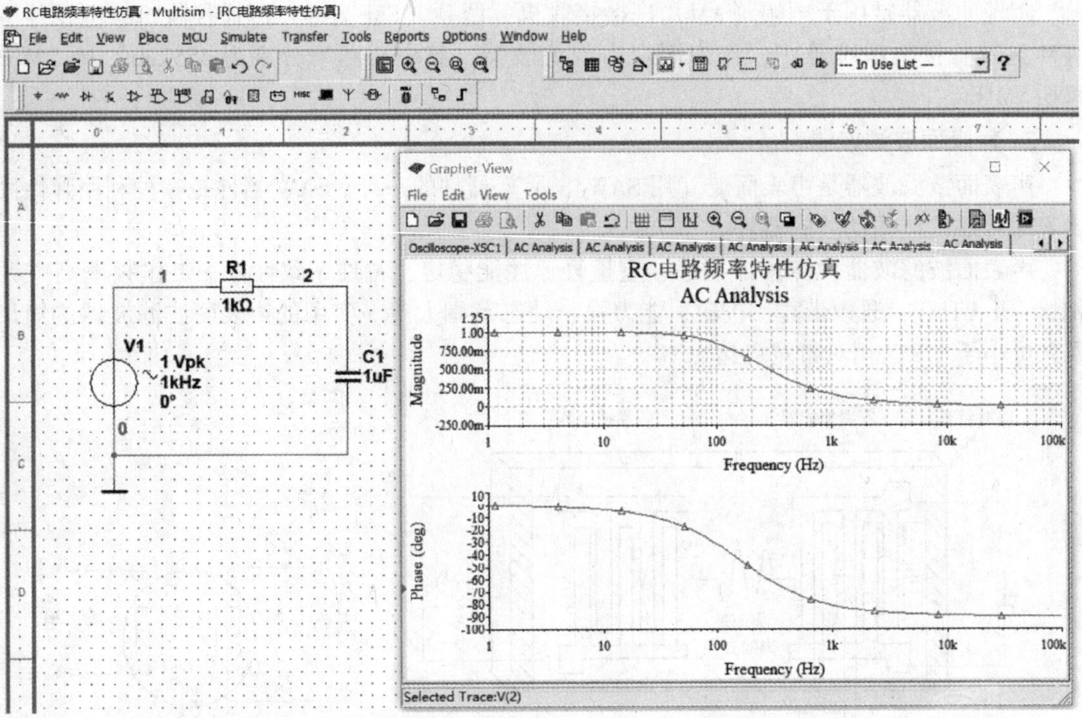

图 2-33 一阶 RC 网络频率特性的测量

② 根据上述分析结果，可以看出该电路具有_____（低通/带通/高通）特性，并大致测出该一阶 RC 网络的上限截止频率 f_H 和通频带 f_{bw}，并记录：

$$f_H = \text{_____} Hz, \quad f_{bw} = \text{_____} Hz$$

③ 根据步骤①的分析结果，画出该电路的幅频特性曲线（用坐标纸画图，标出频率点和系数值）。

[仿真 2-3] LC 谐振电路频率特性的测量。

仿真电路：如图 2-34 所示仿真电路。

① 选择 Simulate→Analyses→AC Analysis 命令，弹出 AC Analysis 对话框，设置节点 2 为输出节点（Output），并设置合适的频率参数（Frequency Parameters，参见图 2-34 所示的分析结果），最后单击该对话框下面的"Simulate"可得频率特性分析结果。

② 根据上述分析结果，可以看出该电路具有_____（低通/带通/高通）特性，并大致测出该 LC 电路的谐振频率 f_0、上限截止频率 f_H、下限截止频率 f_L 和通频带 f_{bw}，并记录：

$$f_0 = \text{_____} MHz, \quad f_H = \text{_____} MHz, \quad f_L = \text{_____} MHz, \quad f_{bw} = f_H - f_L = \text{_____} MHz$$

③ 通频带 f_{bw} 和谐振频率 f_0 比较的大小，可以说明该 LC 电路属于_____（高频/低频）_____（窄带/宽带）型滤波器。

④ 根据步骤①②的分析结果，画出该电路的幅频特性曲线（用坐标纸画图，标出频率点和系数值）。

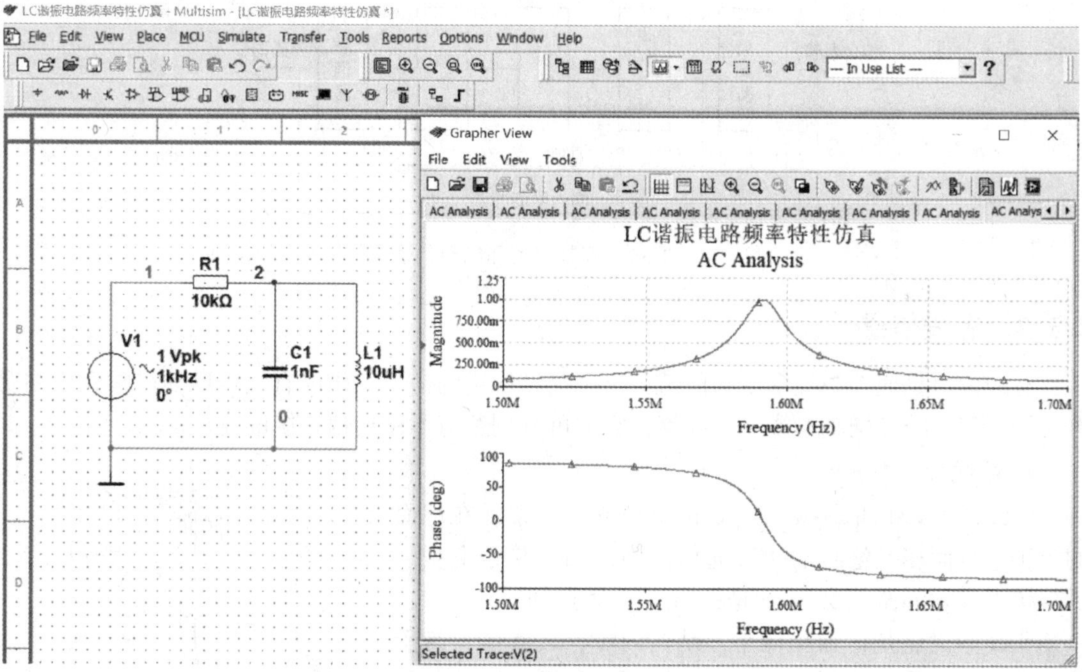

图 2-34 LC 谐振电路频率特性的测量

2.3 传输信道

所谓信道 (Channel)，通俗地说，是指以传输媒质为基础的信号通路。具体来说，信道是指由有线或无线电线路提供的信号通路。信道的作用是传输信号，它提供一段频带让信号通过，同时又对信号加以限制。

2.3.1 信道分类

1. 狭义信道

狭义信道是指发送端和接收端之间用以传输信号的传输媒质或途径。

根据传输媒质的不同，狭义信道可分为有线信道和无线信道；具有通信信道特性的某些物理存储介质也可以认为是狭义信道，如光盘、磁盘等。

2. 广义信道

广义信道是一种逻辑信道，是对狭义信道范围的扩大，除了传输媒质外，还包括有关转换设备，如馈线与天线、功放、调制器与解调器等。其常用于通信系统性能分析。

广义信道可分为调制信道和编码信道，如图 2-35 所示。通常把发送端调制器输出和接收端解调器输入之间所有变换装置与传输媒质组成的信道称为调制信道。调制信道又可分为恒参信道和随参信道。恒参信道的传输特性恒定不变或变化缓慢，随参信道的传输特性随时间不断变化。数字通信系统中，通常还把编码器输出端到译码器输入端部分称为编码信道，编码信道又可分为无记忆编码信道和有记忆编码信道。

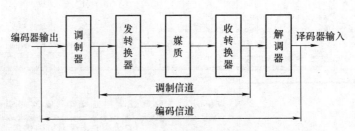

图 2-35　调制信道和编码信道

2.3.2　有线信道

有线信道是通信中最常用的信道，也是最早使用的信道。构成有线信道的传输媒质主要有明线、双绞线、同轴电缆、光纤等，它们可分别适应不同通信系统的需求。

1. 明线

明线（Aerial Open Wire）是由电杆支持、架设在地面上的一种平行而相互绝缘的裸线通信线路，用于传送电报、电话、传真等。如图 2-36 所示是一明线架设示意图。

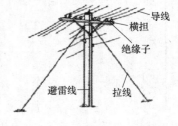

图 2-36　明线架设示意图

明线的优点是传输损耗小，结构简单，成本低，易于架设；缺点是工作频率低、带宽窄，抗干扰性差。因此，目前明线已逐渐被淘汰，仅在通信业务量小的农村地区使用。

2. 双绞线

双绞线（Twisted-pair）是由两根各自封装在彩色塑料皮内的铜线互相扭绞而成的，如图 2-37 所示。扭绞的目的是抵御一部分外界电磁波干扰及降低自身信号的对外干扰，把两根绝缘的铜导线按一定密度互相绞在一起，可以降低信号干扰的程度，每一根导线在传输中辐射的电波会被另一根线上发出的电波抵消。"双绞线"的名字就是由此而来的。

相对于明线而言，双绞线的优点是工作频率（几百 kHz）和抗干扰性等均有了较大的提高，常用于数字电话和计算机网络通信领域。

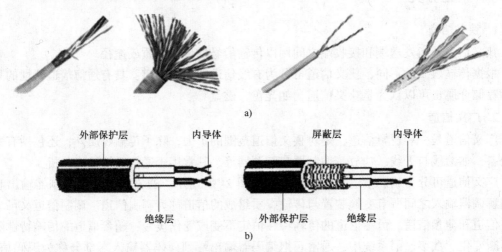

图 2-37　双绞线电缆与结构
a）双绞线电缆　b）双绞线结构

3. 同轴电缆

同轴电缆（Coaxial Cable）由内导体、绝缘层、外导体和外部保护层组成，内导体和外导体位于同一轴线上，如图 2-38 所示。

同轴电缆的内导体为中心铜线（单股的实心线或多股绞合线），绝缘层为塑料绝缘体，外导体为网状导电层，外部保护层为聚氯乙烯或特氟龙材料制成的护套。中心铜线和网状导电层形成电流回路。因为中心铜线和网状导电层为同轴关系而得名。

如果使用一般电线传输高频率电流，这种电线就会相当于一根向外发射无线电的天线，这种效应损耗了信号的功率，使得接收到的信号强度减小。同轴电缆的设计正是为了解决这个问题。中心电线发射出来的信号被网状导电层所隔离，网状导电层可以通过接地的方式来控制发射出来的电波。

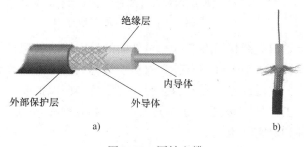

图 2-38　同轴电缆

a）结构示意图　b）实物图

同轴电缆也存在一个问题，就是如果电缆某一段发生比较大的挤压或者扭曲变形，那么中心电线和网状导电层之间的距离就不是始终如一的，这会造成内部的无线电波会被反射回信号发送源。这种效应降低了可接收的信号功率。为了克服这个问题，中心电线和网状导电层之间被加入一层塑料绝缘体来保证它们之间的距离始终如一。这也造成了这种电缆比较僵直而不容易弯曲的特性。

同轴电缆常用于有线电视信号和高速数字信号的传输，其工作频率可达几百 MHz，带宽大，抗干扰性好。

4. 光纤

光纤信道是以光导纤维为传输媒质、以光波为载波的信道。光导纤维简称光纤（Optical Fiber），其横截面为圆形，导光部分由线芯和包层两部分组成。如图 2-39a 所示。多数光纤在使用前必须由几层保护结构包覆，包覆后的缆线即被称为光缆。光纤外层的保护层和绝缘层可防止周围环境对光纤的伤害，如水、火、电击等。光缆的结构包括缆皮、芳纶丝、缓冲层和光纤。光纤和同轴电缆相似，只是没有网状屏蔽层，中心是光传播的玻璃芯。在进行远距离传输时，可将若干对光纤外加填充物质和护套组成光缆使用。常用的束管式光缆结构如图 2-39b 所示。

通常，光纤的一端的发射装置使用发光二极管（Light Emitting Diode，LED）或一束激光将光脉冲传送至光纤，光纤的另一端的接收装置使用光敏元件检测脉冲。

在多模光纤中，芯的直径分 $50\mu m$ 和 $62.5\mu m$ 两种，大致与人的头发的粗细相当。而单模光纤芯的直径为 $8 \sim 10\mu m$，常用的是 $9/125\mu m$。芯外面包围着一层折射率比芯低的玻璃

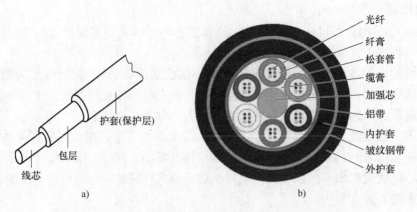

图 2-39 光纤结构和束管式光缆结构示意图
a) 光纤结构　b) 束管式光缆结构

封套，俗称包层，包层使得光线保持在芯内。再外面的是一层薄的塑料外套，即涂覆层，用来保护包层。光纤通常被扎成束，外面有外壳保护。纤芯通常是由石英玻璃制成的横截面积很小的双层同心圆柱体，它质地脆，易断裂，因此需要外加一保护层。

光纤信道的特点是工作频率极高（红外光波段），超宽频带（几十至几百 GHz 以上），传输距离远，抗干扰性和保密性也很好。

2.3.3　无线信道

1. 地波传播信道

地波传播是指频率在约 2MHz 以下的无线电波沿着地球表面的传播，如图 2-40 所示。

地波传播主要用于低频及甚低频远距离无线电导航、标准频率和时间信号广播、对潜通信等。

地波传播的特点是，传播损耗小，作用距离远；受电离层扰动小，传输稳定；有较强的穿透海水和土壤的能力；但大气噪声电平高，工作频带窄。

2. 天波传播信道

天波传播是指频率在 2～30MHz 的高频电磁波经由电离层反射的一种传播方式，如图 2-41 所示。长波、中波和短波都可以利用天波通信。但短波是电离层反射的最佳波段，电离层一次反射最远距离可达 4000km，可利用电离层反射进行远距离通信。

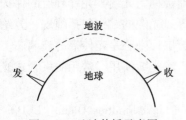

图 2-40　地波传播示意图

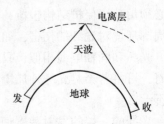

图 2-41　天波传播示意图

天波传播的主要优点是，传输损耗小，设备简单，可利用比较小功率进行远距离通信。但由于电离层结构的随机性和传播的不稳定性，使得天波通信的可靠性存在一定问题。不过天波通信仍是点对点之间的远距离通信的主要方式，如军用战地电台等。

3. 视距传播信道

视距传播是指在发射天线和接收天线间能相互"看见"的距离内，频率高于30MHz的电磁波直接从发射点传到接收点的一种传播方式，又称为直射波或空间波传播。图2-42为地面上视距传播的示意图。这种传播方式不排除地面反射波的存在。

4. 无线电视距中继信道

无线电视距中继通信工作在超短波和微波波段，利用定向天线实现视距直线传播，利用多个中继站接力通信可实现远距离稳定可靠的通信。如图2-43所示。

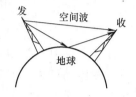

图 2-42　视距传播示意图

图2-43　无线电视距中继通信示意图

5. 卫星中继信道

卫星信道是利用人造地球卫星作为中继站转发无线电信号到地球站之间的一种信道，如图2-44所示。

人造地球卫星根据对无线电信号放大的有无、转发功能，分为有源人造地球卫星和无源人造地球卫星两种。由于无源人造地球卫星反射下来的信号太弱无实用价值，于是人们致力于研究具有放大、变频转发功能的有源人造地球卫星——通信卫星来实现超远距离通信。其中绕地球赤道运行的周期与地球自转周期相等的同步卫星具有优越性能，利用同步卫星的通信已成为主要的卫星通信方式。不在地球同步轨道上运行的低轨卫星多在卫星移动通信中应用。

图 2-44　卫星中继通信

同步卫星通信是在地球赤道上空约36 000km的太空中围绕地球的圆形轨道上运行的通信卫星，其绕地球运行周期为1恒星日，与地球自转同步，因而与地球之间处于相对静止状态，故称为静止卫星、固定卫星或同步卫星，其运行轨道称为地球同步轨道（GEO）。

6. 对流层散射信道

对流层散射传播信道如图2-45所示。散射通信是指利用大气层中传播媒介的不均匀性对无线电波的散射作用进行的超短波、微波超视距通信。根据散射媒质的不同，散射通信一般分为对流层散射通信和电离层散射通信。散射通信中应用最多是对流层散射通信。

7. 流星余迹散射信道

流星在掠过空中时会发出大量的光和热，它会使周围的气体电离，并很快扩散形成以流星轨迹为中心的柱状电离云，这种电离云具有反射无线电波的特性。这就是所谓的"流星余迹"。利用流星余迹反射无线电波而进行的远距离通信叫流星余迹通信，如图2-46所示。流星余迹通信常用的波段为30～100MHz。

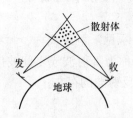

图 2-45　对流层散射通信

图 2-46　流星余迹散射

2.3.4　信道传输特性

1. 恒参信道传输特性

在前面讨论的信道类型中，各种有线信道和部分无线信道，其中包括卫星链路和某些视距传输链路，都可以看作为恒参信道。它们具有如下一些传输特性，且特性随时间变化小。

（1）幅度–频率特性

幅度–频率特性简称幅频特性。理想信道的幅频特性如图 2-47 所示，但实际恒参信道中可能存在各种滤波器、混合线圈、串联电容、分路电感等惰性元件，其幅频特性并不是理想的，信号会发生频率失真。如图 2-48 所示为一典型音频电话信道总幅度衰耗–频率特性曲线，损耗是便于测量的实用参量，当频率变化时，幅度衰耗也随之而变。

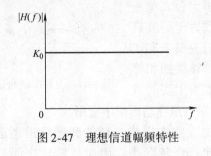

图 2-47　理想信道幅频特性

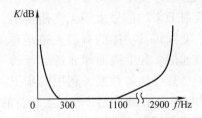

图 2-48　典型音频电话信道总幅度衰耗–频率特性

（2）相位–频率特性

相位–频率特性简称相频特性。理想信道的相频特性如图 2-49 所示，为一条过原点的直线或群时延为常数，与频率无关。但实际恒参信道的相频特性是不理想的，会产生一定的相位失真。如图 2-50 所示为典型音频电话信道群时延–频率特性曲线。

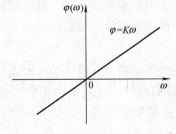

图 2-49　理想信道的相频特性

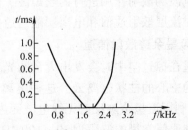

图 2-50　典型音频电话信道群时延–频率特性

（3）其他特性

恒参信道中还可能存在其他一些使信号产生失真的因素，如非线性失真、频率偏移和相位抖动等。这些失真均会加大信号的误差，影响通信的质量。

2. 随参信道传输特性

随参信道又称变参信道，参信道的性质（参数）随时间随机变化，其特性比恒参信道要复杂得多，对信号的影响比恒参信道也要严重得多。从对信号传输影响来看，传输媒质的影响是主要的，而转换器的特性的影响是次要的，甚至可以忽略不计。

随参信道一般是无线信道，例如，依靠天波传播和地波传播的无线电信道、某些视距传输信道和各种散射信道。随参信道的传输特性是"时变"的。

思考题与习题

2-1　通信信号的分类有哪些？各类信号有什么特点？

2-2　什么是模拟信号？什么是时间离散信号？什么是数字信号？各有什么特点？

2-3　试说明正弦信号、方波信号、语音信号和图像信号的波形特点与频谱特性。

2-4　某信号的频率范围为 $200kHz \sim 2MHz$，则该信号的带宽为多少？

2-5　常见的噪声有哪几种？分别是怎么产生的？

2-6　什么是白噪声？它的基本特性是什么？

2-7　滤波器有哪些分类？各有什么特点？

2-8　集中参数滤波器有哪几种？各有什么特点？

2-9　某有用信号（中频）中混杂了部分无用信号和干扰信号，既有频率较低的成分，也有频率较高的成分（相对于中频），为选出中频有用信号，应采用低通滤波器、高通滤波器、带通滤波器和带阻滤波器中的哪种滤波器？

2-10　试说明 LC 滤波器、陶瓷滤波器、石英晶体滤波器和声表面波滤波器的性能，并比较它们的优劣。

2-11　传输信道有哪些？各有什么特点？

2-12　通信波段是如何划分的？各波段的无线传播信道有何特点？

2-13　什么是恒参信道？什么是随参信道？它们之间有何联系和区别？

第3章 频率的产生与合成技术

通信设备中广泛使用各类频率源，比如发送设备中要采用振荡器产生高频正弦载波（信号），而接收设备中要采用振荡器产生本地振荡信号用于混频。这里的振荡器是一种无须输入激励信号就能自动产生交流信号的装置。

通常一个通信系统或网络需要多达几十组以上的能任意切换的频率源，这就需要采用频率合成技术来实现。频率合成技术是现代通信对频率源的稳定度、准确度、频谱纯度及频带利用率提出越来越高要求的产物。它能够利用一个高稳定度的标准（或参考）频率源（如石英晶体振荡器）合成出大量具有同样性能的离散频率。

3.1 反馈式正弦波振荡器的组成原理与性能指标

3.1.1 反馈式正弦波振荡器的组成原理

振荡器与放大器都是能量转换装置，放大器需要外加激励，即必须有信号输入。振荡器（Oscillator）无须外信号激励、能自动将直流电能转换为交流电能，凡是可以实现这一功能的装置都可以作为振荡器。因为振荡器产生的信号是"自激"的，故常称为自激振荡器。

反馈式正弦波振荡器（Sine-wave Oscillator）是在放大器电路中加入正反馈，此时由放大器本身的正反馈信号替代外加激励信号的作用，当正反馈量足够大时，放大器产生振荡，变成振荡器。

下面简要分析反馈式正弦波振荡器的工作原理。如图 3-1 所示，为反馈式正弦波振荡器的方框图。

设基本放大器的输入信号为 $\dot{X}_i$，输出信号为 $\dot{X}_o$，反馈信号为 $\dot{X}_f$，则产生自激振荡的条件为

$$\dot{X}_f = \dot{X}_i \tag{3-1}$$

此时，$\dot{A} = \dot{X}_o / \dot{X}_i$，$\dot{F} = \dot{X}_f / \dot{X}_o$。显然，产生自激振荡的条件又可写为

$$\dot{A}\dot{F} = 1 \tag{3-2}$$

从结构上看，正弦波振荡电路就是一个没有输入信号的带选频网络的正反馈放大电路。选频网络决定了振荡器的振荡频率，它使电路只在该频率 f_0 处才产生自激，其他频率都不满足自激条件，以产生某一特定频率 f_0 的正弦信号。因此，反馈式正弦波振荡器由放大器、反馈网络和选频网络等部分组成，如图 3-2 所示。此外，为了使振荡的幅度稳定，振荡器还应含有稳幅环节，稳幅功能多由其他部分完成，故框图中未单独画出。

按照选频网络的不同，反馈式正弦波振荡器可分为 LC 正弦波振荡器、RC 正弦波振荡

器和石英晶体振荡器等。按照反馈耦合网络的不同，LC 振荡器可分为变压器反馈式振荡器和三点式振荡器，其中三点式振荡器有电感三点式和电容三点式两种。

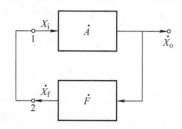

图 3-1　反馈式正弦波振荡器的方框图

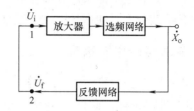

图 3-2　反馈式正弦波振荡器的组成框图

3.1.2　反馈式正弦波振荡器的振荡条件

由上述可知，振荡器起振之后，所产生振荡信号的振幅便由小到大地增长起来。但它不可能无限制地增长，而是在达到一定数值后，便自动稳定下来。这里研究振荡器的起振条件与平衡条件。

前面已证明，正反馈放大器产生振荡的条件是

$$\dot{A}\dot{F} = 1 \quad 即 \quad Ae^{j\varphi_A} \cdot Fe^{j\varphi_F} = 1$$

上式可以分别用振幅平衡条件和相位平衡条件来表示：

$$|\dot{A}\dot{F}| = 1 \tag{3-3}$$

$$\arg\dot{A}\dot{F} = \varphi_A + \varphi_F = \pm 2n\pi \quad (n = 0, 1, 2, 3, \cdots) \tag{3-4}$$

式 (3-3) 称为振幅平衡条件。它说明振幅在平衡状态时，其闭环增益（电压增益或电流增益）等于 1，反馈信号 $\dot{U}_f$ 的振幅与原输入信号 $\dot{U}_i$ 的振幅相等，即 $U_{fm} = U_{im}$。

式 (3-4) 称为相位平衡条件，说明振荡器在平衡状态时，其闭路总相移为零或为 2π 的整数倍，即反馈信号 $\dot{U}_f$ 的相位与原输入信号 $\dot{U}_i$ 的相位相同。

式 (3-3) 与式 (3-4) 对于任何类型的反馈振荡器都是适用的。在对振荡器进行理论分析时，利用振幅平衡条件可以确定振荡器的振幅；利用相位平衡条件可以确定振荡器的频率。

式 (3-3) 所表示的振幅平衡条件 $|\dot{A}\dot{F}| = 1$，表示振荡器已实现稳幅振荡。但若要求振荡器能够自行起振，开始时必须满足 $|\dot{A}\dot{F}| > 1$ 的振幅条件。然后在振荡建立的过程中，随着振幅的增大，使 $|\dot{A}\dot{F}|$ 值逐步下降，最后达到 $|\dot{A}\dot{F}| = 1$，此时振荡器处于稳幅振荡状态，输出电压的振幅达到稳定。如图 3-3 所示，即要求 $|\dot{A}\dot{F}|$ 随着振荡幅度

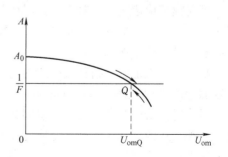

图 3-3　满足起振与平衡条件的 AF 特性

U_{om} 的增大而下降，这主要由具有非线性特性的稳幅环节实现。

故振荡器的起振条件为

$$|\dot{A}\dot{F}| > 1 \tag{3-5}$$

及 $$\varphi_{\mathrm{A}} + \varphi_{\mathrm{F}} = \pm 2n\pi \quad (n = 0, 1, 2, 3, \cdots)$$

综上所述，反馈式正弦波振荡器必须在某一频率 f_0 处，既要满足平衡条件，又要满足起振条件，如果只满足平衡条件，振荡就不会由小到大地建立起来，如果只满足起振条件，振荡信号的振幅就会无限地增长下去，显然这是不可能的。

3.1.3 振荡器的性能指标

由于正弦波振荡器产生一定频率和一定振幅的正弦信号，因此振荡频率 f_0 和输出振幅 U_{om} 是其主要性能指标。此外，还要求输出正弦信号的频率和振幅稳定性好，波形失真小，因此频率稳定度、振幅稳定度和波形失真系数也是振荡器的主要性能指标。作为能量转换的装置，还要考虑振荡器的效率和最大输出功率。由于波形失真系数与非线性失真系数类似，而效率和输出功率已为大家所熟悉，所以这里只讨论频率稳定度和振幅稳定度。

1. 频率稳定度（Frequency Stability）

评价一个振荡器频率的主要指标有频率准确度和频率稳定度两种。

（1）频率准确度

振荡器的实际振荡频率 f 与标称振荡频率 f_0 之差 Δf，称为绝对频率准确度，即

$$\Delta f = f - f_0 \tag{3-6}$$

振荡频率的偏差与标称频率之比值，称为相对频率准确度，即

$$\frac{\Delta f}{f_0} = \frac{f - f_0}{f_0} \tag{3-7}$$

（2）频率稳定度

频率稳定度是指在规定的时间间隔内和规定的温度、湿度、电源电压等变化范围内，相对频率准确度变化的最大值（绝对值），应该指出，在准确度与稳定度两个指标中，稳定度更为重要。因为只有频率"稳定"，才能谈得上准确。也就是说，一个频率源的准确度是由它的稳定度来保证的。因此，以下主要讨论频率稳定度。

按照规定的时间间隔的不同，频率稳定度有长期、短期和瞬时之分。

长期频率稳定度，一般指一天以上乃至几个月的相对频率变化的最大值。它主要用来评价天文台或计量单位的高精度频率标准和计时设备的稳定指标。

短期频率稳定度，一般指一天以内频率的相对变化最大值。外界因素引起的频率变化大都属于这一类。通常称为频率漂移。短期频率稳定度一般多用来评价测量仪器和通信设备中主振器的频率稳定指标。

瞬间频率稳定度，指秒或毫秒内随机频率变化，即频率的瞬间无规则变化。通常称为振荡器的相位抖动（Phase Fluctuation）或相位噪声。

尽管这种所谓长期、短期和瞬间频率稳定度的划分直到现在仍没有严格的统一规定，但是，这种大致的区别还是有一定实际意义的。短期频率稳定度主要是与温度变化、电压变化和电路参数不稳定性等因素有关。长期频率稳定度主要取决于有源器件、电路元件和石英晶体等老化特性，而与频率的瞬间变化无关。至于瞬间频率稳定度主要是由于频率源内部噪声而引起的频率起伏，它与外界条件和长期频率漂移无关。

频率稳定度的定量表示法通常采用建立在大量测量基础上的统计值来表征，较为合理。经常采用的方法之一是均方根值法，它是用在指定时间间隔内，测得各频率准确度与其平均

值的偏差的均方根值来表征的，即

$$\sigma_n = \sqrt{\frac{1}{n} \sum_{i=1}^{n} \left[\left(\frac{\Delta f}{f}\right)_i - \left(\overline{\frac{\Delta f}{f}}\right) \right]^2} \tag{3-8}$$

式中，n 为测量次数；$\left(\dfrac{\Delta f}{f}\right)_i$ 为第 i 次（$1 \leqslant i \leqslant n$）所测得的相对频率稳定度；$\left(\overline{\dfrac{\Delta f}{f}}\right)$ 为 n 个测量数据的平均值。

实际工作中，对于不同制式、不同频段、不同用途的各种无线电设备，其频率稳定度的要求也不同。一般来说，对于大功率固定设备要求要高些，如广播电台的日频率稳定度一般要求不低于 10^{-6}。对于超短波小功率移动式电台，要求就低一些，一般的短期频率稳定度约为 $10^{-4} \sim 10^{-5}$。

要想使振荡器的振荡频率稳定，应当首先讨论影响振荡频率的因素，然后再研究如何消除这些因素的方法。

2. 振幅稳定度

振幅稳定度常用振幅的相对变化量 S 来表示，即

$$S = \frac{\Delta U_{om}}{U_{om}} \tag{3-9}$$

式中，U_{om} 为某一参考的输出电压振幅，ΔU_{om} 为偏离参考振幅 U_{om} 的值。

振幅稳定度与电源电压、元器件的参数和温度等的变化有关。

应当指出，在不同的应用场合，对振荡器性能指标的要求也不同。作为电信号发生器的振荡器，其主要指标是振荡频率的准确度和稳定度、振幅稳定度及振荡波形的失真系数，尤其以频率稳定度最为重要，因为频率稳定度达不到要求往往会导致电子设备不能正常工作。而作为高频能源的振荡器，其主要指标则是效率和振荡输出功率，而对频率准确度和稳定度的要求不高。

3.1.4 正弦波振荡器能否产生振荡的判别

1）检查电路是否具备正弦波振荡器的各组成部分，即是否具有放大电路、反馈网络、选频网络和稳幅环节。

2）检查放大电路的静态工作点是否能保证放大电路正常工作。

3）分析电路是否满足自激振荡条件。首先检查相位平衡条件，至于振幅条件，一般比较容易满足。若不满足振幅条件，在测试调整时，可以改变放大电路的放大倍数 $|\dot{A}|$ 或反馈系数 $|\dot{F}|$ 使电路满足 $|\dot{A}\dot{F}| > 1$ 的振幅条件。

3.1.5 三点式振荡电路组成原则

LC 三点式振荡器可以画成图 3-4 所示的原理性电路。当回路元件的电阻很小，可以忽略不计时，Z_1、Z_2 与 Z_3 可以换成纯电抗 X_1、X_2 与 X_3。显然，电路如能产生振荡，必须满足下列条件：

$$X_1 + X_2 + X_3 = 0 \tag{3-10}$$

另外，为了满足 $\dot{U}_o$ 与 $\dot{U}_i$ 相位差180°的条件，$X_1(X_{ce})$ 与 $X_2(X_{be})$ 必须为同一性质的电抗。也就是说，它们或者同为电感元件（例如电感三点式振荡器，如图 3-5 所示），或者同为电容元件（电容三点式振荡器），因而 $X_3(X_{cb})$ 必须为另一性质的电抗。

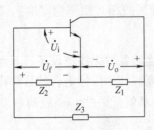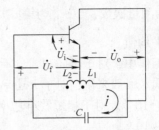

图 3-4　三点式振荡器的一般形式（交流通路）　　图 3-5　电感三点式振荡器等效电路

由此可以得出三点式振荡器的组成原则（或满足相位平衡条件的准则）是：$X_1(X_{ce})$ 与 $X_2(X_{be})$ 的电抗性质相同；$X_3(X_{cb})$ 与 X_1（或 X_2）的电抗性质相反。

利用这个组成原则，很容易判断振荡电路的组成是否合理，也可用于分析复杂电路与寄生振荡现象。

【例 3-1】 利用三点式振荡器的组成原则判断图 3-6 所示的振荡器（交流等效电路）能否产生振荡。

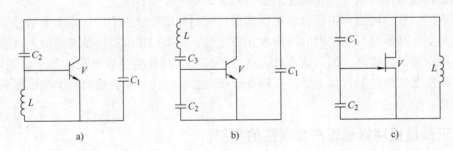

图 3-6　例 3-1 的电路

解： 图 3-6a 为三点式振荡器，由于 $X_{cb}(C_2)$ 与 $X_{ce}(C_1)$ 为同性质电抗，$X_{ce}(C_1)$ 与 $X_{be}(L)$ 为反性质的电抗，故不可能产生振荡。

图 3-6b 也是三点式振荡电路，其中 X_{cb} 由串联回路 L、C_3 组成，设其谐振频率为 f_1，即 $f_1 = \dfrac{1}{2\pi\sqrt{L_1 C_1}}$，当 $f > f_1$ 时，X_{cb} 为感性电抗，而 $X_{ce}(C_1)$ 与 $X_{be}(C_2)$ 均为电容，因此电路符合三点式振荡器的组成原则，可能产生振荡，且振荡频率 $f_0 > f_1$。

图 3-6c 为场效应管三点式振荡器，与晶体管三点式振荡器相对应，X_{dg} 相当于 X_{cb}，X_{ds} 相当于 X_{ce}，X_{gs} 相当于 X_{be}。由于 $X_{dg}(C_1)$ 与 $X_{gs}(C_2)$ 为同性质电抗，$X_{gs}(C_2)$ 与 $X_{ds}(L)$ 为反性质电抗，故不能产生振荡。

这里需要指出的是，由于电感三点式振荡器反馈电压取自电感，其输出波形中含有较大的高次谐波，波形较差，且频率稳定度不高，因此实际电路中主要采用电容三点式振荡器。

3.2 电容三点式振荡器

3.2.1 基本电容三点式振荡器

基本的电容三点式振荡器又称考毕兹（Colpitts）振荡器，其电路如图3-7a所示。图中，L 和 C_1，C_2 组成振荡回路，反馈电压取自电容 C_2 两端，C_b 与 C_c 均为高频旁路；R_{b1} 与 R_{b2} 为晶体管基极提供合适的偏置；R_c 为集电极偏置电阻，有时可用高频扼流圈 L_C 代替。

图 3-7b 为该电容三点式振荡器的交流通路，可以看出，晶体管的输出端和输入端也采用部分接入 LC 回路的方式。由于晶体管的三个电极分别与 C_1，C_2 的三个引出点（亦即 LC 回路的在引出点）相接，故称为电容三点式振荡器。

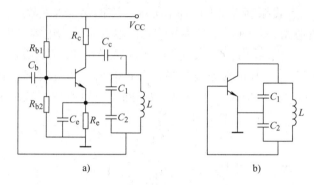

图 3-7　基本电容三点式振荡器电路
a）原理电路　b）交流等效电路

1. 相位平衡条件

利用瞬时极性法可判断该电路满足相位平衡条件，电路中引入了正反馈。

2. 振荡频率

电容三点式振荡器的振荡频率

$$f_0 = \frac{1}{2\pi\sqrt{LC}} \tag{3-11}$$

式中，$C = C_1 C_2 / (C_1 + C_2)$ 为回路的总电容，考虑到 r_{be} 和 r_{ce} 的影响，实际振荡频率稍高于 $\frac{1}{2\pi\sqrt{LC}}$。经验证明，C_2/C_1 取 $1/8 \sim 1/2$ 较为适宜。

3. 基本特性

电容三端振荡器的优点是输出波形较好，这是因为集电极和基极电流可通过对谐波为低阻抗的电容支路回到发射极，所以高次谐波的反馈减弱，输出的谐波分量减小，波形更加接近于正弦波。其次，该电路中的不稳定电容（分布电容、器件的结电容等）都是与该电路并联的，因此适当加大回路电容量，就可以减弱不稳定因素对振荡频率的影响，从而提高了频率稳定度。最后，当工作频率较高时，甚至可以只利用器件的输入和输出电容作为回路电容。因而本电路适用于较高的工作频率，可达几百到上千兆赫。

这种电路的缺点是：调节 C_1 或 C_2 来改变振荡频率时，反馈系数也将改变，从而导致振荡器工作状态的变化，因此这个电路只适于作固频振荡器。但只要在 L 两端并联上一个可变电容器，并令 C_1 与 C_2 为固定电容，则在调整频率时，基本上不会影响反馈系数。另外，由于受晶体管输入和输出电容的影响，为保证振荡频率的稳定，振荡频率的提高将受到限制。

3.2.2 改进型电容三点式振荡器

前面所讨论的三点式振荡器中，电容三点式振荡器的性能较好，但存在下述缺点：调节频率会改变反馈系数，晶体管的输入电容 C_i 和输出电容 C_o 对振荡频率的影响限制了振荡频率的提高，因此需要对电路进行改进。改进型电容三点式振荡器有串联改进型和并联改进型两种。

这里先讨论串联改进型电容三点式振荡器。

1. 串联改进型 LC 振荡器

串联改进型电容三点式振荡器如图 3-8a 所示，该振荡器又称为克拉泼（Clapp）振荡器，图 3-8b 为其交流通路，其中 C_i、C_o 为晶体管的输入和输出电容，电容 C_3 容量很小，满足 $C_3 \ll C_1$ 和 $C_3 \ll C_2$。可以看出，与电容三点式振荡器相比，克拉泼振荡器仅在回路中多加一个与 L 串接的电容 C_3，串联改进型电容三点式振荡器由此得名。由图 3-8b 知，C_3 和 C'_1（$C'_1 = C_1 + C_o$）、C'_2（$C'_2 = C_2 + C_i$）相串联，故回路总电容 C 由下式决定：

$$\frac{1}{C} = \frac{1}{C_3} + \frac{1}{C'_1} + \frac{1}{C'_2} = \frac{1}{C_3} + \frac{1}{C_1 + C_o} + \frac{1}{C_2 + C_i} \tag{3-12}$$

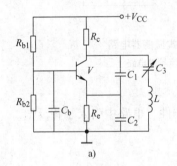
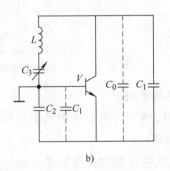

图 3-8 克拉泼振荡器

a) 电路 b) 交流通路

由于 $C_3 \ll C_1$ 和 $C_3 \ll C_2$，故 $C \approx C_3$，则振荡频率

$$f_0 = \frac{1}{2\pi\sqrt{LC}} \approx \frac{1}{2\pi\sqrt{LC_3}} \tag{3-13}$$

可见，C_i 和 C_o 对 f_0 几乎无影响。这是由于 f_0 主要由小电容 C_3 和 L 决定，而晶体管与谐振回路之间的耦合大大减弱了，即使 C_i 和 C_o 发生变化，它们对回路影响已微不足道了，因此，振荡频率的稳定度大大提高了，克拉泼振荡器的反馈系数为

$$F_u = \frac{C'_1}{C'_2} = \frac{C_1 + C_o}{C_2 + C_i} \tag{3-14}$$

因此，调节 C_3 改变振荡频率时，不影响反馈系数；而调节 C_1 或 C_2 改变反馈系数时，对振荡频率也无影响。换言之，克拉泼振荡器的振荡频率与反馈系数可分别独立调节，这就消除了电容三点式振荡器的另一缺点。

分析表明，克拉泼振荡器的起振条件对晶体管的 β 提出很高的要求，它与 f_0^3 成正比；而输出电压振幅与 f_0^3 成反比。因此，随着 f_0 的升高，输出电压振幅将迅速下降直至停振。可见，克拉泼振荡器虽然频率稳定度高，但是在波段内输出幅度不均匀，波段覆盖系数小，因此只适于作固频振荡器。

2. 并联改进型 LC 振荡器

改进型电容三点式振荡器的另一种电路形式为并联改进型电容三点式振荡器。

为克服克拉泼振荡器的缺点，可采用图 3-9a 所示的并联改进型电容三点式振荡器。该振荡器又称为西勒（Seiler）振荡器，图 3-9b 为其交流通路。它与克拉泼振荡器不同之处仅在于回路电感 L 两端并联了一个可变电容 C_4，而 C_3 为远小于 C_1、C_2 的固定电容。

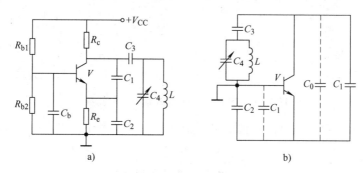

图 3-9　西勒振荡器
a）电路　b）交流通路

由于 $C_1 \gg C_3$，$C_2 \gg C_3$，且 $C_1' = C_1 + C_o$，$C_2' = C_2 + C_i$，则回路总电容及振荡频率分别为

$$C = C_4 + \cfrac{1}{\cfrac{1}{C_3} + \cfrac{1}{C_1'} + \cfrac{1}{C_2'}} \approx C_4 + C_3 \tag{3-15}$$

$$f_0 = \frac{1}{2\pi\sqrt{LC}} \approx \frac{1}{2\pi\sqrt{L(C_3 + C_4)}} \tag{3-16}$$

西勒振荡器的反馈系数 F_u 和接入系数 p 与克拉泼振荡器相同，因此它也具有频率稳定度高和振荡频率、反馈系数可分别独立调节的优点。分析表明，随着 f_0 的升高，西勒振荡器对振荡管的 β 要求降低（有利于起振），而它的输出电压振幅随着 f_0 的升高而成正比地增大，它恰好部分地补偿了因高频时晶体管 β 下降使振幅下降的特性，使输出振幅在较宽的频率范围内比较平稳，从而克服了克拉泼振荡器的不足，因此，西勒振荡器可作为高频时的可变频率振荡器。

3.2.3　正弦波振荡器仿真实训

［仿真 3-1］电容三点式振荡器的仿真测量。

仿真电路：图 3-10 所示仿真电路。

① 用示波器观察输出（节点 2）电压波形，可以看出，该电路_____（能/不能）自动产生交流振荡信号，且输出波形变化规律与标准正弦波_____（基本相似/完全不同）。

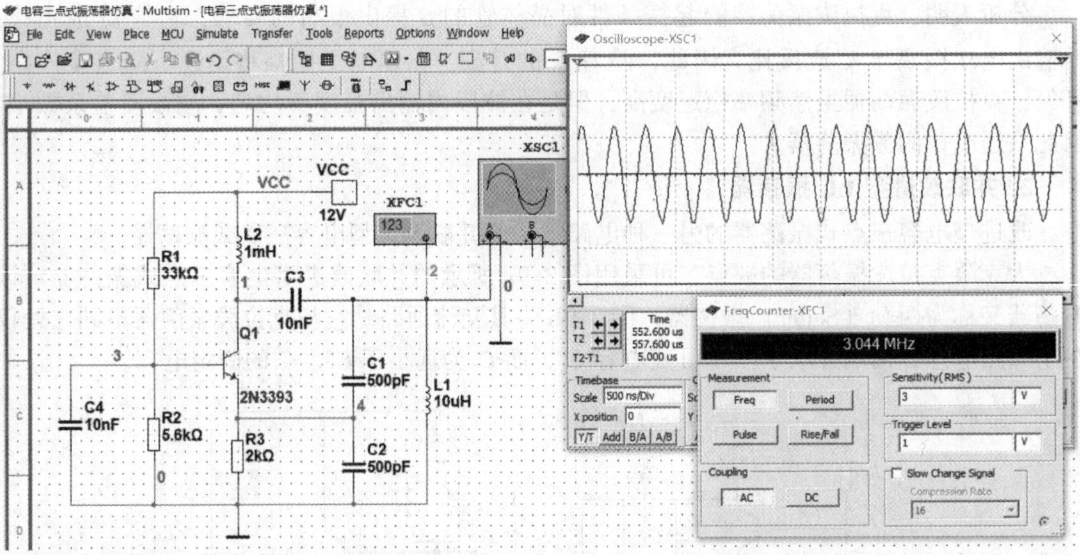

图 3-10　电容三点式振荡器的仿真测量

② 用示波器大致测出该电路的输出电压幅度，并用频率计数器测量其输出频率并记录：

$$U_{om} = \underline{\hspace{2cm}} V, f_o = \underline{\hspace{2cm}} \times 10^6 Hz$$

③ 理论计算 $f_0 = \dfrac{1}{2\pi\sqrt{LC}}$ 的值，并与仿真测量结果相比较。

④ 在用频率计数器测量输出频率的同时，观察输出频率的变动情况。可以看出，该电路的频率稳定度大约在 _____（$10^{-1}/10^{-2}/10^{-3}$）数量级。

3.3　石英晶体振荡器

第 2 章中曾讲述过作为滤波器使用的石英晶体，同时，石英晶体也可以作为振荡回路元件使用，可使振荡器的频率稳定度大大提高。主要原因有以下几点：

1）石英晶体的物理和化学性能都十分稳定，因此，外界因素对其性能影响很小。

2）它具有正、反压电效应，而且在谐振频率附近，晶体的等效参数 L_q 很大、C_q 很小、r_q 也不高。因此，晶体的 Q 值可高达数百万数量级。

3）石英晶体振荡器工作在串、并联谐振频率之间很狭窄的工作频带内，具有极陡峭的电抗特性曲线，因而对频率变化具有极灵敏的补偿能力。

石英晶体谐振器的主要缺点是它的单频性，即每块晶体只能提供一个稳定的振荡频率，因而不能直接用于波段振荡器。

根据晶体在振荡电路中的不同作用，振荡电路可分为两类：一类是石英晶体在电路中作为等效电感元件使用，这类振荡器称为并联谐振型晶体振荡器；另一类是把石英晶体作为串联谐振元件使用，使它工作于串联谐振频率上，称为串联谐振型晶体振荡器。下面就来分别讨论这两种振荡器电路。

3.3.1　并联型晶体振荡器

这类晶体振荡器的振荡原理和一般反馈式 LC 振荡器相同，只是把晶体置于反馈网络的振荡回路之中，作为一个感性元件，并与其他回路元件一起按照三点式振荡器的组成原则组成三点式振荡器。根据这种原理，在理论上可以构成三种类型基本电路。但实际常用的是图3-11所示的两种基本类型。

图3-11a所示相当于电容三点式振荡器。图3-17b所示相当于电感三点式振荡器。从晶体连接在哪两个电极之间来看，前者称为c-b型电路（或称皮尔斯电路，Pierce Circuit），后者称为b-e型电路（或称密勒电路，Miller Circuit）。

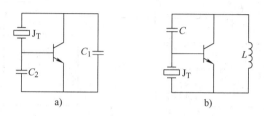

图3-11　并联谐振型晶体振荡器的两种基本形式

a）c-b型电路　b）b-e型电路

图3-12a所示为典型的并联谐振晶体振荡器电路。振荡管的基极对高频接地，晶体接在集电极与基极之间，C_b为基极旁路电容，ZL为高频扼流圈，是典型的c-b型电路。C_1与C_2为回路的另外两个电抗元件。振荡器回路的等效电路如图3-12b所示。由图可知，它类似于前面所学过的克拉泼电路。由于C_q非常小，因此，晶体振荡器的谐振回路与振荡管之间的耦合非常弱，从而使频率稳定性大为提高。

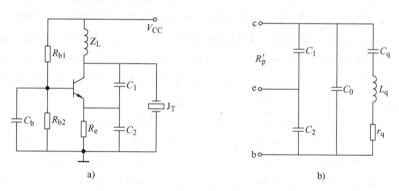

图3-12　并联谐振型晶体c-b振荡器电路

a）晶振电路　b）高频回路的等效电路

最后应指出，和一般的LC三端电路相比，石英晶体在稳频方面还有一个显著特点，即一旦因外界因素变化而影响到晶体的回路固有频率时，它还具有力图使频率保持不变的电抗补偿能力。这主要是由于石英谐振器的等效电感L_q与普通电感不同。

3.3.2　串联型晶体振荡器

串联型晶体振荡器是利用晶体工作在f_q时呈现很小的纯阻和相移为零的特性制成的。图3-13所示为一种串联型晶体振荡器电路。由图可知，该电路与电容三点式振荡电路十分相似，只是反馈信号要经过石英晶体J_T后，才能送到发射极和基极之间。石英晶体在串联谐振时阻抗近于零，可以认为是短路的，此时正反馈最强，满足振荡条件。因此，这个电路的振荡频率和频率稳定度都取决于石英晶体的串联谐振频率。本图所标的主要元件参数是振荡器工作于 5MHz 的数值。

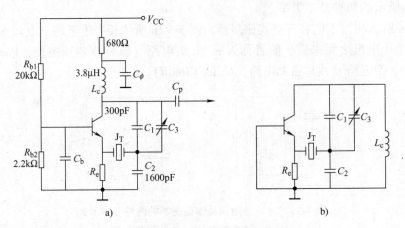

图 3-13　串联谐振型正弦波晶振电路
a）串联型晶振电路　b）交流等效电路

3.4　混频技术

所谓混频（Frequency Conversion）就是把两个及以上的高频信号经过频率混合（变换），变换为另一个频率。在发射设备中，混频通常是将高频载波频率从高频变为更高的频率或用于频率合成；在接收设备中，混频通常是将已调高频信号的载波频率从高频变为固定中频，同时必须保持其调制规律不变。具有这种作用的电路称为混频电路或变频电路，亦称混频器（Mixer）或变频器（Convertor）。由于混频产生了频率变换，使信号的频谱产生了变换和搬移，所以混频技术也称为频谱变换或搬移技术。

随着集成技术的发展和应用的日益广泛，集成模拟乘法器已成为继集成运放后最通用的模拟集成电路之一。它广泛用于乘法、除法、乘方和开方等模拟运算，同时也广泛用于信息传输系统作为调幅、解调、混频、鉴相和自动增益控制电路，是一种通用性很强的非线性电子器件，目前已有多种形式、多品种的单片集成电路，同时它也是现代一些专用模拟集成系统中的重要单元。这里将以模拟乘法器为基础，讨论混频器的基本工作原理。

3.4.1　模拟乘法器的基本概念

模拟乘法器简称乘法器，是对两个模拟信号（电压或电流）实现相乘功能的有源非线性器件，主要功能是实现两个互不相关信号相乘，即输出信号与两输入信号的乘积成正比，其电路符号如图 3-14 所示。

若输入信号为 $u_X(t)$ 和 $u_Y(t)$，则输出信号 $u_O(t)$ 为

$$u_O(t) = K_M u_X(t) u_Y(t) \tag{3-17}$$

式中，K_M 为乘法器的增益系数或标尺因子，单位为 V^{-1}。

模拟乘法器有两个输入端口，即 X 和 Y 输入端口。乘法器两个输入信号的极性不同，其输出信号的极性也不同。如果用 XY 坐标平面表示，则乘法器有四个可能的工作区，即四

个工作象限, 如图 3-15 所示。

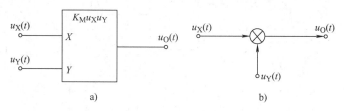

图 3-14 模拟乘法器的电路符号

若信号 $u_X(t)$、$u_Y(t)$ 均限定为某一极性的电压时才能正常工作, 该乘法器称为单象限乘法器; 若信号 $u_X(t)$、$u_Y(t)$ 中一个能适应正、负两种极性电压, 而另一个只能适应单极性电压, 则为二象限乘法器; 若两个输入信号能适应四种极性组合, 称为四象限乘法器。

式 (3-17) 表示, 一个理想的乘法器中, 其输出电压与在同一时刻两个输入电压瞬时值的乘积成正比, 而且输入电压的波形、幅度、极性和频率可以是任意的。

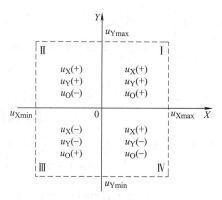

图 3-15 模拟乘法器的工作象限

对于一个理想的乘法器, 当 $u_X(t)$、$u_Y(t)$ 中有一个或两个为零时, 输出均为零。但在实际乘法器中, 由于工作环境、制造工艺及元件特性的非理想性, 当 $u_X(t)=0$, $u_Y(t)=0$ 时, $u_O(t)\neq0$, 通常把这时的输出电压称为输出失调电压; 当 $u_X(t)=0$, $u_Y(t)\neq0$ (或 $u_Y(t)=0$, $u_X(t)\neq0$) 时, $u_o(t)\neq0$, 这是由于 $u_X(t)$ (或 $u_Y(t)$) 信号直接流通到输出端而形成的, 称这时的输出电压为 $u_X(t)$ (或 $u_Y(t)$) 的输出馈通电压。输出失调电压和输出馈通电压越小越好。此外, 实际乘法器中增益系数 K_M 并不能完全保持不变, 这将引起输出信号的非线性失真, 在应用时需加注意。

集成模拟乘法器的常见产品有 BG314、F1595、F1596、MC1495、MC1496、LM1595、LM1596 等。

3.4.2 模拟乘法器实现混频的原理

图 3-16a 所示为模拟乘法器组成的混频 (频谱变换) 电路原理图, 其乘法器输入信号为 $u_I(t)$ 和 $u_c(t) = U_{cm}\cos\omega_c t$, 输出信号为 $u_o(t)$。为了讨论方便, 设增益系数 $K_M = 1V^{-1}$, $U_{cm} = 1V$, 则乘法器的输出电压

$$u_o(t) = K_M u_I(t) u_c(t) = u_I(t) U_{cm}\cos\omega_c t = u_I(t) U_{cm}\cos\omega_c t$$

若 $u_I(t)$ 为单频信号, 即 $u_I(t) = U_{im}\cos\omega_1 t$, 设 $\omega_1 < \omega_c$ (即 $f_1 < f_c$), 则

$$u_o(t) = U_{im}\cos\omega_1 t\cos\omega_c t = \frac{1}{2}U_{im}\cos(\omega_c - \omega_1)t + \frac{1}{2}U_{im}\cos(\omega_c + \omega_1)t \qquad (3-18)$$

由式 (3-18) 可知, 此时输出信号含有输入信号所没有的 $f_c \pm f_1$ 频率成分, 它们的振幅均为 $U_{im}/2$。输入信号 $u_I(t)$ 和输出信号 $u_o(t)$ 的频谱如图 3-16b 所示。

若 $u_I(t)$ 为多频信号, 即 $u_I(t) = U_{im1}\cos\omega_1 t + U_{im2}\cos\omega_2 t + \cdots + U_{imn}\cos\omega_n t$, 设 $\omega_1 < \omega_2 < \cdots$

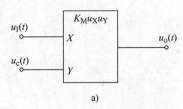

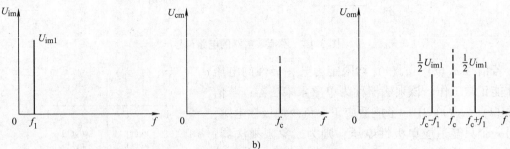

b)

图 3-16 模拟乘法器实现频谱变换

a) 原理电路 b) 频谱变换（u_I 为单频信号）

$< \omega_n < \omega_c$，且 $U_\text{cm} = 1\text{V}$，则

$$u_\text{o}(t) = (U_\text{im1}\cos\omega_1 t + U_\text{im2}\cos\omega_2 t + \cdots + U_{\text{im}n}\cos\omega_n t)\cos\omega_c t$$

$$= \frac{1}{2}U_\text{im1}\cos(\omega_c - \omega_1)t + \frac{1}{2}U_\text{im2}\cos(\omega_c - \omega_2)t + \cdots + \frac{1}{2}U_{\text{im}n}\cos(\omega_c - \omega_n)t +$$

$$\frac{1}{2}U_\text{im1}\cos(\omega_c + \omega_1)t + \frac{1}{2}U_\text{im2}\cos(\omega_c + \omega_2)t + \cdots + \frac{1}{2}U_{\text{im}n}\cos(\omega_c + \omega_n)t$$

由上式得，此时 $u_\text{o}(t)$ 的频率成分有 $f_c \pm f_1$，$f_c \pm f_2$，$\cdots f_c \pm f_n$，且它们的振幅分别为 $U_\text{im1}/2$，$U_\text{im2}/2$，$\cdots$，$U_{\text{im}n}/2$。由此可得 $u_1(t)$、$u_\text{c}(t)$ 和 $u_\text{o}(t)$ 的频谱，如图 3-17 所示。若 $K_\text{M} \neq 1\text{V}^{-1}$，$U_\text{CM} \neq 1\text{V}$，则上述各谱线的长度增大 $K_\text{M} U_\text{cm}$ 倍，其他均不变。

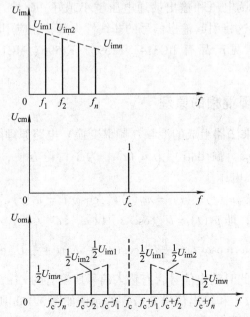

图 3-17 u_I 为多频信号时模拟乘法器实现频谱变换

由此可见，信号 $u_1(t)$ 与 $\cos\omega_c t$ 相乘，相当于把 $u_1(t)$ 的频谱沿频率轴不失真地搬移至 f_c 的两边，且各谱线长度减半。即实现了频谱的线性搬移。

3.4.3　混频技术仿真实训

　　[仿真 3-2] 混频器的仿真测量。

　　仿真电路：图 3-18 所示仿真电路。

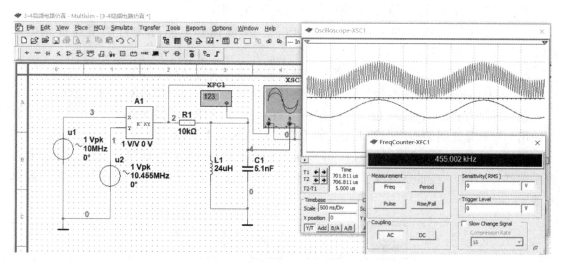

图 3-18　混频电路的仿真测量

　　① 设置输入信号（u_1）频率 $f_s = 10\text{MHz}$，其他参数设置见图示。

　　② 设置本地载波信号（u_2）频率 $f_L = 10.455\text{MHz}$，其他参数设置见图示。

　　③ 用示波器同时观测乘法器输出电压（节点 2）和 LC 带通滤波器输出电压（节点 4）的波形，可以看出，乘法器输出电压波形为＿＿＿＿＿＿＿＿（单一频率高频正弦波/带状高频正弦波/带状乘积型高频波）；LC 带通滤波器输出电压波形为＿＿＿＿＿＿＿（单一频率高频正弦波/带状高频正弦波/带状乘积型高频波）。

　　④ 用频率计数器测量 LC 带通滤波器输出中频信号之频率值，并记录：$f_1 = $＿＿＿＿kHz。该值与 $f_L - f_s$ 的值＿＿＿＿＿＿＿（几乎相等/相差很大）。

　　结论：该电路＿＿＿＿＿＿＿＿（可以/不可以）实现混频。

3.5　频率合成技术

　　通信系统中通常都要使用数个至数十个以上高稳定度的频率源的集合，需要采用频率合成技术。频率合成器的核心组成是锁相环路。锁相环路是一种相位负反馈控制系统，它利用相位的稳定来实现频率锁定，即"锁相"。实现锁相的方法称为"锁相技术"。

3.5.1　锁相环路的基本概念与工作原理

　　通信设备中，为了提高电子系统的性能指标，经常通过引入反馈控制电路来实现对系统自身的调节。各种类型的反馈控制电路都可以看成是由反馈控制器和控制对象组成的自动调节系统，如图 3-19 所示。

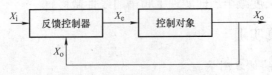

图 3-19　反馈控制电路框图

根据控制对象参量的不同，反馈控制电路可分为三类：

1）需要比较和调节的参量为电压或电流，反馈控制电路称为自动增益控制电路（AGC）。

2）需要比较和调节的参量为频率，反馈控制电路称为自动频率控制电路（AFC）。

3）需要比较和调节的参量为相位，反馈控制电路称为自动相位控制电路（APC）。

锁相环路（Phase Locked Loop，PLL）是一种相位负反馈自动控制系统（APC），它是利用输出与输入量之间的相位误差来实现输出频率对输入频率的锁定。

锁相环路的基本组成框图如图 3-20 所示。它由鉴相器（PD）、环路滤波器（LF）和压控振荡器（VCO）三部分组成，其中 PD 和 LF 构成反馈控制器，而 VCO 就是它的控制对象。

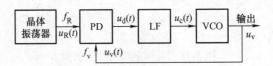

图 3-20　锁相环路的基本组成框图

下面具体分析锁相环路各部分电路的功能与特点。

1. 鉴相器的基本特性

鉴相器框图如图 3-21 所示。鉴相器有两个输入信号：输入参考信号 u_R 和压控振荡器的输出信号 u_V，鉴相器将两输入信号的相位进行比较后，输出一误差信号 u_d。若 PD 为线性鉴相器，输出误差电压 u_d 可表示如下：

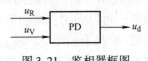

图 3-21　鉴相器框图

$$u_d = K_d \theta_e \quad (\theta_e = \theta_R - \theta_V)$$

其中，K_d 称为鉴相灵敏度，单位为 V/rad。

鉴相电路可以用一个直观简化的数学模型来表示，如图 3-22 所示。

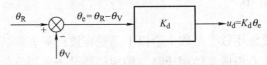

图 3-22　鉴相器的数学模型

鉴相器电路的种类很多，具有代表性的是模拟型（如模拟乘法器等）和数字型（如脉冲抽样保持鉴相器）鉴相器电路。不过任何鉴相器都存在最大动态范围的问题，限制了锁相环路的相位控制范围。

2. 环路滤波器的基本特性

在锁相环路中，环路滤波器实际上就是一个低通滤波器，其作用是滤除鉴相器输出的误差电压 u_d 中的高频分量和干扰分量，得到控制电压 u_c。常用的环路滤波器有 RC 低通滤波器、无源比例积分滤波器及有源比例积分滤波器等。

如图 3-23 所示为常用的一阶 RC 低通滤波器，它的作用是将 u_d 中的高频分量滤掉，得到控制电压 u_c。其传输函数为

$$F_1(j\omega) = \frac{u_c(t)}{u_d(t)} = \frac{1/j\omega C}{R + \dfrac{1}{j\omega c}} = \frac{1}{1 + j\omega\tau}$$

式中，$\tau = RC$ 为时间常数。

由此绘出一阶低通滤波器的幅频特性如图 3-24 所示：上限截止频率为 f_H，通频带 $f_{bw} = f_H$。

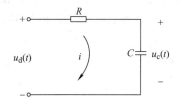

图 3-23　一阶 RC 低通滤波器

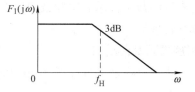

图 3-24　一阶 RC 低通滤波器幅频特性

3. 压控振荡器的基本特性

压控振荡器（VCO）有变容二极管压控振荡器和射极耦合多谐振荡器等。

通常可以通过改变控制电压 u_c 来改变压控振荡器的频率。压控振荡器频率 ω_v 随控制电压 $u_c(t)$ 变化的曲线称为压控特性曲线。压控特性曲线一般为非线性，如图 3-25 所示。

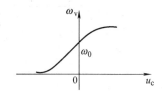

图 3-25　压控振荡器特性曲线

由此可见，在一定范围内，压控特性曲线可以近似为线性。即

$$\omega_v = \omega_0 + K_v u_c$$

这里 K_v 为压控灵敏度，单位为 rad/s · V；ω_0 为压控振荡器的固有振荡角频率。在锁相环路中，改变的振荡角频率还要送回到鉴相器中去比较。对鉴相器来说，直接起作用的是瞬时相位，而不是电压或频率。但是，瞬时角频率的变化必然引起瞬时相位的变化，因此可求得压控振荡器的瞬时相位输出为

$$\theta_v(t) = K_v \int_0^t u_c(t)\,dt$$

4. 锁相环路的工作原理

参见图 3-20，锁相环路在没有基准（参考）输入信号时，环路滤波器的输出为零（或为某一固定值）。这时，压控振荡器按其固有频率 f_0 进行自由振荡。当有频率为 f_R 的参考信号输入时，u_R 和 u_V 同时加到鉴相器进行鉴相。

如果 f_R 和 f_V 相差不大，鉴相器对 u_R 和 u_V 进行鉴相的结果，输出一个与 u_R 和 u_V 的相位差成正比的误差电压 u_d，再经过环路滤波器滤去 u_d 中的高频成分，输出一个控制电压 u_c，u_c

将使压控振荡器的频率 f_V（和相位）发生变化，朝着参考输入信号的频率靠拢，最后使 $f_V = f_R$，环路锁定。

环路一旦进入锁定状态后，则输出、输入信号频差 $\Delta\omega(t) = 0$，由此可求得输出、输入信号的相差为

$$\theta_e(t) = \int \Delta\omega(t)\,\mathrm{d}t + \theta_0 = \theta_0$$

即当输出、输入信号频率相等时，它们的瞬时相差是一个常数。反之若瞬时相差为固定的稳态相位差 $\theta_e(\infty)$，环路的输出、输入频率一定相等，没有频差存在，这种状态称为锁定状态。

3.5.2　频率合成器

数字锁相式频率合成器是一种用数字方法控制分频比的锁相环路，产生相应的离散频率。它将先进的数字技术和锁相技术结合起来，赋予锁相环频率合成器良好的性能。这里介绍这类频率合成器。

1. 直接式频率合成器

直接式频率合成器构成如图 3-26 所示。

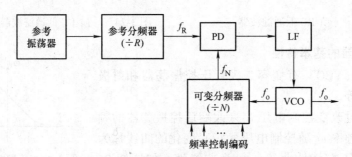

图 3-26　直接式频率合成器组成框图

直接式频率合成器是在图 3-20 所示锁相环的反馈支路中插入一个可编程控制的分频器（N）。高稳定度参考振荡信号经 R 次分频后，得到频率为 f_R 的参考脉冲信号。同时压控振荡器输出经 N 次分频后得到频率为 f_N 的脉冲信号，它们通过鉴相器进行比相。当环路处于锁定状态时，$f_R = f_N = f_o / N$，则：

$$f_o = Nf_N = Nf_R$$

显然，只要改变分频比 N，即可达到改变输出频率 f_o 的目的，从而实现了由 f_R 合成 f_o 的任务。在该电路中，输出频率点间隔 $\Delta f = f_R$。

直接式频率合成器的结构较简单，输出频率较低时常用 CD4046 来实现。

2. 吞脉冲式（间接式）频率合成器

在实际应用中，特别在超高频工作的情况下，为降低 N 分频器的输入频率，通常在 N 分频器与压控振荡器之间插入高速前置分频器（$\div P$）（采用 ECL 工艺制造）。显然此时频率关系为 $f_o = NPf_R$，频点间隔为 Pf_R。

为了在给定的频段内合成更多的离散频率，需减小上述方案的频点间隔 Pf_R。为此，在实际通信设备中通常采用双模前置分频器（$\div P / (P+1)$）和含有吞食计数器的可编程分频

器。其构成框图如图 3-27 所示，一般称为吞脉冲式 PLL 频率合成器。

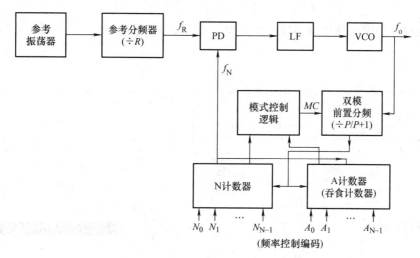

图 3-27　吞脉冲式频率合成器组成框图

在该方案中，通常 N 计数（分频）器的级数大于 A 计数器的级数，即 $N>A$。在计数循环开始时，模式控制信号 $MC=0$，前置分频比为 $P+1$，这样 A 计数器每次比另一前置分频模式（P）多吞食一个脉冲。由于 N、A 计数器同时开始计数，A 先计满，输出使模式控制逻辑状态变为 $MC=1$，前置分频比变为 P，直到 N 计数器计满，输出将模式控制逻辑重置成 $MC=0$ 状态。这样，计数链路的总分频比是：

$$N_\Sigma = A(P+1) + P(N-A) = PN + A$$

$$f_\mathrm{o} = (PN+A)f_\mathrm{N} = PNf_\mathrm{R} + Af_\mathrm{R}$$

可见，合成频率点间隔变为 f_R。

吞脉冲式频率合成器的主要产品有 MC145152、MC145156 等，除了 VCO、LF 以及双模前置分频器需外接外，此类集成锁相环路包含其他所有的组成部分，因此实际应用时并不复杂。

3.5.3　频率合成器仿真实训

［仿真 3-3］PLL 频率合成器的仿真测量。

仿真电路：图 3-28 所示仿真电路。

① 先理论计算分频器（A2）输出频率 $f_\mathrm{R}=f_1/M=$ _____ kHz，再计算 $f_\mathrm{o}=Nf_\mathrm{N}=Nf_\mathrm{R}=$ _____ kHz。

② 设置合适的 PLL（A1）参数：

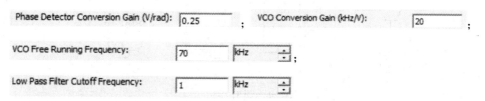

③ 用示波器观测 PLL 输出波形，并用频率计数器测量其输出频率（大致的平均值）并

记录：

$$U_{\text{om}} = \underline{\qquad}\text{V}, \quad f_{\text{o}} = \underline{\qquad}\text{kHz}$$

④ 比较输出频率的测量值与理论计算值，可以证明，PLL ＿＿＿＿＿（能/不能）实现频率合成。

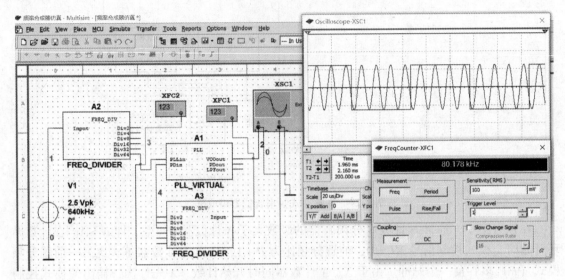

图 3-28　PLL 频率合成器的仿真测量

思考题与习题

3-1　正弦波振荡器的主要性能指标有哪些？各是如何要求的？

3-2　利用相位平衡条件的判断准则，判断题图 3-29 所示的三点式振荡器变流等效电路，哪些是错误的（不可能振荡），哪些是正确的（有可能振荡），属于哪种类型的振荡电路，并说明在什么条件下才能振荡。

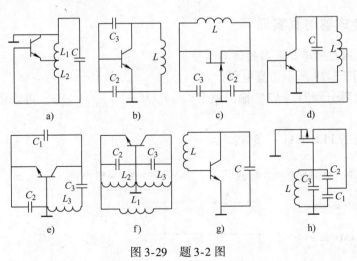

图 3-29　题 3-2 图

3-3 电容三点式振荡器有哪几种形式？各有什么特点？它们的振荡频率是如何估算的？

3-4 石英晶体振荡器有哪些类型？为什么它的频率稳定度高？

3-5 混频器的作用是什么？说明模拟乘法器实现混频的原理。

3-6 试说明锁相环路的工作原理。

3-7 为什么通信系统中要使用频率合成器？常用的频率合成技术有哪几种？如何计算直接式频率合成器的输出频率？

第4章 模拟通信技术与系统

无线电发射技术涉及高频振荡、调制、高频功率放大与天线等技术；无线电接收技术涉及无线电信号接收天线、高频小信号选频放大、混频、调制信号解调等技术。这些传统的模拟通信技术仍然是现代通信中的基础技术并继续得到了广泛应用。本章将重点介绍电波传播与天线、幅度与频率调制及其解调技术、模拟调幅通信系统、模拟调频通信系统等。

4.1 电波传播与天线

无线电通信系统会根据不同的电波传播特性设计不同的天线，因而对电波传播和天线的特性应有所了解。

4.1.1 电波传播

在通信过程中，无线台接收点的场强，一般是直射波、反射波和地表面波的合成波。但是地表面波随着频率的升高而衰减增大，传播距离有限，所以分析通信信道时，主要考虑直射波和反射波的影响，图 4-1 表示了典型的移动信道电波传播路径。

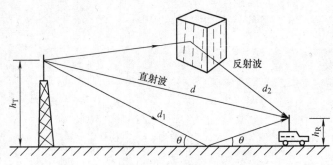

图 4-1 典型的移动信道电波传播路径

1. 直射波

直射波可以按自由空间传播来考虑，电波在自由空间经过一段距离的传播之后，由于辐射能量的扩散会引起衰落，式(4-1) 表示了无方向性天线接收场强的有效值与辐射功率和距离的关系：

$$E_0 = \frac{\sqrt{30P_T}}{d} \tag{4-1}$$

式中，P_T 为辐射功率，单位为 W；E_0 为距离辐射天线 d（单位为 m）处的场强。若考虑到收发信号机天线的增益 G_R 和 G_T 时，则距离发射天线 d 处的电场强度为

$$E_0 = \frac{\sqrt{30P_T G_T}}{d} \tag{4-2}$$

此时接收天线上的功率为

$$P_R = P_T \left(\frac{\lambda}{4\pi d} \right)^2 G_T G_R \tag{4-3}$$

式中，λ 为电磁波的波长。

电波在自由空间的传播损耗 L_{fs} 定义为

$$L_{fs} = \frac{P_T}{P_R} = \left(\frac{4\pi d}{\lambda} \right)^2 \cdot \frac{1}{G_T G_R} \tag{4-4}$$

在自由空间中，收发天线一般可以看作两个理想的点源天线，故增益系数 $G_R = 1, G_T = 1$。工程上对传播损耗常以 dB 表示，即

$$L_{fs} = 20\lg \frac{4\pi d}{\lambda} (\text{dB}) \tag{4-5}$$

故电波在自由空间的传播损耗为

$$L_{fs} = 32.45 + 20\lg d(\text{km}) + 20\lg f(\text{MHz}) \quad (\text{dB}) \tag{4-6}$$

2. 视线传播的极限距离

直射波传播的最大距离由收、发天线的高度，地球的曲面半径以及大气折射影响共同决定。图4-2表示了视线传播的极限距离。设收、发信机的天线高度分别为 h_R 和 h_T，从几何关系上可求出发射天线 A 点到切点 C 的距离为

$$\begin{aligned} d_1 &= \left[(R + h_T)^2 - R^2 \right]^{\frac{1}{2}} \\ &= \left[(2R + h_T) h_T \right]^{\frac{1}{2}} \approx \sqrt{2Rh_T} \end{aligned}$$

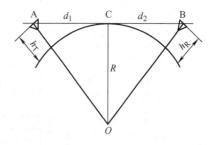

图 4-2　直射波传播

同样可求出从 C 点到接收天线 B 点的距离为

$$d_2 = \sqrt{2Rh_R}$$

所以视线传播的极限距离为

$$d = d_1 + d_2 = \sqrt{2R} \left(\sqrt{h_R} + \sqrt{h_T} \right) \tag{4-7}$$

将 $R = 6370\text{km}$ 代入式(4-7)，令 h_R 和 h_T 的单位为 m，则有

$$d = d_1 + d_2 = 3.57 \left[\sqrt{h_R} + \sqrt{h_T} \right] \quad (\text{km}) \tag{4-8}$$

实际上，电波在传播过程中会受到空气不均匀性的影响，则直射波传播所能到达的视线距离应作修正，在标准大气折射情况下，$R = 8500\text{km}$，则有

$$d = 4.12 \left[\sqrt{h_R} + \sqrt{h_T} \right] \quad (\text{km}) \tag{4-9}$$

由上式可见，视线传播的极限距离取决于收发天线架设的高度，所以在系统设置中，应尽量利用地形、地物把天线适当架高。

3. 绕射损耗

在移动通信中，实际情况是很复杂的，很难对各种地形引起的电波损耗做出准确的定量计算，只能作一些定性的分析。在实际情况下，除了考虑电波在自由空间中的传播损耗之外，还应考虑各种障碍物对电波传播所引起的损耗，通常把这种损耗称之为绕射损耗。

设障碍物与发射点、接收点的相对位置如图 4-3 所示，图中 x 表示障碍物顶点 P 至直线 TR 之间的垂直距离，在传播理论中，x 称为费涅尔余隙。

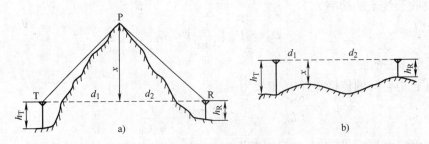

图 4-3　费涅尔余隙

a) 负余隙　b) 正余隙

根据费涅尔绕射理论，可得到障碍物引起的绕射损耗与费涅尔余隙之间的关系如图 4-4 所示。图中横坐标为 x/x_1，其中 x_1 称为费涅尔半径，并可由下式求得：

$$x_1 = \sqrt{\frac{\lambda d_1 d_2}{d_1 + d_2}} \tag{4-10}$$

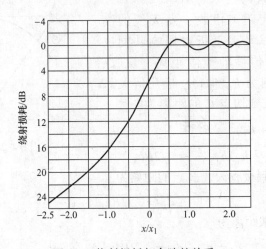

图 4-4　绕射损耗与余隙的关系

由图 4-4 可见，当 $x/x_1 > 0.5$ 时，则障碍物对直射波的传播基本上没有影响；当 $x = 0$ 时，即 TR 直线从障碍物顶点擦过时，绕射损耗约为 6dB；当 $x < 0$ 时，即直线低于障碍物顶点时，损耗急剧增加。

4. 反射波

电波在传播过程中，遇到两种不同介质的光滑界面时，就会发生反射现象。因此，从发射天线到接收天线的电波包含有直射波和反射波，如图 4-5 所示。

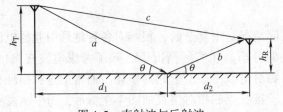

图 4-5　直射波与反射波

一般情况下，在研究地面对电波的反射时，都是按平面波处理的，即电波在反射点的入射角等于反射角，电波的相位发生一次反相。由图 4-5 可见，反射路径要比直射路径长，它们的差值 $\Delta d = a + b - c$。因此，由于大气折射随时间而变化，路径差 Δd 以及两路信号的相位差 $\Delta \varphi$ 也随时间变化，直射波和反射波在接收点有时同相相加，有时反相抵消，这就造成合成波的衰落现象。常称为多径衰落。除此之外，对于移动通信系统而言，由于移动台不断运动，电波传播路径上地形、地物不断变化，也会造成信号衰落。由于地形、地物的变化速率相对于电波的变化速率要低得多，因此由它引起的衰落要比多径效应引起的衰落慢得多，所以称之为慢衰落，而多径效应引起的衰落则称为快衰落。在移动通信中，慢衰落引起的电平变化远小于随位置变化的快衰落的影响。

5. 传播性能的指标

传播性能的指标主要是发射机的发射能量和接收机的灵敏度。

发射机所发射的能量，是以瓦或毫瓦为单位的。可以看出，设备本身的局限限制了这个功率的最大值。拥有较高的传输功率将有助于抑制频带内的干扰信号，但是拥有较高传输功率的设备耗电也较多，同时对别的信号的干扰也较强，因此系统对发射机所发射的能量的要求是自相矛盾的。

灵敏度是指在信道中满足规定的通信质量的前提下可以被接收机接受的最弱信号（它的数值可以通过天线读出）。这个数值意味着接收机的性能好坏，该数值越低，接收机越灵敏（绝对性能越高）。但是这要求所有制造商的标准都用相同的参考值来定义灵敏度。

了解了上述两个指标之后，就可以计算发射机和接收机之间信号功率最大可能的衰减值（这是两个数值之间的差别，以 dB 为单位）。对于一个 100mW 的系统，它的发射功率是 20dBmW，若有 -80dB 的灵敏度，那么就有 100dB 的最大衰减值。衰减指的是发射机和接收机之间信号功率的减弱。

如果确切地知道两个节点之间的信号路径的组成（包括空中距离、障碍类型和反射物），就可以计算出衰减。但是通常仅仅用距离来决定衰减的公式是远远不够的，特别是当信号由不同的传播路径部分组成的时候。而且，环境的变化使得衰减随时间而变化，由于这种不直接的关系，即使知道了最大的可能衰减，也不可能给出最大的传播范围。唯一可靠的是，拥有更大可能衰减的产品便更有可能拥有较大的传播范围。

4.1.2　天线

1. 天线的定义

空间的无线电波信号通过天线传送到电路，电路里的交流信号最终通过天线传送到空间中去。因此，天线是空间无线电波信号和电路里的交流电流信号的一种转换装置。

2. 天线的基本参数

天线既然是空间无线电波信号和电路中的交流电流信号的转换装置，必然一端和电路中的交流电流信号接触，一端和自由空间中的无线电波信号接触。因此，天线的基本参数可分两部分，一部分描述天线在电路中的特性（即阻抗特性）；一部分描述天线与自由空间中电波的关系（即辐射特性）；另外从实际应用方面出发引入了带宽这一参数。

天线阻抗特性的主要参数是输入阻抗。

天线辐射特性的主要参数有方向图、增益、极化、效率等，限于篇幅，这里对于这些概念不作讨论。

3. 常见的基本天线

（1）对称振子天线

对称振子天线的结构如图4-6所示。它由两段同样粗细和相等长度的直导线构成，在中间两个端点之间进行馈电，且以中间馈电点为中心左右对称。由于它结构简单，被广泛用于无线电通信、雷达等各种无线电设备中，也可作为电视接收机最简单的天线设备。它既可作为最简单的天线使用，也可作为复杂天线阵的单元或面天线的馈源。

图4-6 对称振子天线

（2）螺旋天线

螺旋天线是天线的一种，可以收发空间中旋转的偏振电磁信号。这种天线通常用在卫星通信的地面站中。用非平衡馈线，比如同轴电缆来连接天线，电缆中心连接在天线的螺旋部分，电缆的外皮连接在反射器上，如图4-7所示。

图4-7 螺旋天线

从外表看起来，螺旋天线就好像在一个平面的反射屏上安装了一个螺旋。螺旋部分的长度要等于或者稍大于一个波长。反射器呈圆形或方形，反射器的内部最大距离（直径或者边缘）至少要达到3/4波长。螺旋部分的半径为1/8～1/4波长，同时还要保证1/4～1/2波长的倾斜角度。天线的最小尺度取决于所采用的低频信号频率大小。如果螺旋或反射器太小，那么天线的效率就会严重降低。在螺旋天线的轴心部分，电磁波的能量最大。螺旋天线通常是由多个螺旋部分和一个反射器组成。

（3）同相水平天线

在短波远距离通信中，常需要方向性很强的天线，故采用天线阵来提高其方向性。同相水平天线是最常采用的一种，它的优点是方向性图主瓣尖锐，副瓣少而小，天线效率在95%以上。缺点是只能用于很窄的频带，装置复杂，维护费用较多，故一般用于高质量的通信主干线上。

（4）菱形天线

菱形天线是现代短波通信中使用最广的定向天线。如图4-8所示，它是由一个水平菱形导线悬挂在四根支柱上形成的。在菱形的一个锐角上接入电源，另一个锐角接入与菱形特性阻抗相等的电阻，这便构成了行波天线。其最大辐射方向在通过菱形两锐角顶点的垂直平面内。

（5）引向反射天线

引向反射天线又称为八木天线，它由一根有源振子和几根无源振子组成，如图4-9所示。其中1为支撑杆，2为反射器，3为有源振子，4为馈线，5为三元引向器。它的优点是结构简单，馈电方便，体积不大且便于转动等；缺点是调整和匹配困难，频带较窄。

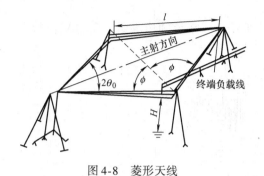

图 4-8　菱形天线

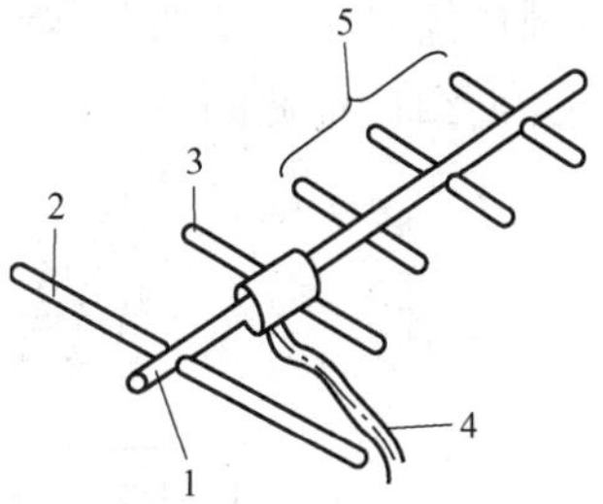

图 4-9　引向反射天线

1—支撑杆　2—反射器　3—有源振子　4—馈线　5—三元引向器

（6）喇叭天线

传输导行波的波导开口面口径上的电磁场能辐射成电磁波。为使波导与自由空间的特性阻抗相匹配，将波导尺寸逐渐均匀扩展，形成所谓喇叭天线。喇叭天线的主要形式有：扇形喇叭、角锥形喇叭、圆锥形喇叭以及双圆锥形喇叭。分别如图 4-10a、b、c 及 d 所示。

喇叭天线结构简单，效率高且有较宽的频带特性。但方向性系数比同一口径的抛物面天线小，而尺寸较大。而且口径场的振幅和相位无法调节。

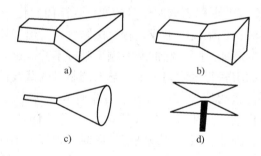

图 4-10　喇叭天线

a）扇形喇叭　b）角锥形喇叭　c）圆锥形喇叭　d）双圆锥形喇叭

（7）抛物面天线

抛物面天线由初级照射器和抛物面反射器两部分组成，如图 4-11 所示。最常采用的抛物面天线是旋转抛物面天线，即由抛物线绕轴线旋转而成的反射面组成的天线。初级照射器与馈线相连，其作用是向反射面上辐射电磁波，其位置在抛物面的焦点上。然后由反射器将初级照射器辐射的电磁波变为方向性较强波束辐射出去。故有较强的方向性和较高的增益。

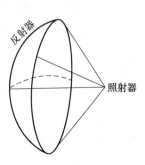

图 4-11　抛物面天线

上面简单介绍了一些常见的天线。但是天线的种类远不止这些，有兴趣的读者可查阅相关书籍进行深入学习。

4.2 调幅通信发射技术与系统

无线电调幅广播发送设备的基本组成如图 4-12 所示。该系统的核心组成部分是振幅调制器，下面首先介绍振幅调制技术。

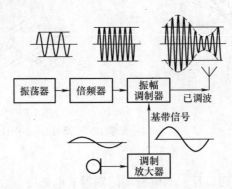

图 4-12　无线电调幅广播发送设备的基本组成

4.2.1 调幅波的基本特性

1. 调幅波波形

调幅（AM）就是使载波的振幅随调制信号的变化规律而变化。例如，图 4-13 所示的就是当调制信号为正弦波形时，调幅波的形成过程。由图可以看出，调幅波是载波振幅按照调制信号的大小成线性变化的高频振荡。它的载波频率维持不变，也就是说，每一个高频波的周期是相等的，因而波形的疏密程度均匀一致，与未调制时的载波波形疏密程度相同。

应该说明，通常所要传送的信号（如语言、音乐等）的波形是很复杂的，包含了许多频率成分。但为了简化分析过程，在以后分析调制时，可以用正弦波形。因为复杂的信号可以分解为许多正弦波分量，因此，只要已调波能够同时包含许多不同调制频率的正弦调制信号，那么复杂的调制信号也就如实地被传送出去了。由图 4-13 可见，在无失真调幅时，已调波的包络线波形应当与调制信号的波形完全相似。

2. 调幅波的时域特性分析

由前述知，调幅波的特点是载波的振幅受调制信号的控制做周期性的变化。这个变化的周期与调制信号的周期相同，而振幅变化则与调制信号的振幅成正比。现在进一步分析调幅波的特点。

为简化分析起见，假定调制信号是简谐振荡，其表示式为

$$u_\Omega = U_\Omega \cos\Omega t$$

如果用它来对载波 $u_c = U_0\cos\omega_0 t$ 进行调幅，那么在理想的情况下，已调波的振幅为

$$U(t) = U_0 + k_a U_\Omega \cos\Omega t$$

式中，k_a 为比例常数。

因此，已调波可以表示为

$$u(t) = U(t)\cos\omega_0 t = (U_0 + k_a U_\Omega \cos\Omega t)\cos\omega_0 t = U_0(1 + m_a\cos\Omega t)\cos\omega_0 t \quad (4\text{-}11)$$

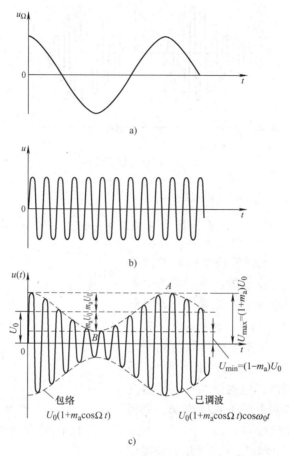

图 4-13 调幅波的形成 （正弦调制）

a) 调制信号 $u_\Omega = U_\Omega \cos\Omega t$ b) 载波 $u_c = U_0 \cos\omega_0 t$ c) 调幅波形

式中，$m_a = \dfrac{k_a U_\Omega}{U_0}$ 叫作调幅指数（Amplitude Modulation Factor）或调幅度，它通常以百分数来表示。

式(4-11) 所表示的调幅波形见图 4-13。由图可得

$$m_a = \frac{\frac{1}{2}(U_{max} - U_{min})}{U_0} = \frac{U_{max} - U_0}{U_0} = \frac{U_0 - U_{min}}{U_0} \tag{4-12}$$

m_a 的数值范围可自 0（未调幅）至 1（百分之百调幅），它的值绝对不应超过 1。因为如果 $m_a > 1$，那么将得到如图 4-14 的已调波形。由图显然可知，有一段时间振幅为零，这时已调波的包络产生了严重的失真。这种情形叫作过量调幅（Over Modulation）。这样的已调波经过检波后，不能恢复原来调制信号的波形，而且它所占据的频带较宽，将会对其他电台产生干扰。因此，过量调幅必须尽量避免。

3. 调幅波的频域特性分析

由式(4-11) 可知，调幅波不是一个简单的正弦波。在最简单的正弦波调制情况下，调幅波方程可以展开为

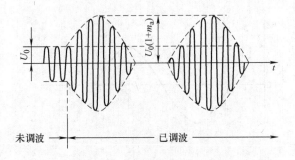

图 4-14 过量调幅的波形

$$u(t) = U_0\cos\omega_0 t + m_a U_0\cos\Omega t\cos\omega_0 t$$

$$= U_0\cos\omega_0 t + \frac{1}{2}m_a U_0\cos(\omega_0 + \Omega)t + \frac{1}{2}m_a U_0\cos(\omega_0 - \Omega)t \tag{4-13}$$

式(4-13)说明，由正弦波调制的调幅波是由三个不同频率的正弦波组成的：第一项为未调幅的载波；第二项的频率等于载波频率与调制频率之和，叫作上边频（Upper Sideband，高旁频）；第三项的频率等于载波频率与调制频率之差，叫作下边频（Lower Sideband，低旁频）。后两个频率显然是由于调制产生的新频率。把这三组正弦波的相对振幅与频率的关系画出来，就得到如图4-15所示的频谱图。

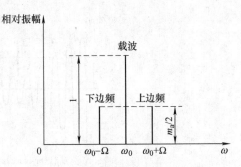

图 4-15 正弦调制的调幅波频谱

由于 m_a 的最大值只能等于 1，因此边频振幅的最大值不能超过载波振幅的 1/2。由图 4-15 可以看出，正弦波调制的调幅波信号的频带宽度即带宽为

$$B = 2F \tag{4-14}$$

以上讨论的是一个单音信号对载波进行调幅的最简单情形，这时只产生两个边频。实际上，通常的调制信号是比较复杂的，含有许多频率，因此由它所产生的调幅波中的上边频和下边频都不再只是一个，而是许多个，组成了所谓上边频带与下边频带。如图 4-16 所示的频谱图来表示。图中，$g(\Omega)$ 代表调制信号（基带信号）的频谱；调幅波的两个边带的频谱分布对载波是对称的，可分别用 $(1/2)g(\omega_0 + \Omega)$ 与 $(1/2)g(\omega_0 - \Omega)$ 来表示。由图显然可知，调幅过程实际上是一种频率搬移过程。经过调制后，调制信号的频谱被搬移到载频附近，形成上边带与下边带。

由上面的讨论可知，调幅波所占的频带宽度等于调制信号最高频率的 2 倍，即

$$B = 2F_{\max} \tag{4-15}$$

例如，设最高调制频率为 5kHz，则调幅波的带宽即为 10kHz。为了避免电台之间互相干扰，对不同频段与不同用途的电台所占频带宽度都有严格的规定。例如，过去广播电台允许占用的频带宽度为 10kHz。自 1978 年 11 月 23 日起，我国广播电台所允许占用的带宽已改为 9kHz，亦即最高调制频率限在 4500Hz 以内。

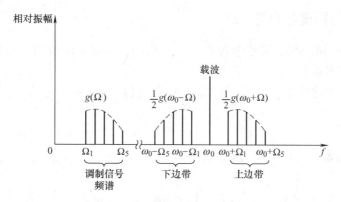

图 4-16　非正弦调幅波的频谱

4. 调幅波中的功率关系

如果将式(4-13) 所代表的调幅波电压输送功率至电阻 R 上，则载波功率为

$$P_{0T} = \frac{1}{2}\frac{U_0^2}{R}$$

下边频功率

$$P_{(\omega_0 - \Omega)} = \left(\frac{m_a U_0}{2}\right)^2 \frac{1}{2R} = \frac{1}{4}m_a^2 P_{0T}$$

上边频功率

$$P_{(\omega_0 + \Omega)} = \left(\frac{m_a U_0}{2}\right)^2 \frac{1}{2R} = \frac{1}{4}m_a^2 P_{0T}$$

于是调幅波的平均输出总功率（在调制信号一周期内）为

$$P_0 = P_{0T} + P_{(\omega_0 - \Omega)} + P_{(\omega_0 + \Omega)} = P_{0T}\left(1 + \frac{m_a^2}{2}\right) \tag{4-16}$$

在未调幅时 $m_a = 0$，$P_0 = P_{0T}$；在 100% 调幅时 $m_a = 1$，$P_0 = 1.5P_{0T}$。

由此可知，调幅波的输出功率随 m_a 的增大而增加。它所增加的部分就是两个边频所产生的功率之和。由于信号包含在边频带内，因此在调幅制中应尽可能地提高 m_a 的值，以增强边带功率，提高传输信号的能力。但在实际传送语言或音乐时，平均调幅度往往是很小的。假如声音最强时，能使达到 100%，那么声音最弱时，m_a 就可能比 10% 还要小。因此，平均调幅度大约只有 20% ~ 30%。这样，发射机的实际有用信号功率就很小，因而整机效率低。这可以说是调幅制本身所固有的缺点。

载波本身并不包含信号，但它的功率却占整个调幅波功率的绝大部分。例如，

当 $m_a = 100\%$ 时，$P_{0T} = (2/3)P_0$

当 $m_a = 50\%$ 时，$P_{0T} = (8/9)P_0$

从信息传递的观点来看，这一部分载波功率是没有用的。为了传递信息，只要有一个包含信号的边带就够了。这样，可以把载波功率和另一个边带的功率都节省下来，同时还能节省 50% 的频带宽度（这是最主要的优点）。这种传送信号的方式叫作单边带发送（Single Side Band Transmission，SSB）。单边带制所需要的收发设备都比较复杂，只适合在远距离通信系统或载波电话中使用。

4.2.2 模拟乘法器调幅电路

由式(4-13) 可知，调幅信号中含有一个乘积项，可以采用模拟乘法器（Analog Multiplier）来实现，如图 4-17 所示。

模拟乘法器中的输出电压 u_o 与两个输入信号电压 u_X 与 u_Y 之间的关系为

$$u_o = K_M u_X u_Y \qquad (4-17)$$

式中，K_M 常数。通常，式(4-17) 只适用于 u_X 与 u_Y 较小的情形。

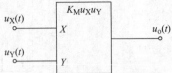

图 4-17 模拟乘法器电路

令 $u_X = u_1 = U_{1m}\cos\Omega t$，$u_Y = u_2 = U_{2m}\cos\omega_0 t$，代入式(4-17) 即得

$$u_o = K_M U_{1m} U_{2m}\cos\omega_0 t\cos\Omega t = \frac{1}{2}K_M U_{1m} U_{2m}\left[\cos(\omega_0 + \Omega)t + \cos(\omega_0 - \Omega)t\right] \qquad (4-18)$$

式(4-18) 说明模拟乘法器的输出为载波被抑止的调幅波（也称 DSB 信号，即抑制载波的双边带信号），亦即实现了调幅。如果在输入调制信号（u_X）中叠加合适的直流偏置，就可以得到普通 AM 调幅信号。

当输入信号较大时，由于非线性器件限幅的作用，输出中会包含较多的谐波分量。为了滤除这些不需要的谐波分量，可在输出端加入中心频率为 ω_0 的带通滤波器。

4.2.3 现代调幅通信发射系统的一般组成

如图 4-18 所示为现代调幅通信发射系统的一般组成。其中石英晶体振荡器产生高稳定度的基频 f_r，频率合成器在基频 f_r 的基础上产生所需要的载频 f_c，此作为振幅调制器的载波信号输入；信源（声音、图像等）通过换能装置转化为电信号并通过低频放大作为调制信号送入到振幅调制器的另一路。调制后的信号根据调制制式设计要求，通过边带滤波器选择双边带、单边带或残留边带（保留双边带信号的一个边带，另一个边带仅保留部分残留）中的一种。高频功率放大器的作用是将已调信号放大到需要的发射功率，对于含载波的 AM 信号来说，高频功率放大器可采用丙类放大器，以提高工作效率；对于其他的调幅信号，高频功率放大器常采用甲类放大器，以避免信号失真和带外辐射干扰。匹配滤波网络的作用一是阻抗变换，使高频功率放大器的输出与天线的输入阻抗进行匹配；二是滤除发射载频的谐波成分，防止对其他信号形成干扰。

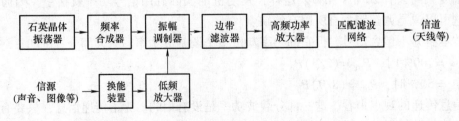

图 4-18 现代调幅通信发射系统的一般组成

发射系统的主要指标是工作频率与波段（包括频率准确度与稳定度）、调制制式、调制度、信号带宽、调制失真度、发射功率、谐波干扰等。

4.2.4 调幅技术仿真实训

[仿真4-1] 调幅电路的仿真测量。

仿真电路：图4-19所示仿真电路。

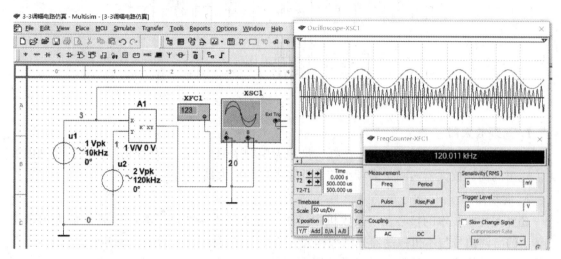

图4-19 调幅电路的仿真测量

① 设置调制信号为 u_1，其频率为10kHz，其他参数设置见图。为保证输出产生正确的 AM 信号，设置调制信号中的直流偏置电压（Voltage Offset）为 2V（大于调制信号振幅即可）。

② 设置载波信号为 u_2，其频率为120kHz，其他参数设置见图。

③ 用示波器同时观测输出电压和调制信号波形，可以看出，输出电压波形的包络变化规律与调制信号的变化规律是＿＿＿＿＿＿（基本一致的/完全不同的）；且频率计数器测量其输出频率的值与原输入载波信号频率＿＿＿＿＿＿（基本相等/相差很大）。

结论：该电路＿＿＿＿＿＿（可以/不可以）实现 AM 调幅。

④ 根据步骤③的观测结果，画出该电路输出波形（用坐标纸），标明包络变化的峰谷点的值。

⑤ 根据步骤③的观测结果，求出该输出 AM 信号的调制系数 m_a = ＿＿＿＿，并与理论计算值比较。

⑥ 选择 Simulate→Analyses→Fourier Analysis 命令，弹出 Fourier Analysis 对话框，设置节点 2 为输出节点（Output），并设置合适的分析参数（Analysis Parameters），最后单击该对话框下面的"Simulate"可得傅里叶频谱分析结果。

⑦ 根据步骤⑥画出该输出信号的频谱图（用坐标纸画图，标出频率点和幅度值），并与理论分析结果相比较。

4.3 调幅通信接收技术与系统

4.3.1 超外差式接收技术

调幅超外差式接收系统的基本组成如图4-20所示。下面介绍各组成部分的作用。

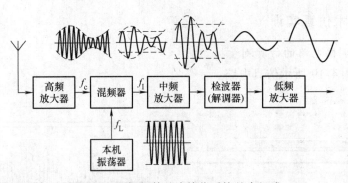

图 4-20　调幅超外差式接收系统基本组成

1. 高频放大器

对天线所接收的信号进行初步选择，抑制无用频率的信号，而将所需频率的信号加以放大。这里的高频放大器实际是高频小信号低噪声选频放大器。

2. 混频器

超外差接收技术的核心在于接收机中采用了混频技术。即将高频（射频）放大器输出载频 f_c 的已调信号与本机振荡器提供频率为 f_L 的高频等幅信号进行混频，并在其输出端可获得频率较低的固定中频已调信号，通常取中频频率 $f_I = f_L - f_c$。由于中频频率固定，可以用选择性较好的集中参数滤波器（如陶瓷、声表面、石英晶体滤波器等）进行滤波选频（选台）；同时相对频率较低的中频放大器，其放大能力及工作的稳定性也较好。至于"超外差"的概念，可以分两层意思来理解，一是"外差"的意思是"不同频率（f_L、f_c）信号作为驱动力"或"异频驱动（激励）"；二是"超外差"的原理与"外差"完全相同，"超"的意思是高级、超级等，指优化后的电路性能更好、更稳定。

3. 中频放大器

为中心频率固定在 f_I 上的选频放大器，它进一步滤除无用信号，并将有用信号放大到足够值。

4. 检波器（解调器）

对中频放大器送来的信号进行解调，可恢复出原基带信号，然后经低频放大器后输出。接下来将重点介绍超外差接收系统中所使用的混频（变频）技术和解调（检波）技术。

4.3.2　接收机混频器

1. 接收机混频器的作用

第 3 章中已述及，在接收设备中，混频通常是将已调高频信号的载波频率从高频变为固定中频，同时必须保持其调制规律不变。具有这种作用的电路称为混频电路或变频电路，亦称混频器（Mixer）或变频器（Convertor）。由于混频产生了频率变换，使信号的频谱产生了变换和搬移，所以混频技术也称为频谱变换或搬移技术。

2. 接收机混频器的组成

由上述分析可得，为了实现变频，混频器应包括产生高频等幅波 u_L 的本地（或本机）振荡器（Local Oscillator），u_L 称为本振信号，其频率用 f_L 表示。

由于混频器是频谱搬移电路，所以它与调制、解调电路一样，也必须采用非线性器件。

混频器的组成框图如图 4-21 所示，它由非线性器件、本地振荡器和带通滤波器组成。其中，本地振荡器产生本振信号 $u_\text{L}(t)$；非线性器件将输入的高频信号 $u_\text{s}(t)$ 和本振信号 $u_\text{L}(t)$ 进行混频，以产生新的频率（中频）$f_\text{I}=f_\text{L}\pm f_\text{s}$，接收机中一般取 $f_\text{I}=f_\text{L}-f_\text{s}$（差频）。带通滤波器则用来从各种频率成分中取出中频信号。

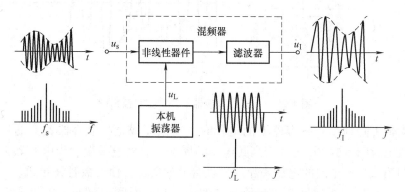

图 4-21　接收机混频器的组成框图

3. 模拟乘法器实现混频的工作原理

图 4-22 为模拟乘法器组成的混频电路原理图。

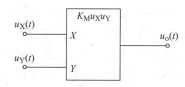

图 4-22　模拟乘法器实现混频

其乘法器输入信号 $u_\text{X}=u_\text{s}(t)$ 和 $u_\text{Y}=u_\text{L}(t)=U_\text{Lm}\cos\omega_\text{L}t$，输出信号为 $u_\text{O}=u_\text{I}(t)$。为了讨论方便，设增益系数 $K_\text{M}=1\text{V}^{-1}$，$U_\text{Lm}=1\text{V}$，则乘法器的输出电压

$$u_\text{I}(t)=K_\text{M}u_\text{s}(t)u_\text{L}(t)=K_\text{M}u_\text{s}(t)U_\text{Lm}\cos\omega_\text{L}t=u_\text{s}(t)\cos\omega_\text{L}t$$

若 $u_\text{s}(t)$ 为单频信号，即 $u_\text{s}(t)=U_\text{sm}\cos\omega_\text{s}t$，设 $\omega_\text{s}<\omega_\text{L}$（即 $f_\text{s}<f_\text{L}$），则

$$u_\text{I}(t)=U_\text{sm}\cos\omega_\text{s}t\cos\omega_\text{L}t=\frac{1}{2}U_\text{sm}\cos(\omega_\text{L}-\omega_\text{s})t+\frac{1}{2}U_\text{sm}\cos(\omega_\text{L}+\omega_\text{s})t$$

由上式可知，此时输出信号含有输入信号所没有的 $f_\text{I}=f_\text{L}\pm f_\text{s}$ 频率成分（接收机中一般取 $f_\text{I}=f_\text{L}-f_\text{s}$），它们的振幅均为 $U_\text{cm}/2$。

4.3.3　调幅信号解调技术

调幅信号解调也叫检波，即将接收到的高频（射频）调幅信号中的原调制信号（有用信息）还原出来。

1. 大信号包络检波技术

图 4-23a 所示是大信号包络检波器的原理图，图 4-23b 所示则是它的波形图。

图中 R 为负载电阻，它的数值较大；C 为负载电容，它的值应选取得在高频时，其阻抗远小于 R，可视为短路，而在调制频率（低频）时，其阻抗则远大于 R，可视为开路。此时输入的高频信号电压 u_i 较大。由于负载电容 C 的高频阻抗很小，因此高频电压大部分加到二极管 D 上。在高频信号正半周，二极管导电，并对电容器 C 充电。由于二极管导通时的内阻很小，所以充电电流 i_D 很大，充电方向如图 4-23a 所示，使电容器上的电压 u_C 在很短时间内就接近高频电压的最大值。这个电压建立后通过信号源电路，又反向地加到二极管 D 的两端。这时二极管导通与否，由电容器 C 上的电压 u_C 和输入信号电压 u_i 共同决定。当高

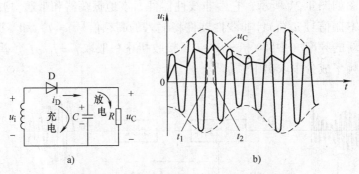

图 4-23 二极管检波器的原理图和波形图

频电压由最大值下降到小于电容器上的电压时，二极管截止，电容器就会通过负载电阻 R 放电。由于放电时间常数 RC 远大于高频电压的周期，故放电很慢。当电容器上的电压下降不多时，高频第二个正半周的电压又超过二极管上的负压，使二极管又导通。

图 4-23b 中 t_1 到 t_2 的时间为二极管导通时间，在此时间内又对电容器充电，电容器上的电压又迅速接近第二个高频电压的最大值。这样不断地循环反复，就得到图 4-23b 中电压 u_C 的波形。因此，只要适当选择 RC 和二极管 D，以使充电时间常数 R_dC（R_d 为二极管导通时的内阻）足够小，充电很快；而放电时间常数 RC 足够大，放电很慢（$R_dC \ll RC$），就可使 C 两端的电压 u_C 的幅度与输入电压 u_i 的幅度相当接近，即传输系数接近 1。另一方面，电压 u_C 虽然有些起伏不平（锯齿形），但因正向导电时间很短，放电时间常数又远大于高频电压周期（放电时 u_C 基本不变），所以输出电压 u_C 的起伏是很小的，可看成与高频调幅波包络基本一致，所以又叫作峰值包络检波（Peak Envelope Detection）。

由此可见，大信号的检波过程，主要是利用二极管的单向导电特性和检波负载 RC 的充放电过程。

2. 同步检波技术

同步检波器主要用于对载波被抑止的双边带或单边带信号进行解调。它的特点是必须外加一个频率和相位都与被抑止的载波相同的电压。同步检波（Synchronous Detection）的名称即由此而来。

外加载波信号电压加入同步检波器可以有两种方式：一种是将它与接收信号在检波器中相乘，经低通滤波器后，检出原调制信号，如图 4-24a 所示；另一种是将它与接收信号相加，经包络检波器后取出原调制信号，如图 4-24b 所示。

先讨论图 4-24a 所示的乘积检波器。设输入的已调波为载波分量被抑止的双边带信号 u_1，即

$$u_1 = U_{1m}\cos\Omega t\cos\omega_1 t \qquad (4-19)$$

本地载波电压

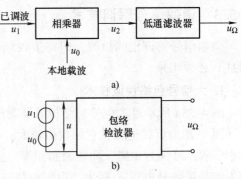

图 4-24 同步检波器方框图

$$u_0 = U_0\cos(\omega_0 t + \varphi) \qquad (4-20)$$

本地载波的角频率 ω_0 准确地等于输入信号载波的角频率 ω_1，即 $\omega_0 = \omega_1$，但二者的相位可能不同；这里 φ 表示它们的相位差。

这时相乘输出（假定相乘器传输系数为1），即

$$u_2 = U_{1m}U_0(\cos\Omega t\cos\omega_1 t)\cos(\omega_1 t + \varphi)$$

$$= \frac{1}{2}U_{1m}U_0\cos\varphi\cos\Omega t + \frac{1}{4}U_{1m}U_0\cos[(2\omega_1 + \Omega)t + \varphi] +$$

$$\frac{1}{4}U_{1m}U_0\cos[(2\omega_1 - \Omega)t + \varphi] \tag{4-21}$$

低通滤波器滤除 $2\omega_1$ 附近的频率分量后，就得到频率为 Ω 的低频信号，有

$$u_\Omega = \frac{1}{2}U_{1m}U_0\cos\varphi\cos\Omega t \tag{4-22}$$

由式（4-22）可见，低频信号的输出幅度与 $\cos\varphi$ 成正比。当 $\varphi = 0$ 时，低频信号电压最大，随着相位差 φ 加大，输出电压减弱。因此，在理想情况下，除本地载波与输入信号载波的角频率必须相等外，希望二者的相位也相同。此时，乘积检波称为"同步检波"。

图 4-25 表示输入双边带信号时乘积检波器的有关波形与频谱。

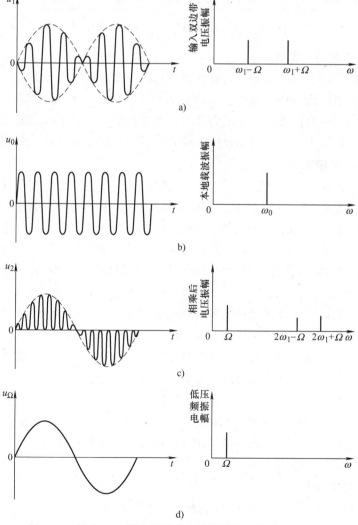

图 4-25　输入双边带信号时乘积检波器的有关波形和频谱

对单边带信号来说，解调过程也是一样的，不再重复。

若输入为含有载波频率的已调波，则本地载波频率可用一个中心频率为 ω_0 的窄带滤波器直接从已调波信号中取得。

4.3.4 现代调幅通信接收系统的一般组成

如图 4-26 所示为现代调幅通信接收系统的一般组成。下面介绍各部分的作用。

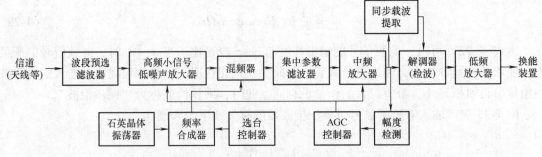

图 4-26　现代调幅通信接收系统的一般组成

1. 高频小信号选频放大器

高频小信号选频放大器由波段预选滤波器和高频小信号低噪声放大器组成。其中波段预选滤波器对于从信道（天线等）接收到的所有信号（很弱，一般为微伏级）进行预选滤波，选择本系统波段内的所有信号，滤除波段外的其他干扰信号。由于有用信号很弱，所以要选用低噪声放大器进行放大，如选用场效应管放大器等，并尽可能地对噪声进行抑制。

2. 变频器与选台控制器

变频器由频率合成器与混频器组成。频率合成器产生本地高频振荡信号并与接收到的波段内的所有通信信号通过混频器进行混频，但只能与其中的一路信号产生固定中频信号（通过集中参数滤波器选频输出）。选台控制器的作用就是通过控制频率合成器（本地振荡器）的输出频率，来选择所需要接收的某个频率（比本地振荡频率低一个中频频率）的通信信号，因此选台控制器也可称为调谐器或选台器，一般可通过数字增减控制键来操作选台或选频。

3. 中频调谐放大器

中频调谐放大器由集中参数滤波器和中频放大器组成。常用的集中参数滤波器有陶瓷、晶体和声表面波滤波器，其特性稳定，滤波性能远比 LC 谐振电路要好。对于窄带中频信号，可选择陶瓷和晶体滤波器；对于宽带中频信号，则须选择声表面波滤波器。中频放大器一般为高频小信号放大器，把中频已调信号放大到解调器所要的电平即可。

4. 解调部分

解调部分由同步载波提取电路和解调器（检波器）组成。同步载波信号一般可从已调信号载频或导频信号获得，解调器一般采用同步检波的方法进行解调，并通过简单的低通滤波器送至低频放大器进行放大。

5. 自动增益控制电路

自动增益控制（简称 AGC）电路由幅度检测电路与 AGC 控制器组成。在接收系统中，当接收信号过强时，由于混频器和解调器的非线性作用，反而可能影响信号接收质量。因此，AGC 电路的作用就是在接收信号过强时适度降低放大器的增益，当接收信号较弱时，放大器的增益恢复到最大值。

接收系统的主要性能指标有接收灵敏度（指保证最低接收信号质量或信噪比的前提下，接收机所能接收的最小信号）、波段范围、选择性（选择有用信号、滤除干扰信号的能力）、非线性失真、工作稳定性、抗干扰性等。

4.3.5　检波技术仿真实训

［仿真 4-2］同步检波器的仿真测量。

仿真电路：图 4-27 所示仿真电路。

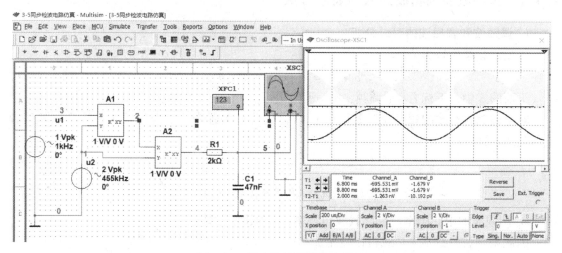

图 4-27　同步检波器的仿真测量

① 先利用乘法器 A1 在发送端实现调幅（DSB 信号），设置其输入调制信号（u_1）频率 $F=1\text{kHz}$，载波信号（u_2）频率 $f_c=455\text{kHz}$，其它参数设置见图示。

② 用乘法器 A2 在接收端实现同步检波。其两路输入信号分别为乘法器 A1 输出的 DSB 信号和发送端的原载波信号（相当于同步载波）。

③ 用示波器同时观测乘法器输出电压（节点 2）和同步检波器即 RC 低通滤波器输出电压（节点 4）的波形，可以看出，乘法器输出电压为_____（AM/DSB/SSB）信号；而同步检波器输出电压为_____（单一频率低频正弦波/单一频率高频正弦波/DSB 信号）；

④ 测量检波器输出信号之频率值，并记录：$F_o=$_____kHz。该值与原调制信号的频率值（1kHz）_____（几乎相等/相差很大）。

结论：该电路_____（可以/不可以）实现调幅信号的检波（解调）。

4.4　调频通信技术与系统

前面研究的振幅调制，是使高频载波的振幅受调制信号的控制，使它依照调制频率做周期性的变化，变化的幅度与调制信号的强度呈线性关系，但载波的频率和相位则保持不变，不受调制信号的影响，高频振荡振幅的变化携带着信号所反映的信息。而角度调制则研究如何利用高频振荡的频率或相位的变化来携带信息，这叫作频率调制或相位调制，简称调频或调相，统称相位调制。

和振幅调制相比，角度调制的主要优点是抗干扰性强。调频主要应用于广播、电视、通信及遥测等；调相主要应用于数字通信系统中的移相键控。

调频与调相所得到的已调波形及方程式是非常相似的。因为当频率有所变动时，相位必然跟着变动；反之，当相位的变化速率有所变动时，频率也必然随着变动。因此，调频波和调相波的基本性质有许多相同的地方，但调相制的缺点较多。因此，在模拟系统中一般都是用调频，或者先产生调相波，然后将调相波转变为调频波。

由于调频和调相有着密切的关系，所以这里着重讨论调频而只略述调相。

4.4.1 调频波和调相波的数学表示方法

1. 调频波和调相波的时域分析

首先设载波信号为

$$u_c(t) = U_{cm}\cos(\omega_0 t + \theta) \tag{4-23}$$

下面的式中，下标 f 表示调频，p 表示调相。

频率调制时载波的频率与调制信号 $u_\Omega(t)$ 成线性关系变化，而初始相位不变。其调频波角频率 ω_f 可以表示为

$$\omega_f(t) = \omega_0 + k_f u_\Omega(t) \tag{4-24}$$

$$\varphi_f(t) = \omega_0 t + k_f \int_0^t u_\Omega(\lambda)\,d\lambda + \theta_0 \tag{4-25}$$

ω_0 调频波的中心频率，也即载波角频率；k_f 为比例常数。

因此调频波的数学表达式可以表示为

$$u_{FM}(t) = A_0\cos[\varphi_f(t)] = A_0\cos\left[\omega_0 t + k_f \int_0^t u_\Omega(\lambda)\,d\lambda + \theta_0\right] \tag{4-26}$$

图 4-28a 所示为调频波随图 4-28b 中频率变化所产生的波形变化，由于调相波波形变化相似就不再赘述了。

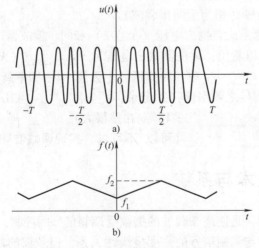

图 4-28　调频波频率变化曲线

a）频率连续变化的简谐振荡　b）瞬时频率连续变化规律

若调制信号为 $u_\Omega(t) = U_\Omega \cos\Omega t$，未调制时的载波频率为 ω_0，则可写出调频波的数学表示式为

$$u_{FM}(t) = A_0\cos\left(\omega_0 t + \frac{k_f u_\Omega}{\Omega}\sin\Omega t\right)$$

$$= A_0\cos(\omega_0 t + m_f\sin\Omega t) \tag{4-27}$$

调频波的调制指数为

$$m_f = \frac{k_f u_\Omega}{\Omega} \tag{4-28}$$

调频波的最大频移为

$$\Delta\omega_f = k_f u_\Omega \tag{4-29}$$

相位调制时，保持余弦信号的中心角频率 ω_0 不变，而使其初始相位与调制信号 $u_\Omega(t)$ 成线性关系变化。因此，调相波的相角 $\varphi_p(t)$ 可表示为

$$\varphi_p(t) = \omega_0 t + k_p u_\Omega(t) + \theta_0 \tag{4-30}$$

调相波的数学表达式可以表示为

$$u_{PM}(t) = A_0\cos\left[\varphi_p(t)\right] = A_0\cos\left[\omega_0 t + k_p u_\Omega(t) + \theta_0\right] \tag{4-31}$$

若调制信号为 $u_\Omega(t) = U_\Omega\cos\Omega t$，未调制时的载波频率为 ω_0，则可写出调相波的数学表示式为

$$u_p(t) = A_0\cos(\omega_0 t + k_p u_\Omega\cos\Omega t)$$

$$= A_0\cos(\omega_0 t + m_p\cos\Omega t) \tag{4-32}$$

调相波的调制指数为

$$m_p = k_p u_\Omega \tag{4-33}$$

调相波的最大频移为

$$\Delta\omega_p = k_p\Omega u_\Omega \tag{4-34}$$

由此可知，调频波的最大频移 $\Delta\omega_f$ 与调制频率 Ω 无关，调频指数 m_f 则与 Ω 成反比；调相波的最大频移 $\Delta\omega_p$ 与 Ω 成正比，调相指数 m_p 则与 Ω 无关。这是两种调制的根本区别。正是由于这一根本区别，调频波的频谱宽度对于不同的 Ω 几乎维持恒定，调相波的频谱宽度则随 Ω 的不同而有剧烈变化。

对照上列公式还可以看出：无论调频还是调相，最大频移与调制指数之间的关系都是相同的。若对于调频和调相，最大频移都用 $\Delta\omega$ 表示，调制指数都用 m 表示，则 $\Delta\omega$ 与 m 之间满足：

$$\Delta\omega = m\Omega \tag{4-35}$$

或

$$\Delta f = mF \tag{4-36}$$

式中，$\Delta f = \dfrac{\Delta\omega}{2\pi}$，$F = \dfrac{\Omega}{2\pi}$。

综上所述，调频波中存在着三个有关频率的概念：第一个是未调制时的中心载波频率 f_0；第二个是最大频移 Δf，它表示调制信号变化时，瞬时频率偏离中心频率的最大值；第三个是调制信号频率 F，它表示瞬时频率在其最大值 $f_0 + \Delta f$ 和最小值 $f_0 - \Delta f$ 之间每秒钟往返摆动的次数。F 也表示瞬时相位在自己的最大值和最小值之间每秒钟往返摆动的次数。

调制信号为 $u_\Omega(t)$，载波振荡为 $A_0\cos\omega_0 t$ 的调频波与调相波的特性及有关参数见表 4-1。

表 4-1　调频波和调相波比较

特性	调频波	调相波
数学表示式	$A_0\cos\left[\omega_0 t + k_f \int_0^t u_\Omega(t)\,dt\right]$	$A_0\cos\left[\omega_0 t + k_p u_\Omega(t)\right]$
瞬时频率	$\omega_0 + k_f u_\Omega(t)$	$\omega_0 + k_p \dfrac{du_\Omega(t)}{dt}$
瞬时相位	$\omega_0 t + k_f \int_0^t u_\Omega(t)\,dt$	$\omega_0 t + k_p u_\Omega(t)$
最大频移	$k_f \left| u_\Omega(t)\right|_{max}$	$k_p \left| \dfrac{du_\Omega(t)}{dt}\right|_{max}$
最大相移	$k_f \left| \int_0^t u_\Omega(t)\,dt\right|_{max}$	$k_p \left| u_\Omega(t)\right|_{max}$

2. 调频波和调相波的频谱和频带宽度

由于调频波和调相波的方程式相似，因此只要分析其中一种的频谱，对另一种也完全适用。

通过对调频波的数学分析（频谱分析），可以得到调频波的频谱如图 4-29 所示（本例中的 $F = 2000\text{Hz}$，$m_f = 6$）。显然，这里的调频波的频谱相比较基带信号而言有较大的频谱扩展（扩频），属于频谱的非线性搬移。

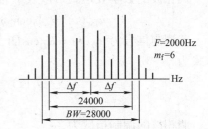

图 4-29　调频波的频谱

根据有关数学分析可以知道，调频波的频谱有无穷多个，并且调制指数 m_f 越大，具有较大振幅的边频分量就越多。然而在给定 m_f 的情况下，可以认为凡是振幅小于未调制载波振幅的 1%（或 10%，根据不同要求而定）的边频分量均可忽略不计，保留下来的频谱分量就确定了调频波的频带宽度。则频谱宽度 $BW_{0.1}$，也即保留大于调制载波 10% 的变频分量的带宽可由下列近似公式求出：

$$BW_{0.1} = 2(m_f + 1)F \tag{4-37}$$

由于 $m_f = \dfrac{k_f u_\Omega}{\Omega} = \dfrac{\Delta\omega}{\Omega} = \dfrac{\Delta f}{F}$，因此，式(4-37) 也可以写成

$$BW_{0.1} = 2(\Delta f + F) \tag{4-38}$$

当 $\Delta f \gg F$，亦即 $m_f \gg 1$，称其为宽带调频，因此

$$BW_{0.1} \approx 2\Delta f \tag{4-39}$$

当 $m_f < 1$，称其为窄带调频，因此

$$BW_{0.1} \approx 2F \tag{4-40}$$

由此可以看出宽带调频器带宽为最大频偏的两倍，而窄带调频带宽约等于调制频率的两倍。

调相波和调频波的频谱和带宽有密切的联系但又有所不同，调相波和调频波的调制指数越大，边频分量也就越多。但当调制信号振幅恒定时，调频波的调制指数 m_f 与调制频率 F 成反比，当 F 减小时，m_f 增大，谱线增加，但谱线间距减小，因此所占频带宽度略有下降，基本不变，是一种恒定带宽调制的方法。而调相波的指数 m_p 与调制频率 F 无关，所以 m_p

不变，谱线数不变，F 变化，则谱线间距也跟着变化，因此带宽也跟着变化，是一种非恒定带宽的调制，这就是调频制比调相制得到广泛应用的原因。

以上讨论的是单音调制的情况。实际上，调制信号都是比较复杂的，含有许多频率分量，但实际上，由于增加新的调制频率时，相应地减少了分配给每个调制频率的频移值，边频与组合频率分量的振幅减小较快，因而频带宽度并不显著增加，仍然可以按最高调制频率作单音调制时的频谱宽度公式（4-37）和（4-38）来估算。

4.4.2 调频实现的方法

实现频率调制就是使载波的频率与调制信号成线性规律变化。产生调频信号的方法很多，归纳起来主要有两类：第一类是用调制信号直接控制载波的瞬时频率——直接调频。第二类是先将调制信号积分，然后对载波进行调相，结果得到调频波。即由调相变调频——间接调频。

1. 直接调频

直接调频的基本原理是用调制信号直接线性地改变载波振荡的瞬时频率。

假设一个 LC 回路决定振荡器频率的振荡器中，将某个可变电抗元件接入回路，使可变电抗元件的电抗值和调制信号电压成比例变化。从而使振荡器的频率和调制信号电压成比例变化，从而实现频率调制。其中最常见的就是变容二极管直接调频。

变容二极管调频的主要优点是能够获得较大的频移（相对于间接调频而言），线路简单，并且几乎不需要调制功率。其主要缺点是中心频率稳定度低。它主要用在移动通信以及自动频率微调系统中。

图 4-30 为变容二极管电容的形成图和等效电路图。

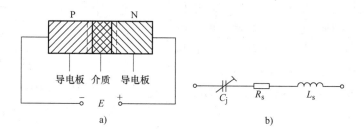

图 4-30　变容二极管电容的形成图及等效电路图

a）电容的形成图　b）等效电路图

等效电路中的 C_{j} 为可变结电容，它可以近似看成为变容二极管的总电容，它包括结电容、外壳电容及其他分布电容；R_{s} 为串联电阻，它包括 PN 结电阻、引线电阻及接线电阻；L_{s} 为引线电感。其中 C_{j} 变容二极管的电容变化关系式为

$$C_{\mathrm{j}} = \frac{C_{\mathrm{j0}}}{\left(1 + \dfrac{u_{\mathrm{r}}}{U_{\mathrm{D}}}\right)^{n}} \tag{4-41}$$

其中，C_{j0} 是未施加反向偏置时的结电容，U_{D} 是势垒电压硅变容二极管为 0.50～0.75V，u_{r} 是所施加的反向偏置电压，n 为变容系数。

一般来说变容二极管直接调频可以分为部分接入和全部接入两种，由于变容二极管电容

值不但与直流偏压 U_Q、调制电压 $u_\Omega(t)$ 有关，还与高频振荡电压有关。这样全部接入的调制方式，容易造成频率的不稳定性，因此通常采用部分接入的调制方式。

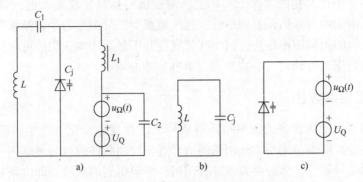

图 4-31　变容二极管电容直接调频原理电路

如图 4-31 所示为变容二极管电容直接调频原理电路及等效电路。图 4-31a 所示为 C_j 作为振荡回路电容的原理电路，C_1、C_2 为耦合和旁路电容，L_1 为高频扼流圈，U_Q 为加在变容二极管两端的反向偏压，$u_\Omega(t)$ 为低频调制信号；图 4-31b 为振荡回路的高频等效电路；图 4-31c 为变容二极管可变容值控制电路的等效电路。

直接调频电路的优点是：电路简单，容易得到较大的频偏，非线性失真较小，但频率稳定度差。为了提高振荡器的频率稳定度可以在后面的电路中增加自动频率微调系统。

2. 间接调频

所谓间接调频就是利用前面所介绍的调频波与调相波之间的关系，将调制信号进行积分处理，再进行调相而得到调频波，其实现过程由图 4-32 所示。由于载波振荡器是独立的，可以采用高稳定度的石英晶体振荡器等，因此间接调频的优点是载波中心频率稳定度较好。有兴趣的读者可以参考其他书籍作进一步的深入了解。

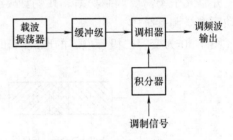

图 4-32　间接调频过程图

4.4.3　调频信号解调的方法

将调频信号中的调制信号提取恢复的过程即调频信号的解调，又称鉴频，由鉴频器完成。常用的鉴频器有相位鉴频器、比例鉴频器、脉冲计数式鉴频器和符合门鉴频器。为更好理解鉴频器的性能特点，首先介绍一下鉴频器的性能指标。

1. 鉴频器的性能指标

通常，鉴频器的性能指标有如下几种。

（1）鉴频跨导

鉴频器的输出电压与输入调频波的瞬时频率偏移成正比，其比例系数称作鉴频跨导。图 4-33 为鉴频器输出电压 U 与调频波的频偏 Δf 之间的关系曲线，称为鉴频特

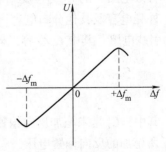

图 4-33　鉴频特性曲线

性曲线。它的中部接近直线的部分的斜率即为鉴频跨导，它表示每单位频偏所产生的输出电压的大小，显然希望鉴频跨导尽可能大。

（2）鉴频灵敏度

主要是指为使鉴频器正常工作所需的输入调频波的幅度，其值越小，鉴频器灵敏度越高。

（3）鉴频频带宽度

从图4-33看出，只有特性曲线中间一部分线性较好，一般称$2\Delta f_m$为频带宽度。一般，要求$2\Delta f_m$大于输入调频波频偏的两倍，并留有一定余量。

（4）对寄生调幅的抑制能力

尽可能减小产生调频波失真的各种因素的影响，提高对电源和温度变化的稳定性。

2. 鉴频的方法

鉴频的方法很多，但主要可归纳为如下几类。

1）斜率鉴频，将等幅调频波变换成幅度随瞬时频率变化的调幅波（即调幅-调频波），然后用振幅检波器将振幅的变化检测出来。相位鉴频的关键是实现频率-幅度的线性变换网络。

2）相位鉴频，将等幅调频波变换成相位随瞬时频率变化的调相波（即调相-调频波），然后用相位检波器将相位的变化检测出来。相位鉴频的关键是实现频率-相位的线性变换网络。

3）脉冲计数式鉴频，对调频波通过零点的数目进行计数，因为其单位时间内的数目正比于调频波的瞬时频率。这种鉴频器的最大优点是线性良好。

下面主要介绍接收机上所用到的乘积型相位鉴频器。

3. 乘积型相位鉴频器

乘积型相位鉴频器实际中被称为正交鉴频器，或比相鉴频器，或集成差动峰值鉴频器，其原理框图如图4-34所示。它由频相转换网络、模拟乘法器以及低通滤波器组成。一般来说乘积型相位鉴频器主要是先使调频波通过一线性网络，将其频率变化规律变成附加的相位变化，然后用相位检波器检出两信号的相位差，从而实现了鉴频，而相位检波器一般所用的都是模拟乘法器实现。

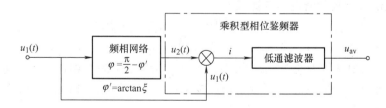

图4-34　乘积型相位鉴频器原理框图

一般在鉴频器前面还要加上一个限幅器，限幅器由非线性元件和谐振回路组成，它主要作用是将具有寄生调幅的调频波变换为等幅的调频波，从而可以为解调器输入比较稳定的调频波。而且一般限幅电路还添加了放大功能，使得输出的增益得到了提高。

4.4.4 现代调频通信系统的一般组成

调频通信系统与调幅通信系统在主体结构方面大体相同，但由于调制制式和工作频段的不同，在具体的技术环节上存在一定差异。下面给予简单介绍。

1. 发射系统的一般组成

如图 4-35 所示为现代调频通信发射系统的一般组成。

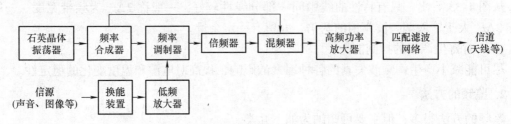

图 4-35　现代调频通信发射系统的一般组成

频率调制器工作在低载频上，一般采用间接调频，为防止非线性失真，首次调频频偏很小，因此需要进行倍频；倍频器的作用就在于将信号的所有的频率扩大几百倍以上，频偏也同时被扩大到预定值；发射系统中的混频器的作用是将载波频率变换到指定频率点上，但不改变频偏。

2. 接收系统的一般组成

如图 4-36 所示为现代调频通信接收系统的一般组成。其主要组成结构与调幅通信接收系统基本相同，仅解调器应为鉴频器，另外中频放大后增加了限幅滤波电路，以消除寄生调幅干扰。

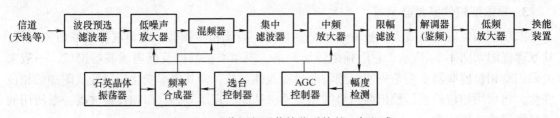

图 4-36　现代调频通信接收系统的一般组成

3. 调幅通信与调频通信性能的比较

调幅通信与调频通信在性能上存在较大差异，主要表现在以下几个方面。

（1）工作频段

我国调幅广播中波段为 525 ~ 1605kHz，短波段为 4.5 ~ 29.7MHz，电台间隔均为 9kHz；调频广播波段为 88 ~ 108MHz，电台间隔为 150kHz。调频广播的波段属于超短波波段，工作频率比调幅广播要高得多。

（2）通信效率与质量

调幅广播的工作带宽约 6 ~ 8kHz，单边带通信的带宽更低（约减少一半），因此调幅通信的效率较高；调频广播的工作带宽一般在 100kHz 以上，其带宽要比调幅广播大得多，通信效率较低。但正因为带宽大，抗干扰性好，使得调频广播的通信质量要比调幅广播好得多，因此，调频广播常用于音乐广播和立体声广播。

（3）通信距离

调幅广播可通过地表面和短波电离层反射信道传播，因此传输距离远；调频广播一般只能通过直视传播信道传播，通信距离较短（50km 左右），所以调频广播主要收听对象是本市区民众。

4.4.5 调频及其解调技术仿真实训

［仿真 4-3］调频信号的仿真测量。

仿真电路：图 4-37 所示仿真电路。

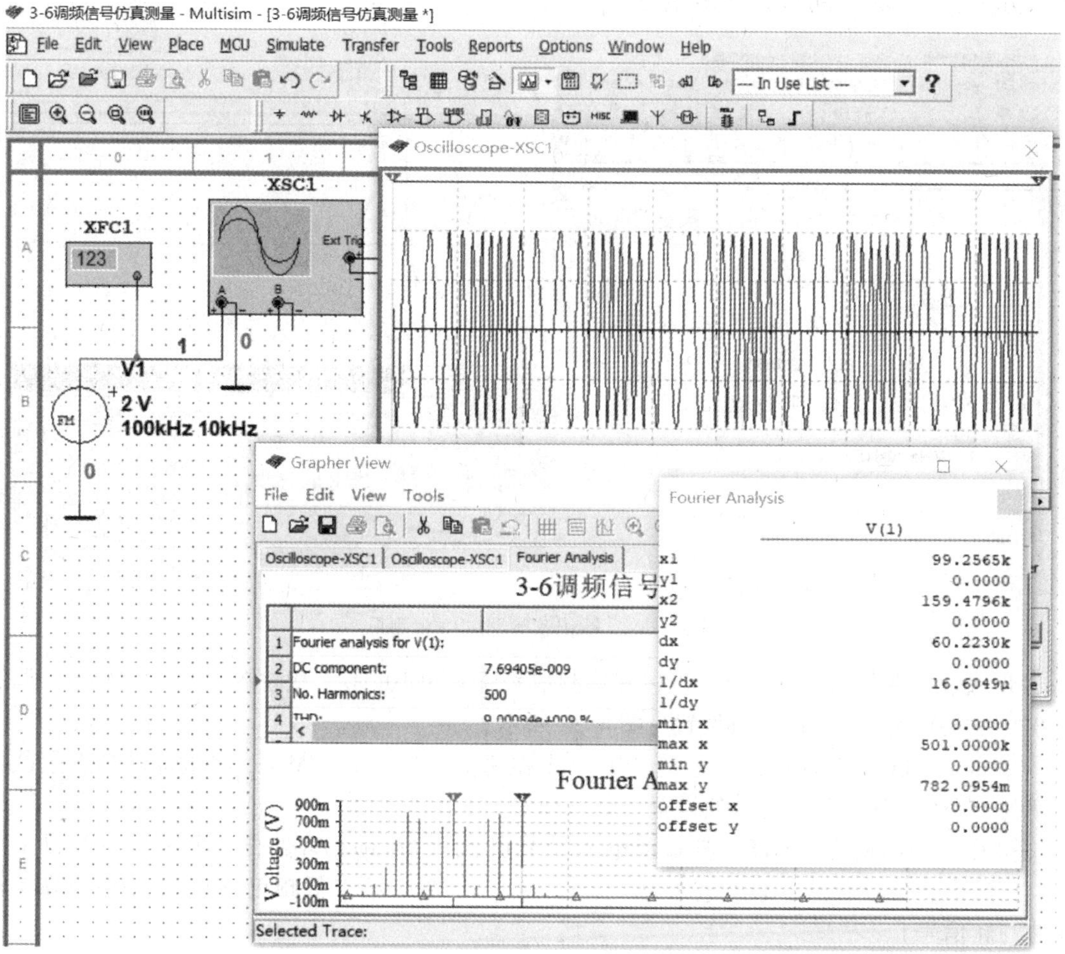

图 4-37 调频信号的仿真测量

① 选取一调频信号（V1），设置其调制信号频率为 10kHz，载波频率为 100kHz，调制指数（系数）为 5，其他参数设置见图示。

② 用示波器同时观测调频信号波形，可以看出，其波形的幅度_____（基本不变/不断变化），但其频率却_____（基本不变/不断变化），且变化规律与调制信号的变化规律是_____（基本一致的/完全不同的）。

③ 用频率计数器测量调频信号频率，其频率值与原载波信号频率相比_____

（基本不变/不断变化，且变化很大）。

④ 根据步骤②的观测结果，画出该调频信号波形（用坐标纸）。

⑤ 选择 Simulate→Analyses→Fourier Analysis 命令，弹出 Fourier Analysis 对话框，设置节点 2 为输出节点（Output），并设置合适的分析参数（Analysis Parameters），最后单击该对话框下面的"Simulate"可得傅里叶频谱分析结果。

⑥ 根据步骤⑤的结果，画出该调频信号的频谱图（用坐标纸画图，标出频率点和幅度值），并求其带宽。

［仿真4-4］锁相鉴频器的仿真测量。

仿真电路：图4-38 所示仿真电路。

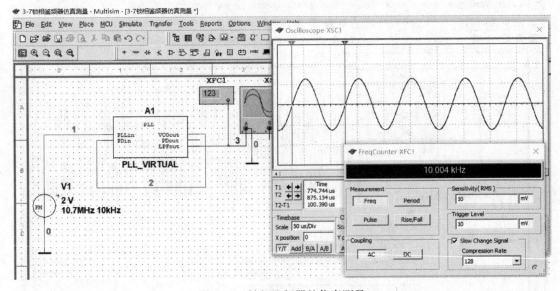

图4-38　锁相鉴频器的仿真测量

① 选取一调频信号（V1），设置其调制信号频率为10kHz，载波频率为10.7MHz，调制指数（系数）为5，其他参数设置见图4-38所示。

② 取一 PLL 电路模块，设置其 VCO 自由振荡信号频率10.7MHz，低通滤波器上限截止频率为15kHz，其他参数为默认设置。

③ 用示波器观测低通滤波器输出电压（节点3，也是锁相环路作为鉴频器时的输出电压）的波形，可以看出，输出电压为_____（单一频率低频正弦波/单一频率高频正弦波/FM 信号）。

④ 测量检波器输出信号之频率值，并记录：$F_{\circ}$ = _____kHz。该值与原调制信号的频率值（10kHz）_____（几乎相等/相差很大）。

结论：该电路_____（可以/不可以）实现调频信号的解调（鉴频）。

4.5　微波通信技术与系统

微波是指频率为300MHz～300GHz 的电磁波，是无线电波中一个有限频带的简称，即波长在1mm～1m 的电磁波，是分米波、厘米波、毫米波的统称。微波频率比一般的无线电波频率高，通常也称为"超高频电磁波"。微波通信是 20 世纪 50 年代开始实际应用的一种通信技术，包括微波视距接力通信、卫星通信、散射通信、一点多址通信、毫米波通信及波导通信等。

由于微波通信具有通信容量大，建设速度快，质量稳定，通信可靠，维护方便，费用相对较低，易于跨越复杂地形等优点，微波通信已成为现代通信的一种重要传输手段，是公认的最有发展前途的传输手段之一。

4.5.1 微波器件与天线

一般说来，由于地球曲面的影响以及空间传输的损耗，每隔 50km，就需要设置中继站，将电波放大转发而延伸。这种通信方式，也称为微波中继通信或称微波接力通信，长距离微波通信干线可以经过几十次中继而传至数千千米仍可保持很高的通信质量。

微波站的设备包括天线、收发信机、调制器、多路复用设备以及电源设备、自动控制设备等。受电路分布参数的影响，微波信号处理的技术不同于一般低频信号的处理技术，微波器件需要特定的设计方法和特殊的材料来实现。

1. 微波器件

工作在微波波段的器件，称为微波器件。微波器件按其功能可分为微波振荡器（微波源）、功率放大器、混频器、检波器、微波天线、微波传输线等。

微波器件按其工作原理和所用材料、工艺不同，又可分为微波电真空器件、微波半导体器件、微波集成电路（固态器件）和微波功率模块。微波电真空器件包括速调管、行波管、磁控管、返波管、回旋管、虚阴极振荡器等，利用电子在真空中运动及与外围电路相互作用产生振荡、放大、混频等各种功能。微波半导体器件包括微波晶体管和微波二极管，具有体积小、重量轻、耗电省等优点，但在高频、大功率情况下，不能完全取代电真空器件。微波集成电路是将具有微波功能的电路用半导体工艺制作在砷化镓或其他半导体材料芯片上，形成功能块，在固态相控阵雷达、电子对抗设备、导弹电子设备、微波通信系统和超高速计算机中，有着广阔的应用前景。

当真空管的物理尺寸与波长相接近时，管内电子渡越时间、极间电容和引线电感等限制了真空管在微波波段的运用。这个问题在 20 世纪 30 年代后期变得明确了。1935 年，A. Heil 和 O. Heil 提出利用渡越时间效应和集总调谐电路来产生微波。1939 年，W. C. Hahn 和 G. F. Metcalf 提出了微波管的速度调制理论。四个月后，R. H. Varian 和 S. F. Varian 阐述了应用速度调制理论的双腔速调管放大器和振荡器。1944 年，R. Kompfner 发明了螺旋线行波管（TWT）。从此以后，一些新的原理广泛应用于微波能量的产生和放大，从而使微波管的概念与传统真空管概念大不相同。

微波的产生和放大都是借助速度调制理论来完成的。然后近年来，人们研制了微波固体器件如隧道二极管、体效应（Gunn）二极管、转移电子器件（TED）、雪崩渡越时间器件（IMPATT）和诸如脉冲和激光器等量子电子器件来实现微波的产生和放大。TED 和 IMPATT 器件概念的提出和随后的发展是过去的杰出技术成就之一。B. K. Ridleg 和 T. B. Watkins 在 1961 年和 C. Hilsum 在 1962 年都各自预言了在砷化镓中会产生转移电子效应。1963 年 J. B. Gunn 报告了他的"Gunn 效应"。所有微波固体器件的共同特性是负阻性，它可用于微波的振荡和放大。由于 TED 和雪崩渡越时间器件的发展极其迅速，因此它们已经被确认为最重要的微波固体器件之一。

2. 面天线的结构和工作原理

微波主要靠空间波传播，为增大通信距离，天线架设较高。在微波天线中，应用较广的有抛物面天线、喇叭抛物面天线、喇叭天线、透镜天线、开槽天线、介质天线、潜望镜天线等。

如图 4-39 所示，常用的抛物面天线从结构上看，主要由两部分组成：一是照射器，由一些弱方向性天线来担当，如短电对称振子天线和喇叭天线。作用是把高频电流转换为电磁波并投射到抛物面上。二是抛物面，一般由导电性能较好的铝合金板构成，其厚度为 1.5 ~ 3mm；或者用玻璃钢构成主抛物面，然后在其内表面粘贴一层金属网或金属栅栏。网孔的最大值要求小于 $\lambda/10$，过大将造成对电磁波的漏射现象，影响天线的正常工作性能。作用是构成天线辐射场方向性的主要部分。

如图 4-40 所示，抛物面具有如下重要的几何光学特性：由焦点发出的各光线经抛物面反射，其反射线都平行于 z 轴；反之，当平行光线沿 z 轴入射时，则被抛物面反射而聚焦于 F 点。其原因是，由焦点发出的各光线经抛物面反射后到达口径面的行程相等（这一结论可利用抛物线的以下性质来证明：从抛物线任一点到焦点的距离等于该点到准线的距离）。

图 4-39　普通抛物面天线的结构图

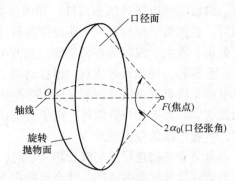

图 4-40　普通抛物面天线的几何关系图

微波的传播特性与光相似，因此，位于焦点 F 的馈源所辐射的电磁波经抛物面反射后，在抛物面口径上得到同相波阵面，使电磁波沿天线轴向传播。如果抛物面口径尺寸为无限大，那么抛物面就把球面波变为理想平面波，能量只沿 z 轴正方向传播，其他方向辐射为零。但实际上抛物面的口径是有限的，这时天线的辐射是波源发出的电磁波通过口径面的绕射，它类似于透过屏上小孔的绕射，因而得到的是与口径大小及口径场分布有关的窄波波束。

4.5.2　微波通信系统

微波通信系统分为模拟微波通信和数字微波通信两种制式。用于传输频分多路——调频制（FDM-FM）基带信号的系统称为模拟微波通信系统，用于传输数字基带信号的系统称为数字微波通信系统。远距离的微波中继传输一般都采用数字通信的方式。数字微波通信系统的特点是：

1）抗干扰性强、整个线路噪声不累积。

2）保密性强，便于加密。

3）器件便于固态化和集成化，设备体积小、耗电少。

4）便于组成综合业务数字网（ISDN）。下面主要介绍一下数字微波通信系统。

1. 数字微波通信的发信系统

从目前使用的数字微波通信系统设备来看，数字微波发信机可分为直接调制式发信机（使用微波调相器）和变频式发信机。中小容量的数字微波（480 路以下）设备可以利用前一种方案，而中大容量的数字微波设备大多采用后一种方案。这是因为变频式发信机的数字基带信号调制是在中频上实现的，可以得到较好的调制特征和较好的设备兼容性。

下面介绍一种典型的变频式发信机，其结构组成如图 4-41 所示。

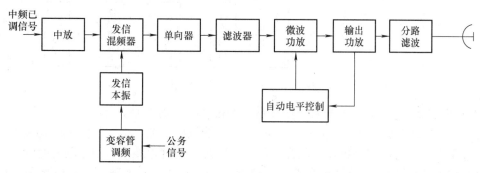

图 4-41　变频式发信机框图

由调制机或者收信机送来的中频已调信号经发信机的中频放大器放大后，送到发信混频器，经发信混频，将中频已调信号变为微波已调信号。由单向器和滤波器取出混频后的一个边带（上边带或下边带）。由功率放大器把微波已调信号放大到额定电平，经分路滤波器送往天线。

微波功放及输出功放多采用场效晶体管功率放大器。为了保证末级的线性工作范围，避免过大的非性失真，常采用自动电平控制电路使输出维持在一个合适的电平。

公务信号是采用复式调制方式传送的，这是目前数字微波通信中采用的一种传递方式，它是把公务信号通过变容器实现对发信本振浅调频的。这种调制方式设备简单，在没有复用设备的中继站时也可以上传、下传公务信号。

2. 数字微波通信的收信系统

数字微波的收信设备和解调设备组成了收信系统。这里所讲的收信设备只包括射频和中频两部分。目前收信设备都采用外差式收信方案，如图 4-42 所示。

图 4-42 是一个空间分集接收的收信设备组成的框图，分别来自上天线、下天线的直射波和经过各种途径（多径传播）到达接收点的电波，经过两个相同的信道：带通滤波器噪声放大器、抑镜滤波器、收信混频器、前置中放，然后进行合成，在经过主中频放大器后，输出中频已调信号。

图 4-42 表示的是最小振幅偏差合成分集接收方式。下天线的本机振荡是由中频检出电路的控制电压对移相器进行相位控制的，以便抵消上、下天线收到的多径传播的干涉波

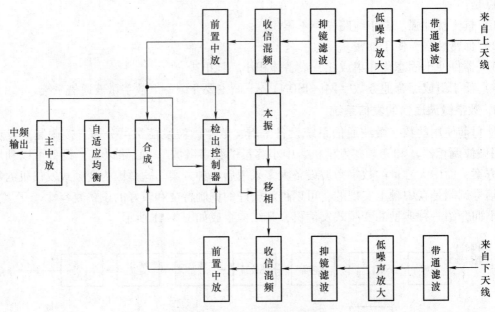

图 4-42　外差式收信机框图

（反射波和折射波），改善带内失真，获得最好的抗多径衰落效果。

为了更好地改善因衰落造成的带内失真，在性能较好的数字微波收信机中还要加入中频自适应均衡器。它与空间分集技术配合使用，可以最大限度地减少通信中断的时间。

图 4-42 中的低噪声放大是砷化镓场效应晶体管（FET）放大器，这种放大器的低噪声性能很好，并能使整机的噪声系数降低。由于 FET 放大器是宽频带工作的，其输出信号的频率范围很宽，因此在 FET 放大器的前面要加带通滤波器，其输出要加抑制镜像干扰的抑镜滤波器。要求抑镜滤波器对镜像频率噪声的抑制度为 13 ~ 20dB 以上。

4.5.3　卫星通信系统

卫星通信是指利用人造地球卫星作为中继站，转发或反射无线电波，在两个或多个地球站之间进行的通信。卫星通信的特点如下。

1）通信距离远，且费用与通信距离无关。

2）覆盖面积大，可进行多址通信。

3）通信频带宽，传输容量大。

4）信号传输质量高，通信线路稳定可靠。

5）建立通信电路灵活、机动性好。

6）可以自发自收，进行监测。这里对常用的静止（同步）卫星通信系统做一个简单介绍。

一般地，一个静止（同步）卫星通信主要由五部分组成，如图 4-43 所示。各组成部分的作用如下所述。

1）天线分系统：定向发送与接收无线电信号。

2）通信分系统：接收、处理并重发信号，这部分就是所说的转发器。

3）电源分系统：为卫星提供电源，通常包括太阳能电池、蓄电池和配电设备。

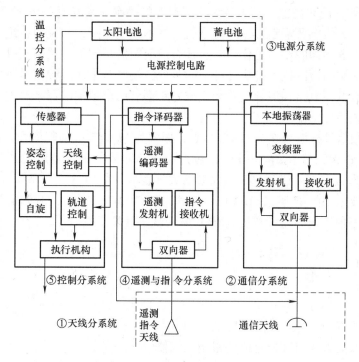

图 4-43 静止通信卫星的组成

4）遥控与指令分系统：遥测部分用来在卫星上测定并给地面的 TT&C 发送有关卫星的姿态及卫星各部分工作状态的数据，并为地球站跟踪卫星发送信标；指令部分用于接收来自地面的控制指令，处理后送给控制分系统执行。

5）控制分系统：用来对卫星的姿态、轨道位置、各分系统工作状态等进行必要的调节与控制。

思考题与习题

4-1 什么是电波传播的主要通道？

4-2 简述移动通信中电波传播的原理。

4-3 何谓电波的衰落现象？

4-4 中央人民广播电台的广播频率为 639kHz 和 720kHz，求该电台的发射波长和周期。

4-5 简述发射天线与接收天线的功能。

4-6 怎样理解天线方向性的好坏？

4-7 描述天线方向性的参数有哪些？其中哪些参数数值越小，说明方向性越好？

4-8 试画出无线电调幅广播发送设备的基本组成框图，并说明各组成部分的作用。

4-9 为什么调制要用模拟乘法器来实现？它和放大在本质上有什么不同？

4-10 有一调幅波方程为

$$u = 4(1 + 0.7\cos2\pi \cdot 10^3 t)\cos2\pi \cdot 10^4 t$$

（1）画出该调幅波的波形图，标出幅度值。

（2）画出该调幅波频谱图，标出各谱线所对应的频率与幅度值，并求带宽。

4-11 试画出无线电调幅超外差式接收机的基本组成框图，并说明各组成部分的作用。

4-12 接收机混频器的作用是什么？为什么说混频器是超外差式接收机的核心？

4-13 常用的调幅检波技术有哪几种？同步检波技术对本地载频信号有什么特别要求？

4-14 为什么调幅电路、混频电路和检波电路都能用模拟乘法器来实现？它们的频谱搬移过程有什么异同点？

4-15 某调频信号载波频率为 $f_0 = 25\,\mathrm{MHz}$，振幅为 $U_0 = 4\mathrm{V}$；调制信号为单频正弦波，频率为 $F = 400\,\mathrm{Hz}$，最大频移为 $\Delta f = 10\,\mathrm{kHz}$，试写出该调频波的数学表示式。若调制频率变为 $2\mathrm{kHz}$，所有其他参数不变，试写出该调频波的数学表示式。

4-16 调频波中心频率为 $f_0 = 10\,\mathrm{MHz}$，最大频移为 $\Delta f = 50\,\mathrm{kHz}$，调制信号为正弦波。试求调频波在以下三种情况的频带宽度（按 10% 的规定计算带宽）。

1）$F = 500\,\mathrm{kHz}$

2）$F = 500\,\mathrm{Hz}$

3）$F = 10\,\mathrm{kHz}$

这里，F 为调制信号频率。

4-17 试叙述变容二极管直接调频的原理。

4-18 为什么通常在鉴频器之前要采用限幅器？

4-19 试叙述乘积型相位鉴频器的工作原理。

4-20 试比较调幅通信和调频通信的优缺点。

4-21 什么是微波？微波有什么特点？

4-22 微波通信有何特点？一般应用在什么场合？

4-23 微波通信天线为何常选用面天线？

4-24 什么是卫星通信？一般应用在什么场合？

第5章 模拟信号数字化与编码技术

大部分信源都是模拟信号，它拥有精确的分辨率，通过模拟电路组件可以方便地处理。但在计算机系统普及的今天，数字信号的传播和处理更加便捷，而诸如照相机等设备都早已实现数字化，尽管它们最初必须以模拟信号的形式接收真实物理量的信息，但最终都会通过模/数转换器转换为数字信号，以方便计算机进行处理，或通过互联网进行传输。因此将模拟信号数字化与编码的技术也便成了通信技术中的一项重要技术。如图5-1所示即为模拟信号数字化传输系统的基本组成。

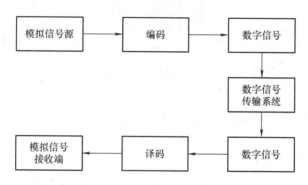

图5-1 模拟信号数字化传输系统的基本组成

5.1 脉冲编码调制 (PCM)

5.1.1 脉冲编码调制概念

模拟信号调制往往使用连续的正弦波信号为载波，将信号源发出的信号频谱搬移到不同的频率段上。然而一些离散的信号，比如脉冲波形也是可以用以作为载波来对信号进行调制的。经脉冲波形调制的连续信号将被变换成时间离散、取值离散的数字信号。

具体如何实现这个脉冲调制过程呢？首先需要将模拟信号离散化，即对模拟信号按一定的时间间隔进行抽样；然后再将无限个可能的抽样值（不是指抽样点的个数，而是每个抽样点的可能取值）变成有限个可能取值，称之为量化；最后对量化后的抽样值用二进制（或多进制）码元进行编码，即可得到所需的数字信号。编码即为用一组符号（码组）取代或表示另外一组符号（码组或数字）的过程。这种将模拟信号经过抽样、量化、编码三个处理步骤变成数字信号的A/D转换方式称为脉冲编码调制（Pulse Code Modulation，PCM）。

5.1.2 抽样

如上所述，PCM的过程可分为抽样、量化和编码等三步，第一步是对模拟信号进行信号抽样。所谓抽样就是不断地以固定的时间间隔采集模拟信号当时的瞬时值。

如图5-2a所示，假设模拟信号 $f(t)$ 通过一个开关，则开关的输出 $y(t)$ 与开关的状态有关，当开关闭合时，其输出即为输入，也即 $y(t) = f(t)$；若开关处于断开位置，则无论输入为何，输出 $y(t)$ 均为0。

若向该电路输入图5-2b所示的连续信号，而开关受到如图5-2c所示的 $k(t)$ 信号控制，当 $k(t)$ 为高电平时，开关闭合；$k(t)$ 为0时，开关断开。此时电路输出为图5-2d所示波形。

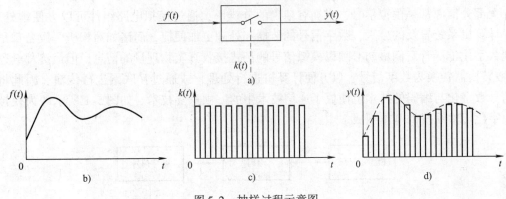

图5-2　抽样过程示意图

图5-2c是一个以 T_s 为时间间隔的窄脉冲序列 $p(t)$，因为它的作用是用来进行抽样，所以称为抽样脉冲。图5-3所示为 $p(t)$ 的抽样脉冲序列示意图。

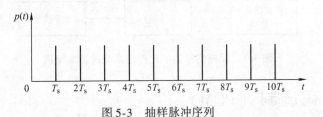

图5-3　抽样脉冲序列

如图5-4所示为某信号抽样示例，其中 $u(t)$ 是待抽样的模拟电压信号，抽样后的离散信号 $k(t)$ 的取值分别为 $k(0) = 0.2$，$k(T_s) = 0.4$，$k(2T_s) = 1.8$，$k(3T_s) = 2.8$，$k(4T_s) = 3.6$，$k(5T_s) = 5.1$，$k(6T_s) = 6.0$，$k(7T_s) = 5.7$，$k(8T_s) = 3.9$，$k(9T_s) = 2.0$，$k(10T_s) = 1.2$。可见取值在 0~6 之间是随机的，也就是说可以有无穷个可能的取值。

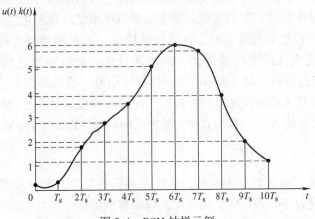

图5-4　PCM抽样示例

5.1.3 奈奎斯特抽样定理

每秒钟的抽样样本数（次数）叫作抽样频率。抽样频率越高，数字化后的波形就越接近于原来的基带信号波形，即信号的保真度越高，但量化后信号信息量的存储量也越大。理论研究证明，模拟信号的抽样频率 f_s 必须大于或等于信号中最高频率 F_{max} 的两倍，才能保证抽样后的信号频谱不产生混叠且可以不失真地还原原信号。此描述即为奈奎斯特（Harry Nyquist）抽样定理（简称抽样定理或采样定理），表示为

$$f_s \geqslant 2F_{max} \tag{5-1}$$

例如，电话语音信号的最高频率 F_{max} 限制在 3400Hz，这时满足抽样定理的最低的抽样频率应为 $f_s = 6800\text{Hz}$。为了留有一定的保护带，国际电报电话咨询委员会（CCITT）规定话音信号的抽样率 $f_s = 8000\text{Hz}$，这样就留出了 $8000 - 6800 = 1200\,(\text{Hz})$ 作为滤波器的保护带。应当指出，抽样频率 f_s 不是越高越好，太高时，将会降低信道的利用率（因为随着 f_s 升高，数据传输速率也增大，则数字信号的带宽变宽，导致信道利用率降低）。所以只要能满足 $f_s \geqslant 2F_{max}$，并有一定频带的保护带即可。

5.1.4 脉冲调制技术仿真实训

［仿真 5-1］抽样电路的仿真测量。

仿真电路：图 5-5 所示仿真电路。

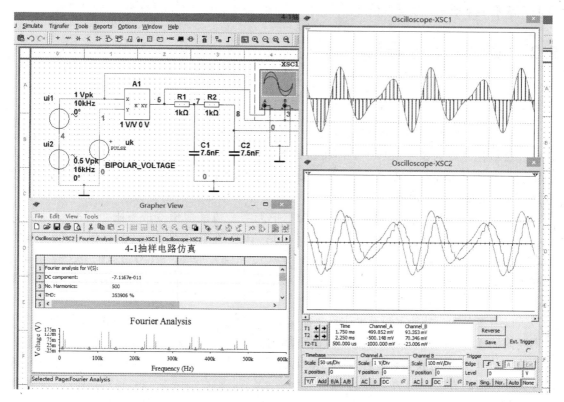

图 5-5 抽样电路的仿真测量

① 设置模拟基带信号为两个正弦信号 u_{i1} 和 u_{i2} 的叠加，其频率分别为 10kHz 和 15kHz，其他参数设置如图 5-5 所示。

② 设置矩形窄脉冲信号为 u_k，其频率为 120kHz，正脉冲幅度为 0V，负脉冲幅度为 1V，占空比为 30%。

③ 用示波器同时观测乘法器（A1）输出电压和基带信号波形，可以看出，输出电压波形的包络变化规律与调制信号的变化规律是_____（基本一致的/完全不同的）。

结论 1： 该电路_____（可以/不可以）实现脉冲调制（调幅）。

④ 选择 Simulate→Analyses→Fourier Analysis 命令，弹出 Fourier Analysis 对话框，设置节点 5 为输出节点（Output），并设置合适的分析参数（Analysis Parameters），最后单击该对话框下面的"Simulate"可得傅里叶频谱分析结果。

结论 2： 从输出信号（节点 5）的频谱分析结果来看，脉冲调制后的频谱中_____（仍含有/没有）原基带信号成分（10kHz 和 15kHz），同时这两个频率的幅度值比例_____（保持不变/有很大变化）。因此，理论上来说，在接收端_____（可以/不可以）从该脉冲调制信号中不失真地还原出原基带信号。

⑤ 在乘法器输出后接一低通滤波器（由两节 RC 电路构成），用另一示波器同时观测滤波器输出电压和基带信号波形，可以看出，输出电压波形的变化规律与调制信号的变化规律是_____（基本一致的但有时延和少量失真/完全不同的）。

结论 3： 在接收端，脉冲调制后的信号_____（可以/不可以）采用低通滤波器滤波的方法来基本还原出原基带信号。

5.2 抽样信号的量化

5.2.1 量化的过程

模拟信号抽样后变成在时间上离散的信号，但仍然是模拟信号。这个抽样后的信号必须经过量化才成为数字信号。下面将讨论模拟抽样信号的量化。设模拟信号的抽样值为 $m(kT_s)$，其中 T_s 是抽样周期，k 是整数。此抽样值仍然是一个取值连续的变量，即它可以有无数个可能的连续取值。

仍然以图 5-4 所示的抽样结果为例，为了把无穷个可能取值变成有限个，必须对 $k(t)$ 的取值进行量化（即四舍五入），得到 $m(t)$。则 $m(t)$ 的取值变为 $m(0)=0$，$m(T_s)=0$，$m(2T_s)=2$，$m(3T_s)=3$，$m(4T_s)=4$，$m(5T_s)=5$，$m(6T_s)=6$，$m(7T_s)=6$，$m(8T_s)=4$，$m(9T_s)=2$，$m(10T_s)=1$，总共只有 0、1、2、3、4、5、6 共七个可能的取值，如图 5-6 所示。

若仅用 N 位二进制数字码元来代表此抽样值的大小，则 N 位二进制码元能代表 $M(=2^N)$ 个不同的抽样值。因此，必须将抽样值的范围划分为 M 个区间，每个区间用不同的电平表示。这样共有 M 个离散电平，它们称为量化电平。量化其实就是一种用这 M 个量化电平表示连续抽样值的方法。

如图 5-7 所示为一个量化过程的例子。图中，$m(kT)$ 表示模拟信号抽样值，$m_q(kT)$ 表示量化后的量化信号值，$q_1,q_2,q_3,\cdots,q_6$ 是量化后的 6 个可能输出电平，$m_1,m_2,m_3,\cdots,m_6$

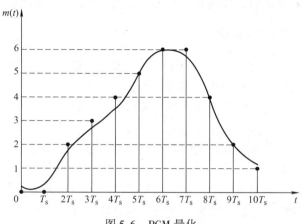

图 5-6　PCM 量化

为量化区间的端点，这样可以用公式 $m_q(kT) = q_i$，当 $m(i-1) \leqslant m(kT) < m(i)$ 按照式子做交换，就把模拟抽样信号 $m(kT)$ 变换成了量化后的离散抽样信号，即为量化信号。在原理上，量化过程可以认为是在一个量化器中完成的。量化器的输入信号为 $m(kT)$，输出信号为 $m_q(kT)$。量化过程常是和后续的编码过程结合在一起的，不一定存在独立的量化器。

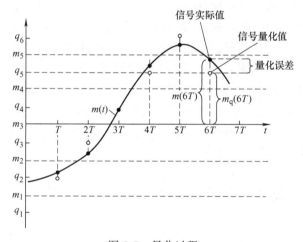

图 5-7　量化过程

5.2.2　量化误差

量化后的抽样信号与量化前的抽样信号相比较，当然有所失真，且不再是模拟信号。这种量化失真在接收端还原模拟信号时表现为噪声，称为量化噪声，又称为量化误差。量化误差的大小取决于把样值分级"取整"的方式，分的级数越多，即量化级差或间隔越小，量化噪声也越小。量化间隔越小，量化误差越小，需要的量化级别越多，处理和传输就越复杂，所以，既要尽量减少量化级数，又要使量化失真尽可能的小。

以话音信号为例，其 PCM 的抽样频率为 8kHz，每个量化样值对应一个 8 位二进制码，故话音数字编码信号的速率为 $8\text{bit} \times 8\text{kHz} = 64\text{kbit/s}$。量化噪声随量化级数的增多和级差的缩小而减小。量化级数增多即样值个数增多，就要求更长的二进制编码。因此，量化噪声随二进制编码的位数增多而减小，即随数字编码信号的速率提高而减小。

5.2.3　均匀量化与非均匀量化

采用均匀量化级进行量化的方法称为均匀量化或线性量化。均匀量化的主要缺点是：无论抽样值大小如何，量化噪声平均功率都固定不变。因此，当信号大时量化信噪比大；但当信号较小时，则信号的量化信噪比也就很小。这样，对于弱信号时的量化信噪比就难以达到给定的要求。通常，把满足信噪比要求的输入信号取值范围定义为信号的动态范围。可见，均匀量化时的信号动态范围将受到较大的限制。为了克服这个缺点，实际中，往往采用非均匀量化。

如果使小信号时量化级间宽度小，而大信号时量化级间宽度大，就可以使小信号时和大信号时的信噪比趋于均衡，这种非均匀量化级的安排称为非均匀量化或非线性量化。非均匀量化是根据信号的不同区间来确定量化间隔的。对于信号取值小的区间，其量化间隔也小；反之，量化间隔就大。数字电视、语音信号的量化均采取非均匀量化方法。

由于非均匀量化可以提高小信号时的量化信噪比，并适当减小了大信号时的信噪功率比。因此它与均匀量化相比，有以下两个突出的优点。

1）当输入量化器的信号具有非均匀分布的概率密度（例如语音）时，非均匀量化器的输出端可以得到较高的平均信号量化信噪比。

2）非均匀量化时，量化噪声的均方根值基本上与信号抽样值近似成等比例，因此量化噪声对大、小信号的影响大致相同，即改善了小信号时的量化信噪比。

实际中，非均匀量化的实现方法通常是将抽样值通过压缩再进行均匀量化。所谓压缩就是对大信号进行压缩而对小信号进行较大放大的过程。信号经过这种非线性压缩电路处理后，改变了大信号和小信号之间的比例关系，使大信号的比例基本不变或变得较小，而小信号相应地按比例增大，即"压大补小"。在接收端将收到的相应信号进行扩张，以恢复原始信号对应关系。扩张特性与压缩特性相反。

5.3　PCM 编码与解码

5.3.1　常用二进制编码码型

模拟信号经过抽样和量化以后，可以得到一系列输出，它们共有 Q 个电平状态。当 Q 比较大时，如果直接传输 Q 进制的信号，其抗干扰性能很差。因此，通常在发射端通过编码器把 Q 进制信号变换为 k 位二进制数字信号。而在接收端将收到的二进制码元经过译码器再还原为 Q 进制信号，这种系统就是脉冲编码调制系统。

简而言之，把量化后的信号变换成代码的过程称为编码，其相反的过程称为译码。编码不仅用于通信，还广泛用于计算机、数字仪表、遥控遥测等领域。编码方法也是多种多样的，在现有的编码方法中，若按编码的速度来分，大致可分为两大类：低速编码和高速编码。通信中一般都采用高速编号。编码器的种类大体上可以归结为三种：逐次比较（反馈）型、折叠级联型和混合型。这几种不同形式的编码器都具有自己的特点，但限于篇幅，这里仅介绍目前用得较为广泛的逐次比较型编码和译码原理。

在讨论这种编码原理以前，需要明确常用的编码码型及码位数的选择和安排。

二进制码具有很好的抗噪声性能，并易于再生，因此 PCM 中一般采用二进制码。对于 Q 个量化电平，可以用 k 位二进制码来表示，称其中每一种组合为一个码字。通常可以把量化后的所有量化级，按其量化电平的某种次序排列起来，并列出各对应的码字，而这种对应关系的整体就称为码型。在 PCM 中常用的码型有自然二进制码、折叠二进制码和反射二进制码（又称格雷码）。如以 4 位二进制码字为例，则上述三种码型的码字如表 5-1 所示。

表 5-1　4 位二进制码码型

量化级编号	自然二进制码	折叠二进制码	反射二进制码
0	0000	0111	0000
1	0001	0110	0001
2	0010	0101	0011
3	0011	0100	0010
4	0100	0011	0110
5	0101	0010	0111
6	0110	0001	0101
7	0111	0000	0100
8	1000	1000	1100
9	1001	1001	1101
10	1010	1010	1111
11	1011	1011	1110
12	1100	1100	1010
13	1101	1101	1011
14	1110	1110	1001
15	1111	1111	1000

自然二进制码是大家最熟悉的二进制码，从左至右其权值分别为 8、4、2、1，故有时也被称为 8421 二进制码。

折叠二进制码是目前 PCM 30/32 路设备所采用的码型。这种码是由自然二进码演变而来的，除去最高位，折叠二进码的上半部分与下半部分呈倒影关系（折叠关系）。上半部分最高位为 0，其余各位由下而上按自然二进码规则编码；下半部分最高位为 1，其余各位由上向下按自然码编码。这种码对于双极性信号（话音信号通常如此），通常可用最高位表示信号的正、负极性，而用其余的码表示信号的绝对值，即只要正、负极性信号的绝对值相同，则可进行相同的编码。这就是说，用第一位码表示极性后，双极性信号可以采用单极性编码方法。因此采用折叠二进码可以大为简化编码的过程。

除此之外，折叠二进制码还有另一个优点，那就是在传输过程中如果出现误码，对小信号影响较小。例如如果大信号的 1111 误为 0111，从表 5-1 可看到，对于自然二进码解码后得到的样值脉冲与原信号相比，误差为 8 个量化级；而对于折叠二进码，误差为 15 个量化级。显然，采用折叠码时大信号误码产生的误差很大。但如果误码发生在小信号时，例如 1000 误为 0000，这时情况就大不相同了，对于自然二进码误差还是 8 个量化级，而对于折叠二进码误差却只有一个量化级。这一特性是十分可贵的，因为话音信号小幅度出现的概率比大幅度出现的概率要大。

在介绍反射二进码之前，首先了解一下码距的概念。码距是指两个码字的对应码位取不同码符的位数。在表 5-1 中可以看到，自然二进制码相邻两组码字的码距最小为 1，最大为 4（如第 7 号码字 0111 与第 8 号码组 1000 间的码距）。而折叠二进码相邻两组码字最大码距为 3（如第 3 号码字 0100 与第 4 号码字 0011）。

反射二进码是按照相邻两组码字之间只有一个码位的码符不同（即相邻两组码的码距均为 1）而构成的，如表 5-1 所示，其编码过程如下：从 0000 开始，由后（低位）往前（高位）每次只变一个码符，而且只有当后面的一位码不能变时，才能变前面一位码。这种码通常可用于工业控制当中的继电器控制，以及通信中采用编码管进行的编码过程。

上述分析是在 4 位二进制码字基础上进行的，实际上码字位数的选择在数字通信中非常重要，它不仅关系到通信质量的好坏，而且还涉及通信设备的复杂程度。码字位数的多少，决定了量化分层（量化级）的多少。反之，若信号量化分层数一定，则编码位数也就被确定。可见，在输入信号变化范围一定时，用的码字位数越多，量化分层越细，量化噪声就越小，通信质量当然就越好，但码位数多了，总的传输码率会相应增加，这样将带来一些新的问题。

5.3.2 PCM 编码

量化后的抽样信号在一定的取值范围内仅有有限个可取的样值，且信号正、负幅度分布的对称性使正、负样值的个数相等，正、负向的量化级对称分布。若将有限个量化样值的绝对值从小到大依次排列，并对应地依次赋予一个十进制数字代码（例如，赋予样值 0 的十进制数字代码为 0），在码前以 " + " " – " 号为前缀，来区分样值的正、负，则量化后的抽样信号就转化为按抽样时序排列的一串十进制数字码流，即十进制数字信号。简单高效的数据系统是二进制码系统，因此，应将十进制数字代码变换成二进制编码。根据十进制数字代码的总个数，可以确定所需二进制编码的位数，即字长。这种把量化的抽样信号变换成给定字长的二进制码流的过程称为编码。

以 5.2.1 节的图 5-6 完成的量化过程为例，从概念上讲，$m(t)$ 已经变成数字信号，但还不是实际应用中的二进制数字信号。因此，对 $m(t)$ 用字长为 3 的二进制码元进行自然编码就得到如图 5-8 所示的数字信号 $d(t)$，从而完成 A/D 转换，以最终实现脉冲编码调制。

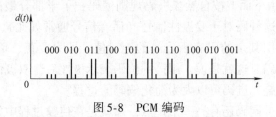

图 5-8　PCM 编码

综上所述，整个脉冲编码调制过程可以用图 5-9 所示模型表示。在实际工程中，图 5-2a 所示可控开关通常是用一个乘法器实现的，输入的模拟电压信号 $u(t)$ 通过乘法器与一个抽样窄脉冲序列 $p(t)$ 相乘，这个 $p(t)$ 类似于调幅电路中的载频信号，只不过因其为脉冲信号，所以这里的调制不是正弦调制，而是脉冲调制，这也是模拟信号数字化的过程称为脉冲编码调制的原因。

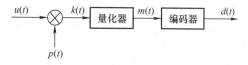

图 5-9 脉冲编码调制模型

5.3.3 PCM 信号的码元速率和带宽

由于 PCM 要用 k 位二进制代码表示一个抽样值，即一个抽样周期 T_s 内要编 k 位码。因此，每个码元宽度为 T_s/k，码位越多，码元宽度越窄，占用带宽越大。所以，传输 PCM 信号所需要的带宽要比模拟基带信号的带宽大得多。

1. 码元速率

设模拟信号源最高频率为 F_{max}，抽样速率 $f_s \geq 2F_{max}$，如果量化电平数为 Q，采用 M 进制代码，每个量化电平需要的代码数为 $k = \log_M Q$，因此码元速率为 kf_s。

2. 传输 PCM 信号所需的最小带宽

假设抽样速率为 $f_s = 2F_{max}$，因此最小码元传输速率为 $f_b = kf_s = 2kF_{max}$，此时所具有的带宽有两种

$$B_{PCM} = \frac{f_b}{2} = \frac{kf_s}{2} （理想低通传输系统） \tag{5-2}$$

$$B_{PCM} = f_b = kf_s （升余弦传输系统） \tag{5-3}$$

对于电话传输系统，其传输模拟信号的带宽为 4kHz，因此，采样频率 $f_s = 8kHz$。假设每个样值按非均匀量化编码方法编成 8 位码，采用升余弦系统传输特性，那么传输带宽为

$$B_{PCM} = f_b = kf_s = 8 \times 8kHz = 64kHz$$

5.3.4 PCM 量化编码技术仿真实训

［仿真 5-2］简单 PCM 量化编码电路的仿真测量。

仿真电路：图 5-10 所示仿真电路。该电路是输入电压在 ［0，7.5V］ 区间内变化的简单 PCM 量化编码器（3 位编码输出）。

① 画出仿真电路图。

② 可以看出，该电路的量化台阶共有＿＿＿个，分别是＿＿＿＿＿＿＿＿＿＿＿＿＿＿＿＿V。

③按表 5-2 所示，逐个改变输入模拟电压值 U_{in}，根据 LED 的显示结果（灯亮代表 "1" 码、灯灭代表 "0" 码）读出输出编码并填入表 5-2 中。

表 5-2 编码器输出码组

$U_{in}(V)$	0	0.4	0.6	1.0	1.4	1.6	2.0	2.4	3.0	4.0	5.0	6.0	6.4	6.6	7.0	7.4
A2																
A1																
A0																

结论 1：该电路＿＿＿＿＿＿＿＿（可以/不可以）实现量化编码。

结论 2：该电路的最大量化误差为＿＿＿＿V，其相对量化误差＿＿＿＿＿＿＿（较大/较小）。

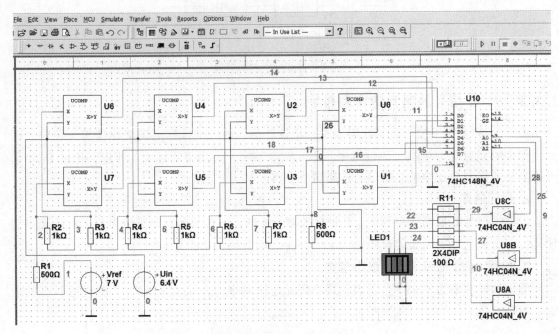

图 5-10　简单量化编码电路的仿真测量

5.4　语音压缩编码技术

5.4.1　音频与语音

语音（声音）是携带信息的重要媒体，是通过空气传播的一种连续的波，也称为声波。对语音信号的分析表明，语音信号由许多频率不同的信号组成，这类信号称为复合信号。而单一频率的信号称为分量信号。语音信号的两个基本参数是频率和幅度，所以有时也称语音类低频信号为音频信号。

前已述及，自然界的语音是模拟信号，经过数字化处理后的音频信号必须还原为模拟信号，才最终转换成声音。其中，数字化处理过程包括采样、量化和编码，这一过程的处理直接影响到所恢复出来的信号的质量，是否能与原始的波形保持一致，是语音和音频数字化的基础。数字技术的发展并与计算机充分结合使得信息处理的能力大大提高，并向多媒体技术方向快速发展。根据声音频带，声音质量分五个等级，依次为：电话、调幅广播、调频广播、光盘、数字录音带（Digital Audio Tape，DAT）的声音。

5.4.2　语音压缩编码器的种类

现有的语音编码器大体可以分为三种类型：波形编码器、音源编码器和混合编码器。一般来说，波形编码器的话音质量高，但数据率也很高。音源编码器的数据率很低，产生的合成话音音质有待提高。混合编码器使用音源编码器和波形编码器技术，数据率和音质介于二者之间。语音编码性能指标主要有比特速率、时延、复杂性和还原质量。

1. 波形编码

基本原理是在时间轴上对模拟话音信号按照一定的速率来抽样，然后将幅度样本分层量化，并使用代码来表示。在接收端将收到的数字序列经过解码恢复到原模拟信号，保持原始语音的波形形状。话音质量高，编码速率高。如 PCM 编码类（a 率或 μ 率 PCM、ADPCM、ADM），编码速率为 64～16kbit/s，语音质量好。

2. 参数编码

根据语音信号产生的数学模型，通过对语音信号特征参数的提取后进行编码（将特征参数变换成数字代码进行传输）。在接收端将特征参数，结合数学模型，恢复语音，力图使重建语音保持尽可能高的可懂度，重建语音信号的波形同原始语音信号的波形可能会有相当大的区别。如线性预测（LPC）编码类。编码速率低，2.4～1.2kbit/s，自然度低，对环境噪声敏感。

3. 混合编码

将波形编码与参数编码相结合，在 2.5～1.2kbit/s 速率上能够得到高质量的合成语音。目前使用的规则脉冲激励长时预测编码技术（RPE-LPT）即为混合编码技术。混合编码包括若干语音特征参量又包括部分波形编码信息，以达到兼顾波形编码的高质量和参量编码的低速率的优点。

5.4.3 语音压缩编码技术的种类

语音编码的三种最常用技术是脉冲编码调制（PCM）、差分 PCM（DPCM）和增量调制（DM）。通常，公共交换电话网中的数字电话都采用这三种技术。第二类语音数字化方法主要与用于窄带传输系统或有限容量的数字设备的语音编码器有关。采用该数字化技术的设备一般被称为声码器，声码器技术现在开始展开应用，特别是用于帧中继和 IP 上的语音。

在具体的编码实现（如 Voice over Internet Protocol，VoIP）中除压缩编码技术外，人们还应用许多其他节省带宽的技术来减少语音所占带宽，优化网络资源。静音抑制技术可将连接中的静音数据消除。语音活动检测（SAD）技术可以用来动态跟踪噪音电平，并将噪声可听度抑制到最小，并确保话路两端的语音质量和自然声音的连接。回声消除技术监听回声信号，并将它从听话人的语音信号中清除。处理话音抖动的技术则将能导致通话音质下降的信道延时与信道抖动平滑掉。

5.5 差错控制编码技术

5.5.1 信道编码的基本概念

设计通信系统的目的就是把信源产生的信息有效可靠地传送到目的地。在数字通信系统中，为了提高数字信号传输的有效性而采取的编码称为信源编码；为了提高数字通信的可靠性而采取的编码称为信道编码。信源编码的问题前面已经作了较为全面的讨论，这里主要讨论信道编码。信道编码亦称为可靠性编码或差错控制编码。

在实际信道传输数字信号的过程中，引起传输差错的根本原因在于信道内存在的噪声以及信道传输特性不理想所造成的码间串扰。为了提高数字传输系统的可靠性，降低信息传输的差错率，可以利用均衡技术消除码间串扰，利用增大发射功率、降低接收设备本身的噪声、选择好的调制制度和解调方法、加强天线的方向性等措施，提高数字传输系统的抗噪性能，但上述措施也只能将传输差错减小到一定程度。要进一步提高数字传输系统的可靠性，就需要采用差错控制编码，对可能或已经出现的差错进行控制。

差错控制编码是在信息序列上附加上一些监督码元，利用这些冗余的码元，使原来不规律的或规律性不强的原始数字信号变为有规律的数字信号；差错控制译码则利用这些规律性来鉴别传输过程是否发生错误，进而纠正错误。

原始数字信号是分组传输的，例如每 k 个二进制码元为一组（称为信息组），经信道编码后转换为每 n 个码元一组的码字（码组），这里 $n > k$，分组码通常表示为 $(n，k)$。可见，信道编码是用增加数码，即利用"冗余"的方法来提高抗干扰能力，也就是以降低信息传输速率为代价来减少错码，或者说是用降低有效性的方法来增强可靠性。

5.5.2 纠错编码的分类

在差错控制系统中，信道编码存在着多种实现方式，同时信道编码也有多种分类方法。

1）按照信道编码的不同功能，可以将它分为检错码和纠错码。检错码仅能检测误码，例如，在计算机串口通信中常用到的奇偶校验码等；纠错码可以纠正误码，当然同时具有检错的能力，当发现不可纠正的错误时可以发出出错指示。

2）按照信息码元和监督码元之间的检验关系，可以将它分为线性码和非线性码。若信息码元与监督码元之间的关系为线性关系，即满足一组线性方程式，称为线性码；否则，称为非线性码。

3）按照信息码元和监督码元之间的约束方式不同，可以将它分为分组码和卷积码。在分组码中，编码后的码元序列每 n 位分为一组，其中 k 位信息码元，r 个监督位，$r = n - k$。监督码元仅与本码字的信息码元有关。卷积码则不同，监督码元不但与本信息码元有关，而且与前面码字的信息码元也有约束关系。

4）按照信息码元在编码后是否保持原来的形式，可以将它分为系统码和非系统码。在系统码中，编码后的信息码元保持原样不变，而非系统码中的信息码元则发生了变化。除了个别情况，系统码的性能大体上与非系统码相同，但是非系统码的译码较为复杂，因此，系统码得到了广泛的应用。

5）按照纠正错误的类型不同，可以将它分为纠正随机错误码和纠正突发错误码两种。前者主要用于发生零星独立错误的信道，而后者用于以突发错误为主的信道。

6）按照信道编码所采用的数学方法不同，可以将它分为代数码、几何码和算术码。其中代数码是目前发展最为完善的编码，线性码就是代数码的一个重要的分支。

除上述信道编码的分类方法以外，还可以将它分为二进制信道编码和多进制信道编码等。同时，随着数字通信系统的发展，可以将信道编码器和调制器统一起来综合设计，这就是所谓的网格编码调制（Trellis Coded Modulation，TCM）。

5.5.3 差错控制方式

目前常见的差错控制方式主要有：前向纠错（FEC）、检错重发（ARQ）、混合纠错（HEC）等。几种差错控制方式的原理如图5-11所示。

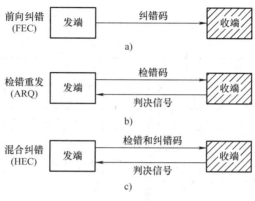

图5-11 差错控制方式原理

1. 前向纠错（FEC）

发端除了发送信息码元外，还发送加入的差错控制码元。收端根据接收到的这些码组，并利用加入的差错控制码元不但能够发现错码，而且还能自动纠正这些错码。如图5-11a所示。前向纠错方式只要求单向信道，因此特别适合于只能提供单向信道的场合，同时也适合一点发送多点接收的广播方式。因为不需要对发信端反馈信息，所以接收信号的延时小、实时性好。这种纠错系统的缺点是设备复杂、成本高，且纠错能力愈强，编译码设备就愈复杂。

2. 检错重发（ARQ）

发端将信息码编成能够检错的码组发送到信道，收端接收到一个码组后进行检验，并将检验结果通过反向信道反馈给发端。发端根据收到的应答信号重新发送有错误的码元，直到接收端能够正确接收为止。如图5-11b所示。其优点是译码设备不会太复杂，对突发错误特别有效，但需要双向信道。

3. 混合纠错（HFC）

混合纠错方式是前向纠错方式和检错重发方式的结合。如图5-11c所示。其内层采用FEC方式，纠正部分差错；外层采用ARQ方式，重传那些虽已检出但未纠正的差错。混合纠错方式在实时性和译码复杂性方面是前向纠错和检错重发方式的折中，较适合于环路延迟大的高速数据传输系统。

5.5.4 差错控制编码原理

差错控制编码就是在信息码序列中加入冗余码（即监督码元），接收端利用监督码与信息码之间的某种特殊关系加以校验，以实现检错和纠错功能。下面就以最简单的重复码为例详细介绍检错和纠错的基本原理。

假设要发送一组具有两种状态的数据信息（比如，A和B）。首先要用二进制码对数据信息进行编码，显然，用1位二进制码就可完成。编码表如表5-3所示。

表 5-3　重复码编码表

重复码	A		B		检错个数	纠错个数
	信息位	监督位	信息位	监督位		
(1, 1) 码	0		1		0	0
(2, 1) 码	0	0	1	1	1	1
(3, 1) 码	0	00	1	11	2	1
(4, 1) 码	0	000	1	111	3	1

假设不经信道编码，在信道中直接传输按表中编码规则得到的 0、1 数字序列，则在理想情况下，收信端收到"0"就认为是 A，收到"1"就是 B，如此可完全了解发端传过来的信息。而在实际通信中由于干扰（噪声）的影响，会使信息码元发生错误从而出现误码（比如码元"0"变成"1"，或"1"变成"0"）。从上表可见，任何一组码只要发生错误，都会使该码组变成另外一组信息码，从而引起信息传输错误。因此，这种编码不具备检错和纠错的能力。

当增加 1 位冗余码，即采用重复码（2，1）。其中，码长为 2 位，信息位为 1 位。如用"00"表示 A，用"11"表示 B。当传输过程中发生 1 位错误时，码字就会变为"10"或"01"。当接收端接收到"10"或"01"时，只能检测到错误，而不能自动纠正错误。这是因为存在着不准使用的码字"10"和"01"的缘故，即存在禁用码组。相对于禁用码组而言，把允许使用的码组称为许用码组。这表明在信息码元后面附加一位监督码元后，当只发生一位错码时，码字具有检错能力。但由于不能判决是哪一位发生了错码，所以没有纠错能力。

当增加 2 位冗余码，即采用重复码（3，1）。如用"000"表示 A，用"111"表示 B。此时的禁用码组为"100""010""001""011""101"和"110"。当传输过程中发生 1 位错误时，码字就会变为"100""010""001""011""101"或"110"。例如，当接收端收到"100"时，收端就会按照"大数法则"自动恢复为"000"，认为信息发生了 1 位错码。此时接收端不仅能检测到 1 位错误，而且还能自动纠正该错误。但是当出现 2 位错误时，例如，"000"会错成"100""010"或"001"，当接收端收到这三种码时，就会认为信息有错，但不知是哪位错了，此时只能检测到 2 位错。如果在传输过程中发生了 3 位错，接收端收到的是许用码组，此时不再具有检错能力。因此，这时的信道编码具有检出 2 位错和 2 位以下错码的能力，或者具有纠正 1 位错码的能力。

当增加 3 位冗余码，即采用重复码（4，1）。如用"0000"表示 A，用"1111"表示 B。此时接收端能纠正 1 位错码，用于检错时能检测 3 位错码。

由此可见，增加冗余码的个数就能增加纠检错能力。

5.5.5　码长、码重、码距和编码效率

码组又称码字或码矢。码组中编码的总位数称为码组的长度，简称为码长。如码组"11001"的码长为 5，码组"110001"的码长为 6。

码组中非"0"元的数目（即"1"码元的个数）称为码组的重量，简称码重。常用 w 表示。如，码组"11001"的码重为 $w = 3$，码组"110001"的码重也为 $w = 3$。它反映一个码组中"0"和"1"的"比重"。

所谓码元距离就是两个等长码组之间对应码位上码元不同的个数，简称码距（也称汉明距）。码距反映的是码组之间的差异程度，比如 00 和 01 两组码的码距为 1；011 和 100 的码距为 3。那么，多个码组之间相互比较，可能会有不同的码距，其中的最小值被称为最小码距（用 d_0 表示），它是衡量编码纠/检错能力的重要依据。比如 000、001、110 三个码组相比较，码距有 1 和 2 两个值，则最小码距为 $d_0 = 1$。

5.5.6　分组码的结构图

在一个码长为 n 的编码序列中，信息位为 k 位，它表示所传递的信息；监督位为 r 位，它表示增加的冗余位。分组码一般可表示为 (n, k)，其中，$r = n - k$。具体形式如图 5-12 所示。

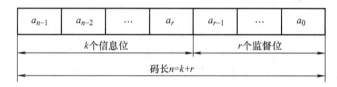

图 5-12　信息位与监督位

图中前 k 位为信息位，后面 r 位为监督位。则其编码效率 R_c 可定义为

$$R_c = \frac{k}{n} \tag{5-4}$$

显然，$R_c < 1$。而其监督元个数 r 和信息元个数 k 之比定义为冗余度。显然，编码的冗余度越大，编码效率越低。也就是说，通信系统可靠性的提高是以降低有效性（即编码效率）来换取的。差错控制编码的关键之一就是寻找一种好的编码方法，即在一定的差错控制能力的要求下，使得编码效率尽可能高，同时译码方法尽可能简单。

5.5.7　抗干扰能力与最小码距的关系

最小码距 d_0 与检纠错能力间有着密切的关系，研究证明它们之间有如下的关系。

1）检测 e 个随机错误，要求最小码距 d_0 为

$$d_0 \geqslant e + 1 \tag{5-5}$$

2）在一个码组内要想纠正 t 位错码，要求最小码距 d_0 为

$$d_0 \geqslant 2t + 1 \tag{5-6}$$

3）在一个码组内要想纠正 t 位错码，同时检测出 e 位误码（$e \geqslant t$），要求最小码距 d_0 为

$$d_0 \geqslant t + e + 1 \tag{5-7}$$

在这种情况下，若接收码组与某一许用码组间的距离在纠错能力 t 范围内，则将按纠错方式工作；若与任何许用码组间的距离都超过 t，则按检错方式工作。

综上所述，要提高编码的纠错、检错能力，不能仅靠简单地增加监督码元位数（即冗余度），更重要的是要加大最小码距（即码组之间的差异程度），而最小码距的大小与编码的冗余度是有关的，最小码距增大，码元的冗余度就增大。但当码元的冗余度增大时，最小码距不一定增大。因此，一种编码方式具有检错和纠错能力的必要条件是信息编码必须有冗余，而充分条件是码元之间要有一定的码距。另外，检错要求的冗余度比纠错要低。

信道编码中两个最主要的参数是最小码距 d_0 与编码效率 R_c。一般说来，这两个参数是相互矛盾的，编码的检、纠错能力越强，最小码距 d_0 就越大，而编码效率 R_c 就越小。所以，纠错编码的任务就是构造出编码效率 R_c 一定时，最小码距 d_0 尽可能大的码；或最小码距 d_0 一定时，而编码效率 R_c 尽可能大的码。

5.5.8 常用的简单差错控制编码

1. 奇偶监督码

奇偶监督码是奇监督码和偶监督码的统称，是一种最基本的检错码。它是由 $n-1$ 位信息元和 1 位监督元组成，可以表示成为 $(n, n-1)$。如果是奇监督码，在附加上一个监督元以后，码长为 n 的码字中 "1" 的个数为奇数个；如果是偶监督码，在附加上一个监督元以后，码长为 n 的码字中 "1" 的个数为偶数个。设某个偶监督码的码字用 $A=[a_{n-1}, a_{n-2}, \cdots, a_1, a_0]$ 表示，则

$$[a_{n-1} \oplus a_{n-2} \oplus \cdots \oplus a_1 \oplus a_0] = 0 \tag{5-8}$$

式中，a_0 为监督元。式(5-8) 通常被称为监督方程。利用式(5-8)，由信息元即可求出监督元。另外，如果发生单个（或奇数个）错误，就会破坏这个关系式，因此通过该式能检测码字中是否发生了单个或奇数个错误。

奇偶监督码是一种有效地检测单个错误的方法，之所以将关注点集中在单个错误的检纠方面，主要是因为码字中发生单个错误的概率要比发生 2 个或多个错误的概率大得多。一般情况下用上述偶监督码来检出单个错误，检错效果是令人满意的，不仅如此，奇偶监督码的编码效率很高，$R_c=(n-1)/n$，随 n 增大而趋近于 1。表 5-4 所示为码长 $n=5$ 时的全部偶监督码字。

表 5-4 码长为 5 的偶监督码字

序号	码字		序号	码字	
	信息码元 $a_4 a_3 a_2 a_1$	监督元 a_0		信息码元 $a_4 a_3 a_2 a_1$	监督元 a_0
0	0000	0	8	1000	1
1	0001	1	9	1001	0
2	0010	1	10	1010	0
3	0011	0	11	1011	1
4	0100	1	12	1100	0
5	0101	0	13	1101	1
6	0110	0	14	1110	1
7	0111	1	15	1111	0

2. 行列监督码

行列监督码又称水平垂直一致监督码或二维奇偶监督码，有时还被称为矩阵码。它不仅对水平（行）方向的码元，而且还对垂直（列）方向的码元实施奇偶监督。一般 $L \times m$ 个信息元，附加 $L+m+1$ 个监督元，由 $L+1$ 行、$m+1$ 列组成一个 $(Lm+L+m+1, Lm)$ 行列监督码的码字。表 5-5 所示为 $(66, 50)$ 行列监督码的一个码字（$L=5$，$m=10$），它的各行和各列对 1 的数目都实行偶数监督。可以逐行传输，也可以逐列传输。译码时分别检查

各行、各列的监督关系，判断是否有错。

表 5-5　（66，50）行列监督码的一个码字

1 1 0 0 1 0 1 0 0 0	0
0 1 0 0 0 0 1 1 0 1	0
0 1 1 1 1 0 0 0 0 1	1
1 0 0 1 1 1 0 0 0 0	0
1 0 1 0 1 0 1 0 1 0	1
1 1 0 0 0 1 1 1 1 0	0

这种码有可能检测偶数个错误。因为每行的监督位虽然不能用于检测本行中的偶数个错码，但按列的方向就有可能检测出来。可是也有一些偶数错码不可能检测出，例如，构成矩形的四个错码就检测不出来。

这种二维奇偶监督码适于检测突发错码。因为这种突发错码常常成串出现，随后有较长一段无错区间，所以在某一行中出现多个奇数或偶数错码的机会较多，这种方阵码适于检测这类错码。前述的一维奇偶监督码一般只适于检测随机错误。

由于方阵码只对构成矩形四角的错码无法检测，故其检错能力较强。实验表明，这种码可使误码率降至原误码率的 $1/10\ 000 \sim 1/100$。

二维奇偶监督码不仅可用来检错，还可用来纠正一些错码。例如，当码组中仅在一行中有奇数个错误时，则能够确定错码位置，从而纠正它。

3. 恒比码

恒比码又称等重码，这种码的码子中 1 和 0 的位数保持恒定比例。由于每个码字的长度是相同的，若 1、0 恒比，则码字必等重。

若码长为 n，码重为 w，则此码的码字个数为 C_n^w，禁用码字数为 $2^n - C_n^w$。该码的检错能力较强，除对换差错（1 和 0 成对地产生错误）不能发现外，其他各种错误均能发现。

目前我国电传通信中普遍采用 3∶2 码，该码共有 $C_5^3 = 10$ 个许用码字，用来传送 10 个阿拉伯数字，如表 5-6 所示。这种码又称为 5 中取 3 数字保护码。因为每个汉字是以四位十进制数来代表的，所以提高十进制数字传输的可靠性，就等于提高汉字传输的可靠性。实践证明，采用这种编码后，我国汉字电报的差错率大为降低。

表 5-6　3∶2 数字保护码

数字	码字
0	0 1 1 0 1
1	0 1 0 1 1
2	1 1 0 0 1
3	1 0 1 1 0
4	1 1 0 1 0
5	0 0 1 1 1
6	1 0 1 0 1
7	1 1 1 0 0
8	0 1 1 1 0
9	1 0 0 1 1

目前国际上通用的 ARQ 电报通信系统中，采用 3:4 码即 7 中取 3 码，这种码共有 $C_7^3 = 35$ 个许用码字，93 个禁用码字。35 个许用码字用来代表不同的字母和符号。实践证明，应用这种编码，使国际电报通信的误码率保持在 10^{-6} 以下。

思考题与习题

5-1　试说明脉冲编码调制（PCM）技术工作的全过程，并解释其中调制的概念。

5-2　奈奎斯特抽样定理是如何表述的？工程上电话语音信号的抽样频率一般选多少？

5-3　衡量量化性能好坏的常用指标是什么？此值的大小与量化性能的优劣有什么关系？

5-4　什么是均匀量化？什么是非均匀量化？各有什么优缺点？

5-5　常用的二进制编码码型有哪些？各有什么特点？

5-6　为什么传输所需要的带宽要比模拟基带信号的带宽要大得多？PCM 信号的信息速率与系统所需的最小传输带宽之间有什么关系？

5-7　现有的语音编码器有哪几种类型？各有什么特点？

5-8　信道编码的目的是什么？为什么说系统传输的有效性和可靠性是一对矛盾？

5-9　常用的差错控制方式有哪几种？各适合于什么场合？

5-10　已知八个码字分别为 000000、001110、010101、011011、100011、101101、110110、111000，试求其最小码距 d_0。

5-11　题 5-10 所给的码组若用于检错，能检测几位错？用于纠错，能纠正几位错？若同时用于检错与纠错，情况又如何？

5-12　如表 5-7 所示 6 行 ×11 列行列监督码（二维奇偶监督码），采用偶监督方式。在收端收到了错码，试找出并纠正之。

表 5-7　行列监督码（6 行 ×11 列）

1	1	0	0	1	0	1	0	0	0		0
0	1	0	0	0	0	1	1	0	1		1
0	1	0	1	1	0	0	0	0	1		1
1	0	0	1	1	1	0	0	0	0		0
1	0	1	0	1	0	1	0	1	0		1
1	1	0	0	0	1	1	1	1	0		0

第6章 数字信号基带与频带传输技术

在数字通信中，表示计算机二进制的比特序列的数字数据信号是典型的矩形脉冲信号。这种矩形脉冲信号的固有频带称作基本频带，其频谱都是从零开始的，简称为基带。矩形脉冲信号就是典型的基带信号。在数字通信信道上，直接传送基带信号的方法称为基带传输。

基带传输的基本过程首先是在发送端将基带传输的数据通过编码器变换为直接传输的基带信号，然后在接收端由解码器恢复成与发送端相同的矩形脉冲信号。基带传输是一种最基本的数据传输方式，又称为数字传输。通常近距离通信的局域网都采用基带传输方式。

当传输距离较远时，数字基带信号就不宜直接传输了，因为一般的信道的特性总是模拟的，不适合数字基带信号的直接传输，必须把基带信号调制到正弦波上，变换为带通型准模拟信号（携带的信息仍然是具有数字特征的）后进行传输。然后在接收端先通过解调器解调出基带信号，再由解码器恢复成与发送端相同的矩形脉冲信号。通常把这种通过正弦调制后再传输的方式称为频带传输。

实际上，数字信号的频带传输问题，在调制和解调过程结束后，都可以归结到基带传输这个层面进行讨论，因此基带传输是数字信号传输（在信道中）的基本问题。下面先讨论数字信号的基带传输技术。

6.1 数字信号基带传输系统

数字信号基带传输系统的基本组成框图如图 6-1 所示，它通常由脉冲形成器、发送滤波器、信道、接收滤波器、抽样判决器与码元再生器组成。系统工作过程及各部分作用如下。

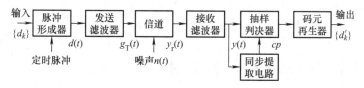

图 6-1 数字信号基带传输系统模型

脉冲形成器输入的是由计算机等终端设备发送来的二进制数据序列或是经模数转换后的二进制（也可以是多进制）脉冲序列，它们一般是脉冲宽度为 T_b 的单极性不归零码（NRZ），如图 6-2a 波形 $\{d_k\}$ 所示。由于这种码型含有丰富的直流分量，且可能缺少同步信息，因此 $\{d_k\}$ 并不适合信道传输。

脉冲形成器的作用是将 $\{d_k\}$ 变换成为比较适合信道传输，并可提供同步定时信息的码型，比如图 6-2b 所示的双极性归零码（BRZ）序列 $d(t)$。

发送滤波器进一步将输入的矩形脉冲序列 $d(t)$ 变换成适合信道传输的波形 $g_T(t)$。这是因为矩形波含有丰富的高频成分，若直接送入信道传输，容易产生失真。这里，假定构成 $g_T(t)$ 的基本波形为升余弦脉冲，如图 6-2c 所示。

基带传输系统的信道通常采用电缆、架空明线等。信道既传送信号，同时又因存在噪声 $n(t)$ 和频率特性不理想而对数字信号造成损害，使得接收端得到的波形 $y_r(t)$ 与发送波形 $g_T(t)$ 的具有较大差异，如图 6-2d 所示。

接收滤波器是收端为了减小信道特性不理想和噪声对信号传输的影响而设置的。其主要作用是滤除带外噪声并对已接收的波形进行均衡，以便抽样判决器正确判决。接收滤波器的输出波形 $y(t)$ 如图 6-2e 所示。

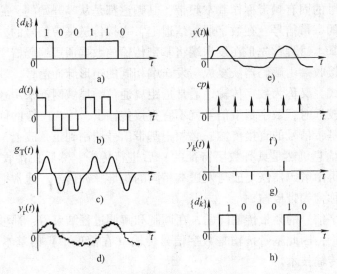

图 6-2　基带传输系统各点波形

抽样判决器首先对接收滤波器输出的信号 $y(t)$ 在规定的时刻（由定时脉冲 cp 控制）进行抽样，获得抽样信号 $y_k(t)$，然后对抽样值进行判决，以确定各码元是 "1" 码还是 "0" 码。抽样信号 $y_k(t)$ 见图 6-2g。

码元再生电路的作用是对判决器的输出 "0" "1" 进行原始码元再生，以获得图 6-2h 所示与输入波形相应的脉冲序列 $\{d'_k\}$。

同步提取电路的任务是从接收信号中提取定时脉冲 cp，供接收系统同步使用。

6.2　数字基带信号及其传输技术

6.2.1　数字基带信号的基本要求

不同形式的数字基带信号（又称为码型）具有不同的频谱结构，为适应信道的传输特性及接收端再生、恢复数字基带信号的需要，必须合理地设计数字基带信号，即选择合适的信号码型。适合于在有线信道中传输的数字基带信号形式称为线路传输码型。一般来说，选择数字基带信号码型时，应遵循以下基本原则。

1. 基本原则

1）数字基带信号应不含有直流分量，且低频及高频分量也应尽量得少。在基带传输系统中，往往存在着隔直电容及耦合变压器，不利于直流及低频分量的传输。此外，高频分量的衰减随传输距离的增加会快速地增大；另一方面，过多的高频分量还会引起话路之间的串扰，因此希望数字基带信号中的高频分量也要尽量得少。

2）数字基带信号中应含有足够大的定时信息分量。基带传输系统在接收端进行取样、判决、再生原始数字基带信号时，必须有取样定时脉冲。一般来说，这种定时脉冲信号是从数字基带信号中直接提取的。这就要求数字基带信号中含有或经过简单处理后含有定时脉冲信号的频谱分量，以便同步电路提取。实际上，所传输的信号中不仅要有定时分量，而且定时分量还必须具有足够大的能量，才能保证同步提取电路稳定可靠的工作。

3）基带传输的信号码型应对任何信源具有透明性，即与信源的统计特性无关。这一点也是为了便于定时信息的提取而提出的。信源的编码序列中，有时候会出现长时间连"1"或连"0"的情况，这使接收端在较长的时间段内无信号，因而同步提取电路无法工作。为避免出现这种现象，基带传输码型必须保证在任何情况下都能使序列中"1"和"0"出现的概率基本相同，且不出现长连"1"或"0"的情况。当然，这种结果要通过码型变换过程来实现。码型变换实际上是把数字信息用电脉冲信号重新表示的过程。此外，选择的基带传输信号码型还应有利于提高系统的传输效率；具有较强的抗噪声和码间串扰的能力及自检能力等。

2. 选择码型

归纳上述基带信号的基本要求，在选择数字基带信号的传输码型时，需要考虑以下几点。

1）码型中低频、高频分量尽量少。

2）码型中应包含定时信息，以便定时提取。

3）码型变换设备要简单可靠。

4）码型具有一定检错能力，若传输码型有一定的规律性，则可根据这一规律性来检测传输质量，以便做到自动监测。

5）编码方案对发送消息类型不应有任何限制，适合于所有的二进制信号。这种与信源的统计特性无关的特性称为对信源具有透明性。

6）低误码增殖。

7）高的编码效率。

6.2.2 数字基带信号的常用传输码型

1. 简单数字基带信号传输码型

（1）NRZ 单极性不归零码

如图 6-3a 所示，用正和零电平脉冲分别表示代码"0"和"1"。其特点是极性单一，易于产生。缺点是有直流和丰富的低频分量，不适应有交流耦合的远距离传输；且抽样判决电平与信号幅度有关，且易受信道特性变化的影响。

（2）BNRZ 双极性不归零码

如图 6-3b 所示，用正、负电平脉冲分别表示代码"1"和"0"。其特点是1、0码等概时无直流，有利于传输，且判决电平为零值，不受信道特性变化的影响。

（3）RZ 单极性归零码

如图 6-3c 所示，是单极性码的归零形式。它含有丰富的位定时信息，因而是其他码型提取位同步信息时常采用的一种过渡波形。

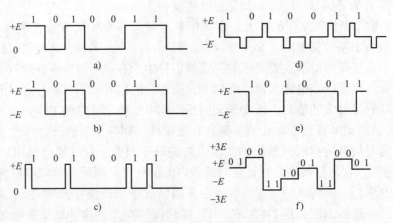

图 6-3 简单数字基带信号传输码型

（4）BRZ 双极性归零码

如图 6-3d 所示，同时兼有双极性和归零码的特点。

（5）差分码

如图 6-3e 所示，以相邻脉冲电平的相对变化来表示代码，因而也称相对码波形。其特点是可以消除设备初始状态的影响，特别是在相位调制系统中（参见本章相关内容）可用于解决载波相位模糊问题。

差分波形可分为两种，一是传号差分波（"1"表示相邻电平跳变，而"0"不变），如图 6-3e 所示；二是空号差分波（"0"表示相邻电平跳变，而"1"不变）。

（6）多电平波形码

如图 6-3f 所示，多电平波形的一个脉冲对应多个二进制码，故在波特率（传输带宽）一定时，比特率提高了，如四进制码的比特率是二进制码的 2 倍。

2. 较复杂数字基带信号传输码型

（1）AMI 码

传号交替反转（Alternative Mark Inversion，AMI）码的编码规则是三元码，"1"交替地变换为"+1"和"−1"，"0"保持不变，采用归零码，脉冲宽度为码元宽度之半，"0""1"码不等概时也无直流；零频附近的低频分量小；频率集中在 1/2 码速处；编解码电路简单，且可以利用传号极性交替这一规律观察误码情况；整流成归零码之后，从中可以提取定时分量。

连 0 码较多时，AMI 整流后的 RZ 码连 0 也较多，不利于提取高质量的位同步信号。如图 6-4 所示为 AMI 码波形的一个示例。

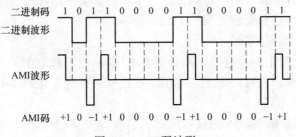

图 6-4 AMI 码波形

（2）HDB3 码

码的全称是三阶高密度双极性（High Density Bipolar of Order 3，HDB3）码。它是 AMI 码的一种改进型，其保持了 AMI 码的优点，并使"0"码连续不超过 3 个。其编码规则为，"1"交替地变换为"+1"与"-1"的半占空归零码，但连"0"数小于或者等于 3。当连"0"数等于 4 时，用取代节"000V"或者"B00V"代替，为了便于接收端能识别"V"码，"V"码的极性与前一个非零码元的极性相同（这破坏了极性交替的规则，所以 V 码又称为破坏码）；并要求相邻的"V"码也满足极性必须交替，这在原信码中相邻两个 V 码之间有奇数个"1"码的情况下，要求可以得到满足。但当相邻两个 V 码之间有偶数（0 可以看作偶数）个"1"码的情况下，要求则不能满足。解决的办法是将后一个取代节中的第一个"0"码变为"1"码，并用 B 码表示。V 的取值为 +1 或 -1，B 的取值可以是 0、+1、-1，以使 V 同时满足前面的要求。如图 6-5 所示为 HDB3 码波形的一个示例。

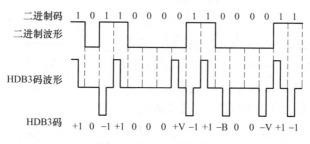

图 6-5　HDB3 码波形

HDB3 码的译码则较为简单。由两个相邻同极性"1"码可确定出 V 码，即同极性码后面的那个码就是 V 码。再将该 V 码及它前面的三个码（包括可能出现的 B 码）均恢复为"0"码即可。

（3）双相码

双相码又称为曼彻斯特（Manchester）码。其编码规则为，用一个周期的正负对称方波表示"1"码，而用其反相波形表示"0"码，即"1"用"10"表示，"0"用"01"表示。双相码是一种双极性不归零波形，只有极性相反的两个电平；每个码元中心都有电平跳变，含有丰富的定时信息，且没有直流分量，编码过程也简单；缺点是占用带宽加宽，使频带利用率降低。图 6-6 所示为双相码波形的一个示例。

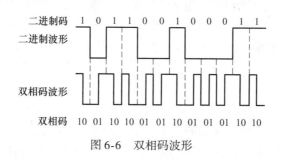

图 6-6　双相码波形

（4）CMI 码

CMI（Coded Mark Inversion）码是传号反转码的简称，与双相码类似，也是一种双极性二电平码。其编码规则为，"1"交替用"11"和"00"来表示，"0"固定用"01"来表示；易于实现，有较多的电平跳变，含有丰富的定时信息；10 为禁用码组，不会出现三个以上的连码，具有检错能力。图 6-7 所示 CMI 码波形的一个示例。

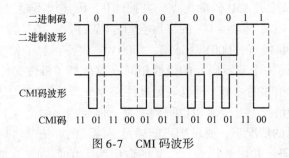

图 6-7　CMI 码波形

6.2.3　信道带限传输对信号波形的影响

1. 码间串扰

数字通信的主要质量指标是传输速率和误码率，二者之间密切相关、互相影响。当信道一定时，传输速率越高，误码率越大。如果传输速率一定，那么误码率就成为数字信号传输中最主要的性能指标。从数字基带信号传输的物理过程看，误码是由接收机抽样判决器错误判决所致，而造成误判的主要原因是码间串扰和信道噪声。

由于系统传输特性不良或加性噪声的影响，使信号波形发生畸变，造成收端判决上的困难，因而造成误码，这种现象称为码间串扰。此时，脉冲会被展宽，甚至重叠（串扰）到邻近时隙中去成为干扰。如图 6-8a 中示出了数字信号序列中的单个"1"码，经过发送滤波器后，变成正的升余弦波形如图 6-8b 所示，此波形经信道传输产生了延迟和失真如图 6-8c 所示，可以看到这个"1"码的拖尾延

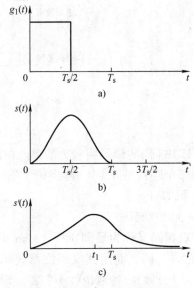

图 6-8　信道中的延迟与失真

伸到了下一码元时隙内，并且抽样判决时刻也应向后推移至波形出现最高峰处（设为 t_1）。

假如传输的一组码元是 1110、采用双极性码、经发送滤波器后变为升余弦波形如图 6-9a 所示。经过信道后产生码间串扰，前三个"1"码的拖尾相继侵入到第四个"0"码的时隙中，如图 6-9b 所示。

2. 眼图

对数字系统码间串扰及噪声特性进行测试的一个有效方法是借助于"眼图"。眼图是一系列数字信号在示波器上累积而显示的图形，它包含了丰富的信息，从眼图上可以观察出码间串扰和噪声的影响，体现了数字信号整体的特征，从而估计系统优劣程度，因而眼图分析是高速互联系统信号完整性分析的核心。另外也可以用此图形对接收滤波器的特性加以调整，以减小码间串扰，改善系统的传输性能。

用一个示波器跨接在接收滤波器的输出端，然后调整示波器扫描周期，使示波器水平扫

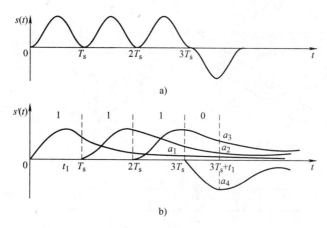

图 6-9　码间串扰的形成

描周期与接收码元的周期同步，这时示波器屏幕上看到的图形就称为眼图。示波器一般测量的信号是一些位或某一段时间的波形，更多反映的是细节信息，而眼图则反映的是链路上传输的所有数字信号的整体特征，如图 6-10 所示。

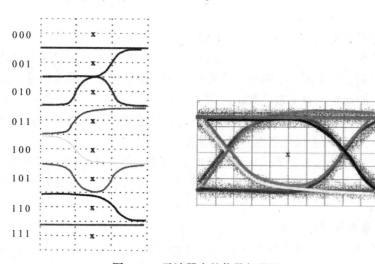

图 6-10　示波器中的信号与眼图

当接收信号同时受到码间串扰和噪声的影响时，系统性能的定量分析较为困难，一般可以利用示波器，通过观察接收信号的"眼图"对系统性能进行定性的、可视的估计。这里有必要对眼图中所涉及的各个参数进行定义。如图 6-11 所示为眼图模型。

眼图为展示数字信号传输系统的性能提供了很多有用的信息。可以从中看出码间串扰的大小和噪声的强弱，有助于直观地了解码间串扰和噪声的影响，评价一个基带系统的性能优劣；可以指示接收滤波器的调整，以减小码间串扰，例如，眼图的"眼睛"张开的大小反映着码间串扰的强弱。"眼睛"张的越大，且眼图越端正，表示码间串扰越小；反之表示码间串扰越大。当存在噪声时，噪声将叠加在信号上，观察到的眼图的线迹会变得模糊不清。若同时存在码间串扰，"眼睛"将张得更小。与无码间串扰时的眼图相比，原来清晰端正的细线迹，变成了比较模糊的带状线，而且不很端正。噪声越大，线迹越宽，越模糊；码间

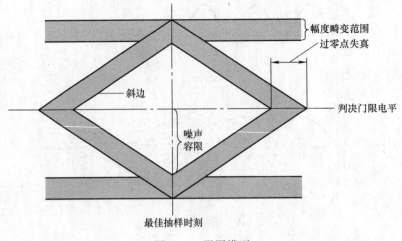

图 6-11 眼图模型

串扰越大，眼图越不端正。

通过对图 6-11 所示眼图模型的分析，可以得到如下几条结论，对实际应用有着重要的参考价值。

1）最佳抽样时刻应在"眼睛"张开最大的时刻。

2）定时误差的灵敏度可由眼图斜边的斜率决定。斜率越大，定时误差就越灵敏。

3）在抽样时刻上，眼图上下两分支阴影区的垂直高度，表示最大信号畸变。

4）眼图中央的横轴位置为最佳判决门限电平。

5）在抽样时刻，上下两分支离门限最近的一根线迹至门限的距离表示各相应电平的噪声容限，噪声瞬时值超过它就可能发生错误判决。

6）对于利用信号过零点取平均来得到定时信息的接收系统，眼图倾斜分支与横轴相交的区域的大小表示零点位置的变动范围，这个变动范围的大小对提取定时信息有重要的影响。

3. 带限传输系统的传输速率

理论研究和实验证明，截止频率为 B（即低通滤波器的通频带）的理想基带传输系统中，$T_b = 1/2B$ 为系统传输无码间串扰的最小码元间隔，称为奈奎斯特间隔。相应地，称 $R_B = 1/T_b = 2B$ 为奈奎斯特速率，它是系统的最大码元传输速率。

反过来说，输入序列若以 $1/T_b$ 的码元速率进行无码间串扰传输时，所需的最小传输带宽为 $1/2T_b$。通常称 $1/2T_b$ 为奈奎斯特带宽。

下面讨论频带利用率的问题。所谓频带利用率 η 是指码元速率 R_B 和带宽 B 的比值，即单位频带所能传输的码元速率，其表示式为

$$\eta = R_B/B \,(\text{Baud/Hz}) \tag{6-1}$$

显然，理想低通传输函数的频带利用率为 2Baud/Hz。这是最大的频带利用率，因为如果系统用高于 $1/T_b$ 的码元速率传送信码时，将存在码间串扰。若降低传码率，即增加码元宽度 T_b，使之为 $1/2B$ 的整数倍时，也不会出现码间串扰。但是，这时系统的频带利用率将相应降低。

从前面讨论的结果可知，理想低通传输系统具有最大传码率和频带利用率，但理想基带

传输系统实际上不可能得到应用。这是因为首先这种理想低通特性在物理上是不能实现的；其次，即使能设法接近理想低通特性，但由于这种理想低通特性冲激响应 $h(t)$ 的拖尾（即衰减型振荡起伏）很大，如果抽样定时发生某些偏差，或外界条件对传输特性稍加影响，信号频率发生漂移等都会导致码间串扰明显地增加。因此，实际中常采用更容易实现的具有升余弦滚降特性的传输系统，但其最大频带利用率降低为理想情况下的一半。

6.2.4　时域均衡

1. 均衡的概念

实际的基带传输系统不可能完全满足无码间串扰传输条件，因而码间串扰是不可避免的。当串扰严重时，必须对系统的传输函数 $H(\omega)$ 进行校正，使其达到或接近无码间串扰要求的特性。理论和实践表明，在基带系统中插入一种可调（或不可调）滤波器就可以补偿整个系统的幅频和相频特性，从而减小码间串扰的影响。这个对系统校正的过程称为均衡，实现均衡的滤波器称为均衡器。

均衡分为频域均衡和时域均衡。频域均衡是从频率响应考虑，使包括均衡器在内的整个系统的总传输函数满足无失真传输条件。而时域均衡则是直接从时间响应考虑，使包括均衡器在内的整个系统的冲击响应满足无码间串扰条件。

频域均衡在信道特性不变，且传输低速率数据时是适用的，而时域均衡可以根据信道特性的变化进行调整，能够有效地减小码间串扰，故在高速数据传输中得以广泛应用。本节仅介绍时域均衡原理。

2. 时域均衡的基本原理

如图 6-12 所示系统中，$H(\omega)$ 不满足以下公式中的无码间串扰条件时，其输出信号 $x(t)$ 将存在码间串扰。

$$H'_{eq}(\omega) = \sum_i H'\left(\omega + \frac{2\pi i}{T_b}\right) = \begin{cases} T_b（或其他常数）& |\omega| \leqslant \pi/T_b \\ 0 & |\omega| > \pi/T_b \end{cases} \tag{6-2}$$

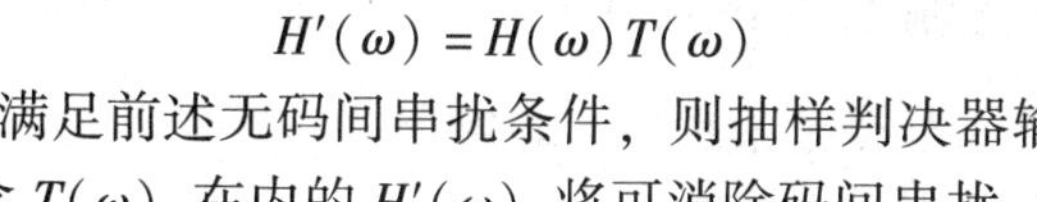

图 6-12　时域均衡的基本原理

为此，在 $H(\omega)$ 之后插入一个称之为横向滤波器的可调滤波器 $T(\omega)$，形成新的总传输函数 $H'(\omega)$，（其冲激响应为 $h'(t)$）表示为

$$H'(\omega) = H(\omega)T(\omega) \tag{6-3}$$

显然，只要 $H'(\omega)$ 满足前述无码间串扰条件，则抽样判决器输入端的信号 $y(t)$ 将不含码间串扰，即这个包含 $T(\omega)$ 在内的 $H'(\omega)$ 将可消除码间串扰。这就是时域均衡的基本原理。

6.2.5　再生中继传输技术

1. 基带传输信道特性

信道是通信系统必不可少的组成部分，是传输信号的通路，既传送信号，又由于存在噪声干扰和频率特性不理想而对信号造成损害。

当数字信号在实际信道中以基带方式传输时，由于信道的不理想以及噪声的干扰，传输波形受到衰减、失真以及各种干扰，使信码的幅度变小，波形变坏。随着传输距离的加长，这种影响也越显著。

由传输线的基本理论可知，传输线衰减特性与传输信号频率的平方根成比例，频率越高，衰减越大。一个矩形脉冲信号经过信道传输后，波形要发生失真，主要反映在以下几个方面。

1）信号波形幅度变小。传输距离越长，衰减越大。

2）波峰延后。这反映了传输线的延迟特性。

3）脉冲宽度加宽。这是传输线频率特性引起的，使波形产生严重失真。

当传输距离达到一定长度后，接收端可能无法识别收到的信码是"1"码还是"0"码，这样通信就失去意义了。因此，为了延长通信距离，应设置再生中继装置，即每隔一定的距离加一个再生中继器，如同模拟通信加增音站一样，使已失真的信号经过整形后再向更远的距离传送。

2. 再生中继系统

再生中继系统的组成框图如图6-13所示。在基带信号信噪比不太大的情况下，再生中继系统对失真的波形及时识别判决，识别出"1"码和"0"码，只要不发生误判，经过再生中继后的输出脉冲就会完全恢复为原数字信号序列。

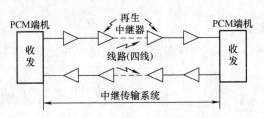

图6-13　基带传输的再生中继系统

再生中继系统的特点如下。

1）无噪声积累。噪声会导致信号幅度的失真，但可通过再生中继系统中的均衡放大、再生判决而消除。

2）有误码的积累。由于码间串扰和噪声干扰的影响，会导致再生判决电路的错误判决。一旦误码发生，就无法消除，反而随着通信距离的增长，误码会产生积累。

6.2.6　数字信号基带传输技术仿真实训

［仿真6-1］数字信号基带传输系统的仿真测量。

仿真电路：图6-14所示仿真电路。

① 设置输入数字基带信号为单极性不归零信号（模拟周期性数字1、0码），其频率为10kHz，其他参数设置见图6-14。

② 输入数字基带信号通过运放（双向输出比较器），进行波形变换。用示波器同时观测运放输入电压和输出电压波形。可以看出，输出电压波形_____（已变换/没有变换）为双极性不归零信号，但其包含的数字"1""0"信息_____（不变/已改变）。

③ 按图示方法用示波器同时观测 RC 滤波器（模拟广义信道特性）的输出电压波形，并形成"眼图"。可以看出，输出电压波形_____（产生了一定的/没有产生）失真和码间串扰，其收端判决电平应为_____V。

④ RC 滤波器输出信号通过接收端比较器，进行码元判决。用示波器同时观测发送端输入数字基带信号和收端最终输出电压波形。可以看出，输出电压波形_____（产生了/没有产生）时延，但其包含的数字"1""0"信息_____（不变/已改变），即_____（没有产生/产生了）误码。

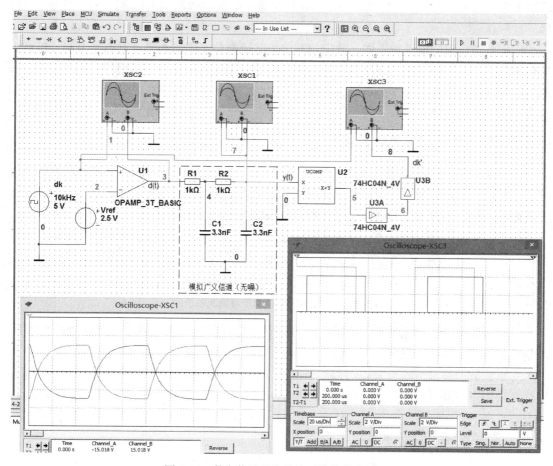

图 6-14　数字信号基带传输系统的仿真测量

6.3　数字信号频带传输系统

远距离通信信道多为模拟信道，例如，传统的电话（电话信道）只适用于传输音频范围（人的语音频率为 300～3400Hz）的模拟信号，不适用于直接传输频带很宽、但能量集中在低频段的数字基带信号。频带传输就是先将基带信号变换（调制）成便于在模拟信道中传输的、具有较高频率范围的模拟信号（称为频带信号），再将这种频带信号在模拟信道中传输。计算机网络的远距离通信通常采用的是频带传输。

6.3.1　数字调制

"数字通信系统"具有很多优点，其中最重要的一点是数字信号的再生性。由于实际通信中大多数信道无法直接传送基带信号，使用数字调制可将基带数字信号搬移到更适于传输的高频带，变换成频带信号，调制后的频带信号更适合于信道传输。同时将数字信息加载到高频载波的某一参数上，从而在接收端实现再生。

虽然从过程上看，数字调制似乎与模拟调制类似，但二者最大的区别是，模拟信号在传输过程中引入的噪声是无法在接收端完全消除的。而数字调制则有可能（S/N 比较好时）做到这一点。

根据基带信号的电平数不同，数字调制分为二进制数字调制和多进制数字调制；按载波携带信息的参数不同，数字调制又可分为幅度键控（ASK）调制、频移键控（FSK）调制和相移键控（PSK）调制。数字调制还具有一个优点，就是上述几个参数可以结合使用。例如正交振幅调制（QAM）本质上就是 ASK 与 PSK 的一种结合调制方式。

6.3.2　数字信号频带传输调制系统

如图 6-15 所示，数字信号频带传输调制系统由基带信号形成器、调制器和带通滤波器组成。传输代码首先如前所述被转化为基带信号，再由调制器搬迁到适当的频率段。而带通滤波器的作用是提取所需的已调信号，即对已调频带信号进行提纯。

图 6-15　数字信号频带传输调制系统

需要注意的是，在此类数字调制中，调制信号的幅度是离散取值的。而在模拟调制中，调制信号的幅度是连续取值的。

对于载波的波形，一般来说可以是任意的，只要已调信号适合于信道传输即可。实际中，都采用正弦波（因其较为简单）。

6.4　数字调制技术

6.4.1　二进制幅移键控调制

1. 2ASK 原理与实现方法

数字幅度调制又称幅度键控（Amplitude Shift Keying, ASK），二进制幅度键控记作 2ASK。2ASK 是利用代表数字信息 "1" 或 "0" 的基带矩形脉冲去键控一个连续的载波，使载波时断时续地输出。有载波输出时表示发送 "1"，无载波输出时表示发送 "0"。借助于第 4 章幅度调制的原理，2ASK 信号可表示为

$$e_0(t) = s(t)\cos\omega_c t \tag{6-4}$$

式中，ω_c 为载波角频率，$s(t)$ 为单极性 NRZ 矩形脉冲序列。

$$s(t) = \sum_n a_n g(t - nT_b) \tag{6-5}$$

其中，$g(t)$ 是持续时间为 T_b、高度为 1 的矩形脉冲，常称为门函数；a_n 为二进制数字。

$$a_n = \begin{cases} 1 & \text{出现概率为 } P \\ 0 & \text{出现概率为}(1-P) \end{cases} \tag{6-6}$$

2ASK 信号的产生方法（调制方法）有两种，如图 6-16 所示。图 6-16a 是一般的模拟幅度调制方法，不过这里的 $s(t)$ 由式(6-5) 规定；图 6-16b 是一种键控方法，这里的开关电路受 $s(t)$ 控制。图 6-16c 给出了 $s(t)$ 及 $e_0(t)$ 的波形示例。

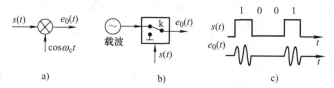

图 6-16　2ASK 产生原理框图和示意波形

2. 2ASK 信号的解调方法

2ASK 信号解调的常用方法主要有包络检波法和相干检测法，其过程与第 3 章所述 AM 信号解调相似，这里不再赘述。

3. 2ASK 信号的带宽

2ASK 信号带宽与第 3 章所述 AM 信号带宽的算法相似，即 2ASK 信号的带宽 B_{2ASK} 是数字基带信号带宽 B_s 的两倍即

$$B_{2ASK} = 2B_s = \frac{2}{T_b} = 2f_b \tag{6-7}$$

因为系统的传码率 $R_B = 1/T_b$（Baud），故 2ASK 系统的频带利用率为

$$\eta = \frac{1/T_b}{2/T_b} = \frac{1}{2}\,(\text{Baud/Hz}) \tag{6-8}$$

这意味着用 2ASK 方式传送码元速率为 R_B 的二进制数字信号时，要求该系统的带宽至少为 $2R_B$（Hz）。

6.4.2　二进制频移键控调制

1. 2FSK 原理与实现方法

数字频率调制又称频移键控（Frequency Shift Keying，FSK），二进制频移键控记作 2FSK。数字频移键控是用载波的频率来传送数字消息，即用所传送的数字消息控制载波的频率。2FSK 信号便是符号"1"对应于载频 f_1，而符号"0"对应于载频 f_2（与 f_1 不同的另一载频）的已调波形，而且 f_1 与 f_2 之间的改变是瞬间完成的。

从原理上讲，数字调频可用模拟调频法来实现，也可用键控法来实现。模拟调频法是利用一个矩形脉冲序列对一个载波进行调频，是频移键控通信方式早期采用的实现方法。2FSK 键控法则是利用受矩形脉冲序列控制的开关电路对两个不同的独立频率源进行选通。键控法的特点是转换速度快、波形好、稳定度高且易于实现，故应用广泛。2FSK 信号的产生方法及波形示例如图 6-17 所示。图中 $s(t)$ 为代表信息的二进制矩形脉冲序列，$e_0(t)$ 即

是 2FSK 信号。

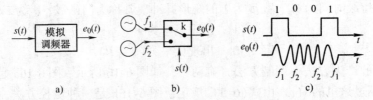

图 6-17 2FSK 产生原理框图和示意波形

根据以上 2FSK 信号的产生原理，已调信号的数字表达式可以表示为

$$e_0(t) = s(t)\cos(\omega_1 t + \varphi_n) + \overline{s(t)}\cos(\omega_2 + \theta_n) \tag{6-9}$$

其中，$s(t)$ 为单极性非归零矩形脉冲序列。

$$s(t) = \sum_n a_n g(t - nT_b) \tag{6-10}$$

$$a_n = \begin{cases} 1 & \text{概率为 } P \\ 0 & \text{概率为 } (1-P) \end{cases} \tag{6-11}$$

$g(t)$ 是持续时间为 T_b、高度为 1 的门函数；$\overline{s(t)}$ 为对 $s(t)$ 逐码元取反而形成的脉冲序列，即

$$\overline{s(t)} = \sum_n \overline{a}_n g(t - nT_b) \tag{6-12}$$

式中，$\overline{a}_n$ 是 a_n 的反码，即若 $a_n = 0$，则 $\overline{a}_n = 1$；若 $a_n = 1$，则 $\overline{a}_n = 0$，则

$$\overline{a}_n = \begin{cases} 1 & \text{概率为 } P \\ 0 & \text{概率为 } (1-P) \end{cases} \tag{6-13}$$

φ_n、θ_n 分别是第 n 个信号码元的初相位。一般来说，键控法得到的 φ_n、θ_n 与序号 n 无关，反映在 $e_0(t)$ 上，仅表现出当 ω_1 与 ω_2 改变时其相位是不连续的；而用模拟调频法时，由于 ω_1 与 ω_2 改变时，$e_0(t)$ 的相位是连续的，故 φ_n、θ_n 不仅与第 n 个信号码元有关，而且 φ_n、θ_n 之间也应保持一定的关系。

由式(6-9) 可以看出，一个 2FSK 信号可视为两路 2ASK 信号的合成，其中一路是以 $s(t)$ 为基带信号、ω_1 为载频的 2ASK 信号；另一路则是以 $\overline{s(t)}$ 为基带信号、ω_2 为载频的 2ASK 信号。

如图 6-18 所示为用键控法实现 2FSK 信号的电路框图，两个独立的载波发生器的输出受控于输入的二进制信号，按 "1" 或 "0" 分别选择其中一个载波作为输出。

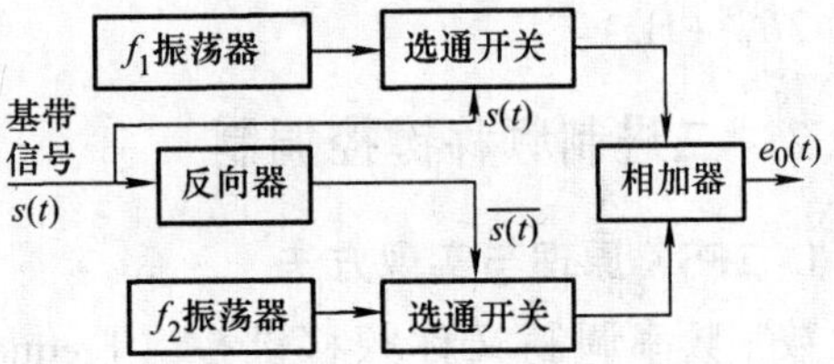

图 6-18 键控法实现 2FSK 信号的电路框图

2. 2FSK 信号的解调

数字调频信号的解调方法很多，如鉴频法、相干检测法、包络检波法、过零检测法、差分检测法等。下面介绍几种常用的数字调频信号解调的方法。

（1）滤波 + 包络检波法

2FSK 信号的包络检波法解调方框图如图 6-19 所示，其可视为由两路 2ASK 解调电路组成。这里，两个带通滤波器（带宽相同，皆为相应的 2ASK 信号带宽；中心频率不同，分别为 f_1、f_2）起分路作用，用以分开两路 2ASK 信号，上支路对应 $y_1(t) = s(t)\cos(\omega_1 t + \varphi_n)$，下支路对应 $y_2(t) = s(t)\cos(\omega_2 t + \theta_n)$，经包络检测后分别取出它们的包络 $s(t)$ 及 $\overline{s(t)}$；抽样判决器起比较器作用，把两路包络信号同时送到抽样判决器进行比较，从而判决输出基带数字信号。若上、下支路 $s(t)$ 及 $\overline{s(t)}$ 的抽样值分别用 u_1、u_2 表示，则抽样判决器的判决准则为

$$\begin{cases} u_1 \geqslant u_2 & \text{判为"1"} \\ u_1 < u_2 & \text{判为"0"} \end{cases}$$

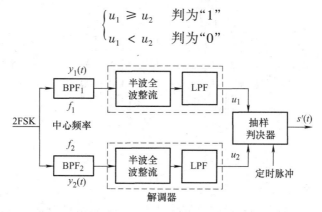

图 6-19　2FSK 信号包络检波方框图

（2）滤波 + 相干检测法

相干检测的具体解调电路是同步检波器，原理方框图如图 6-20 所示。图中两个带通滤波器的作用同上述包络检波法，起分路作用。它们的输出分别与相应的同步相干载波相乘，再分别经低通滤波器滤掉二倍频信号，取出含基带数字信息的低频信号，抽样判决器在抽样脉冲到来时对两个低频信号的抽样值 u_1、u_2 进行比较判决（判决规则同包络检波法），即可还原出基带数字信号。

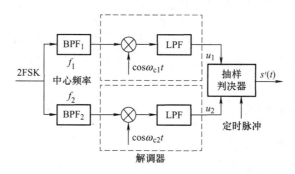

图 6-20　2FSK 信号同步检测方框图

（3）过零检测法

单位时间内信号经过零点的次数多少，可以用来衡量频率的高低。数字调频波的过零点数随不同载频而异，故检出过零点数可以得到关于频率的差异，这就是过零检测法的基本原理。

过零检测法方框图及各点波形如图 6-21 所示。2FSK 输入信号经放大限幅后产生矩形脉冲序列，经微分及全波整流形成与频率变化相应的尖脉冲序列，这个序列就代表着调频波的过零点。尖脉冲触发—宽脉冲发生器，变换成具有一定宽度的矩形波，该矩形波的直流分量便代表着信号的频率，脉冲越密，直流分量越大，反映着输入信号的频率越高。经低通滤波器就可得到脉冲波的直流分量。这样就完成了频率–幅度变换，从而再根据直流分量幅度上的区别还原出数字信号"1"和"0"。

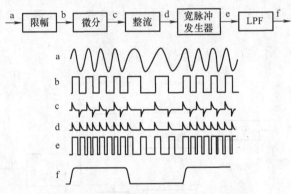

图 6-21　过零检测法方框图及各点波形图

3. 2FSK 信号的带宽

由式(6-9) 可知，一个 2FSK 信号可视为两个 2ASK 信号的合成，即

$$e_0(t) = s(t)\cos(\omega_1 t + \varphi_n) + \overline{s(t)}\cos(\omega_2 t + \theta_n) \tag{6-14}$$

因此，2FSK 信号的频谱亦为两个 2ASK 分量信号频谱之和。可以想到，2FSK 信号的频谱为载频 f_1 及其所携带的两个边带与载频 f_2 及其所携带的两个边带的混合（为保证两个分量信号能有效分离，二者的主频谱部分必须不重叠，且保持足够的频率间隔），因此，2FSK 信号的频谱占据的频率范围有以下三个部分：f_1 与 f_2 之间的全部，为 $|f_2 - f_1|$；f_1 与 f_2 中较高频率所携带的上边带，带宽为基带信号带宽 f_b；f_1 与 f_2 中较低频率所携带的下边带，带宽亦为 f_b。由此，可以得到 2FSK 信号的总的频带宽度为

$$B_{2\text{FSK}} = |f_2 - f_1| + 2f_b \tag{6-15}$$

可见，当码元速率 f_b 一定时，2FSK 信号的带宽比 2ASK 信号的带宽要宽。通常为了便于接收端检测，又使带宽不致过宽，可选取 $|f_2 - f_1| = 2f_b$，此时 $B_{2\text{FSK}} = 4f_b$，是 2ASK 信号带宽的两倍，相应地系统频带利用率只有 2ASK 系统的 1/2。

6.4.3　二进制相移键控调制

1. 2PSK 的一般原理及实现方法

数字相位调制又称相移键控（Phase Shift Keying，PSK），二进制相移键控记作 2PSK。绝对相移是利用载波的相位（指初相）直接表示数字信号的相移方式。二进制相移键控中，通常用相位 0 和 π 来分别表示"0"或"1"。2PSK 已调信号的时域表达式为

$$s_{2\text{PSK}}(t) = s(t)\cos\omega_c t \tag{6-16}$$

这里，$s(t)$ 与 2ASK 及 2FSK 时不同，为双极性数字基带信号，即

$$s(t) = \sum_n a_n g(t - nT_b) \tag{6-17}$$

式中，$g(t)$ 是持续时间为 T_b、高度为 1 的门函数；

$$a_n = \begin{cases} +1 & \text{概率为 } P \\ -1 & \text{概率为 } (1-P) \end{cases} \tag{6-18}$$

因此，在某一个码元持续时间 T_b 内观察时，有

$$s_{2PSK}(t) = \pm\cos\omega_c t = \cos(\omega_c t + \varphi_i), \varphi_i = 0 \text{ 或 } \pi \tag{6-19}$$

当码元宽度 T_b 为载波周期 T_c 的整数倍时，2PSK 信号的典型波形如图 6-22 所示。

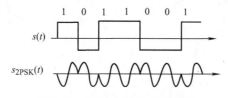

图 6-22　2PSK 信号的典型波形

2PSK 信号的调制方框图如图 6-23 所示。图 6-23a 是产生 2PSK 信号的模拟调制法框图；图 6-23b 是产生 2PSK 信号的键控法框图。

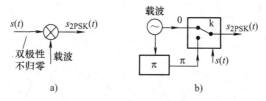

图 6-23　2PSK 调制器框图

就模拟调制法而言，与产生 2ASK 信号的方法比较，只是对 $s(t)$ 要求不同，因此 2PSK 信号可以看作是双极性基带信号作用下的 DSB 调幅信号。而就键控法来说，用数字基带信号 $s(t)$ 控制开关电路，选择不同相位的载波输出，这时 $s(t)$ 为单极性 NRZ 或双极性 NRZ 脉冲序列信号均可。

2. 2PSK 信号的解调

2PSK 信号属于 DSB 信号，它的解调不能再采用包络检测的方法，只能进行相干解调，其组成框图如图 6-24 所示。工作原理简要分析如下。

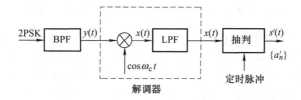

图 6-24　2PSK 信号接收系统组成框图

不考虑噪声时，带通滤波器输出可表示为

$$y(t) = \cos(\omega_c t + \varphi_n) \tag{6-20}$$

$y(t)$ 波形如图 6-25a 所示。式中 φ_n 为 2PSK 信号某一码元的初相。$\varphi_n = 0$ 时，代表数字 "0"；$\varphi_n = \pi$ 时，代表数字 "1"。与同步载波 $\cos\omega_c t$（如图 6-25b 所示）相乘后，输出为

$$z(t) = \cos(\omega_c t + \varphi_n)\cos\omega_c t = \frac{1}{2}\cos\varphi_n + \frac{1}{2}\cos(2\omega_c t + \varphi_n) \tag{6-21}$$

$z(t)$ 波形如图 6-25c 所示。其经低通滤波器滤除高频分量，得解调器输出为

$$x(t) = \frac{1}{2}\cos\varphi_n = \begin{cases} 1/2 & \varphi_n = 0 \text{ 时} \\ -1/2 & \varphi_n = \pi \text{ 时} \end{cases} \tag{6-22}$$

$x(t)$ 波形如图 6-25d 所示。根据发端产生 2PSK 信号时 φ_n（0 或 π）代表数字信息（"1" 或 "0"）的规定，以及收端 $x(t)$ 与 φ_n 的关系的特性，抽样判决器的判决准则为

$$\begin{cases} x \geq 0 & \text{判为 "0"} \\ x < 0 & \text{判为 "1"} \end{cases} \tag{6-23}$$

其中 x 为 $x(t)$ 在抽样时刻的值，其相对应的不归零输出信号 $s'(t)$ 波形如图 6-25e 所示。

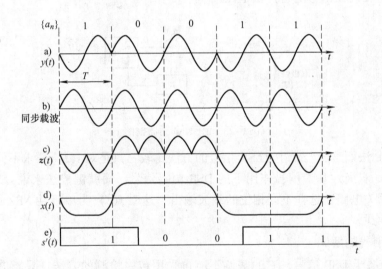

图 6-25 2PSK 接收系统各点波形

可见，2PSK 信号相干解调的过程实际上是输入已调信号与本地载波信号进行极性比较的过程，故常称为极性比较法解调。

由于 2PSK 信号实际上是以一个固定初相的未调载波为参考的，因此，解调时必须有与此同频同相的同步载波。如果同步载波的相位发生变化，如 0 相位变为 π 相位或 π 相位变为 0 相位，则恢复的数字信息就会发生 "0" 变 "1" 或 "1" 变 "0"，从而造成错误的恢复。这种因为本地参考载波倒相，而在接收端发生错误恢复的现象称为 "倒 π" 现象或 "反向工作" 现象。绝对移相的主要缺点是容易产生相位模糊，造成反向工作。

由于习惯上画波形时以正弦形式画图较方便，这与数学式常用余弦形式表示载波有些不一致，请读者看图时注意。

3. 2PSK 信号的带宽

比较式（6-16）和（6-4）可知，2PSK 信号与 2ASK 信号的时域表达式在形式上是完全相同的，所不同的只是两者基带信号 $s(t)$ 的构成，一个由双极性 NRZ 码组成，另一个由单极性 NRZ 码组成。因此，2PSK 信号的带宽、频带利用率与 2ASK 信号完全相同。即

$$B_{2\text{PSK}} = B_{2\text{ASK}} = 2B_s = \frac{2}{T_b} = 2f_b \tag{6-24}$$

$$\eta_{2\text{PSK}} = \frac{1}{2}\,(\text{Baud/Hz}) \tag{6-25}$$

其中，B_s 为数字基带信号带宽。这就表明，在数字调制中，2PSK（后面将会看到 2DPSK 也同样）的频谱特性与 2ASK 十分相似。

4. 二进制差分相移键控（2DPSK）

二进制差分相移键控常简称为二相相对调相，记作 2DPSK。它不是利用载波相位的绝对数值传送数字信息，而是用前后码元的相对载波相位值传送数字信息。所谓相对载波相位是指本码元初相与前一码元初相之差。

假设相对载波相位值用相位偏移 $\Delta\varphi$ 表示，并规定数字信息序列与 $\Delta\varphi$ 之间的关系为

$$\Delta\varphi = \begin{cases} 0 & \text{数字信息 "0"} \\ \pi & \text{数字信息 "1"} \end{cases}$$

则按照该规定可画出 2DPSK 信号的波形如图 6-26 所示。由于初始参考相位有两种可能，因此 2DPSK 信号的波形可以有两种（另一种相位完全相反，图中未画出）。为便于比较，图中还给出了 2PSK 信号的波形。2DPSK 信号相比较 2PSK 信号而言，有以下两个特点。

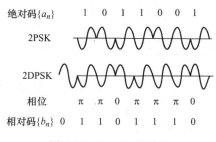

图 6-26　2DPSK 的波形

1）与 2PSK 的波形不同，2DPSK 波形的同一相位并不对应相同的数字信息符号，而前后码元的相对相位才唯一确定信息符号。这说明解调 2DPSK 信号时，并不依赖于某一固定的载波相位参考值，只要前后码元的相对相位关系不破坏，则鉴别这个相位关系就可正确恢复数字信息。这就避免了 2PSK 方式中的"倒 π"现象发生。由于相对移相调制无"反向工作"问题，因此得到广泛的应用。

2）单从波形上看，2DPSK 与 2PSK 是无法分辨的，只有已知移相键控方式是绝对的还是相对的，才能正确判定原信息。实际上，相对移相信号可以看作是把数字信息序列（绝对码）变换成相对码（差分码），然后再根据相对码进行绝对移相而形成。这就为 2DPSK 信号的调制与解调指出了一种借助绝对移相途径实现的方法。这里的相对码，就是本章前面介绍的差分码，其是按相邻符号不变表示原数字信息"0"，相邻符号改变表示原数字信息"1"的规律由绝对码变换而来的。

2DPSK 信号的解调的基本方法之一也是相干解调，不过解调后的基带信号是相对码，需将其进行反变换转换为绝对码。还有一种解调方法是差分相干解调法，它是通过直接比较前后码元的相位差而实现解调的，解调后的基带信号就是绝对码，无须进行反变换。

2DPSK 信号的频谱和带宽与 2PSK 信号完全相同，这里不再赘述。

6.4.4 数字信号频带传输技术仿真实训

[仿真 6-2] 2ASK 调制与解调电路的仿真测量。

仿真电路：图 6-27 所示仿真电路。

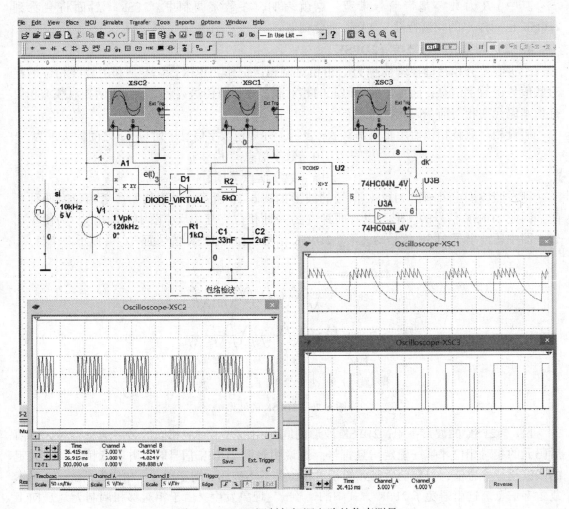

图 6-27 2ASK 调制与解调电路的仿真测量

① 设置输入数字基带信号为方波信号（高低电平分别代表数字信息 1、0 码），其频率为 10kHz，其他参数设置见图。设置载波信号频率为 120kHz，其他参数设置见图。

② 用示波器同时观测乘法器（A1）输出已调电压和输入数字基带信号波形，可以看出，输出信号幅度跳变的规律与输入基带信号电平跳变的规律是_____（完全一致的/完全不同的）。

结论1：该电路_____（可以/不可以）实现2ASK调制。

③ 根据步骤②的观测结果，画出该电路输出2ASK波形图（用坐标纸），标明最大幅度值。

④ 按图示方法用示波器同时观测接收端包络检波器（解调器）的输出电压波形及其所包含的平均直流电平。可以看出，输出电压波形_____（产生了一定的/没有产生）失真和码间串扰，且这里的平均直流电平_____（可以/不可以）作为判决电平。

⑤ 检波器输出信号通过接收端比较器进行码元判决。用示波器同时观测发送端输入数字基带信号和接收端最终输出电压波形。可以看出，输出电压波形_____（产生了/没有产生）时延和拓展，但其包含的数字"1""0"信息_____（不变/已改变），即_____（没有产生/产生了）误码。

结论2：该电路_____（可以/不可以）实现2ASK信号解调。

［仿真6-3］2FSK调制与解调电路仿真测量。

仿真电路：图6-28所示仿真电路。

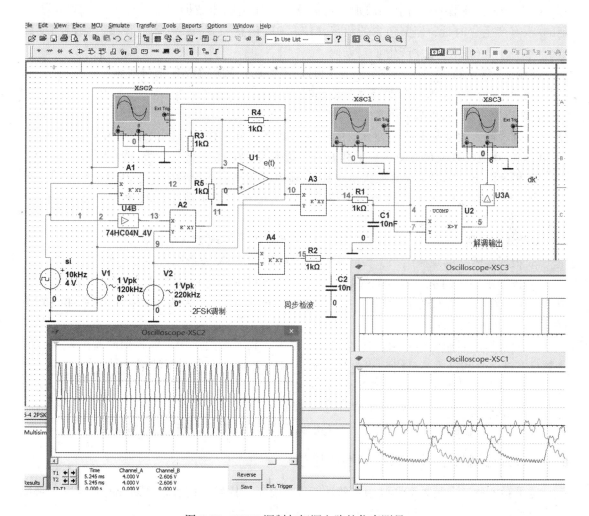

图6-28　2FSK调制与解调电路的仿真测量

① 设置输入数字基带信号为方波信号（高低电平分别代表数字信息 1、0 码），其频率为 10kHz，其他参数设置见图。设置输入"1"电平对应载波信号频率为 120kHz，其他参数设置见图；设置输入"0"电平对应载波信号频率为 220kHz，其他参数设置见图。

② 用示波器同时观测运算放大器（U1）输出已调电压和原输入数字基带信号波形，可以看出，输出信号载波频率跳变的规律与输入基带信号电平跳变的规律是＿＿＿＿＿＿＿＿（完全一致的/完全不同的）。

结论 1：该电路＿＿＿＿＿＿＿＿（可以/不可以）实现 2FSK 调制。

③ 根据步骤②的观测结果，大致画出该电路输出 2FSK 波形图（用坐标纸）。

④ 按图示方法用示波器同时观测接收端两个同步检波器的输出电压波形。可以看出，两路输出电压波形均＿＿＿＿＿＿＿＿（产生了一定的/没有产生）失真和码间串扰，且这两路输出电压的低频成分基本上＿＿＿＿＿＿＿＿（互为反相/同相），因此这里的任一路信号＿＿＿＿＿＿＿＿（都可以/不可以）把另一路信号作为自己的判决电平。

⑤ 两路输出信号通过接收端比较器进行码元判决。用示波器同时观测发送端输入数字基带信号和接收端最终输出电压波形。可以看出，输出电压波形＿＿＿＿＿＿＿＿（产生了一定的/没有产生）时延，但其包含的数字"1""0"信息＿＿＿＿＿＿＿＿（不变/已改变），即＿＿＿＿＿＿＿＿（没有产生/产生了）误码。

结论 2：该电路＿＿＿＿＿＿＿＿（可以/不可以）实现 2FSK 信号解调。

[仿真 6-4] 2PSK 调制与解调电路仿真测量。

仿真电路：图 6-29 所示仿真电路。

① 设置输入数字基带信号为方波信号（高低电平分别代表数字信息 1、0 码），其频率为 10kHz，其他参数设置见图。设置载波信号频率为 120kHz，其他参数设置见图。

② 用示波器同时观测运算放大器（U1）输出已调电压和原输入数字基带信号波形，可以看出，输出信号载波相位跳变的规律与输入基带信号电平跳变的规律是＿＿＿＿＿＿＿＿（完全一致的/完全不同的）。

结论 1：该电路＿＿＿＿＿＿＿＿（可以/不可以）实现 2PSK 调制。

③ 根据步骤②的观测结果，大致画出该电路输出 2PSK 波形图（用坐标纸）。

④ 按图示方法用示波器观测接收端同步检波器的输出电压波形及其所包含的平均直流电平。可以看出，输出电压波形＿＿＿＿＿＿＿＿（产生了一定的/没有产生）失真和码间串扰，且这里的平均直流电平为＿＿＿＿＿V。

⑤ 同步检波器输出信号通过接收端比较器进行码元判决。用示波器同时观测发送端输入数字基带信号和接收端最终输出电压波形。可以看出，输出电压波形＿＿＿＿＿＿＿＿（产生了一定的/没有产生）时延，但其包含的数字"1""0"信息＿＿＿＿＿＿＿＿（不变/已改变），即＿＿＿＿＿＿＿＿（没有产生/产生了）误码。

结论 2：该电路＿＿＿＿＿＿＿＿（可以/不可以）实现 2PSK 信号解调。

6.4.5 二进制数字调制系统的性能比较

这里对各种二进制数字调制系统的性能进行总结、比较。内容包括系统的误码率、频带宽度及频带利用率、对信道的适应能力、设备的复杂度等。

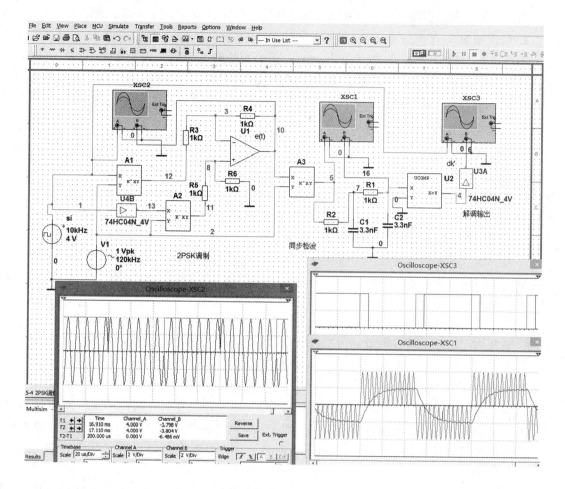

图 6-29　2PSK 调制与解调电路的仿真测量

1. 误码率

在数字通信中，误码率是衡量数字通信系统最重要性能指标之一。这里对二进制数字调制系统的抗噪声性能做如下两个方面的比较。

（1）同一调制方式不同检测方法的比较

理论研究和实验证明，对于同一调制方式不同检测方法，相干检测的抗噪声性能优于非相干检测。但是，随着信噪比（S/N）的增大，相干与非相干误码性能的相对差别越不明显。另外，相干检测系统的设备比非相干的要复杂。

（2）同一检测方法不同调制方式的比较

1）相干检测时，在相同误码率条件下，对信噪比的要求是：2PSK 比 2FSK 小 3dB；2FSK 比 2ASK 小 3dB。

2）非相干检测时，在相同误码率条件下，对信噪比的要求是：2DPSK 比 2FSK 小 3dB；2FSK 比 2ASK 小 3dB。

反过来，若信噪比一定，2PSK 系统的误码率低于 2FSK 系统，2FSK 系统的误码率低于 2ASK 系统。

因此，从抗加性白噪声上讲，相干2PSK性能最好，2FSK次之，2ASK最差。

2. 频带宽度

前已述及，2ASK系统和2PSK（2DPSK）系统频带宽度相同，均为$2/T_b = 2f_b$，是码元传输速率$R_B = 1/T_b$的两倍；2FSK系统的频带宽度近似为$|f_2 - f_1| + 2f_b$，大于2ASK系统和2PSK（2DPSK）系统的频带宽度。因此，从频带利用率上看，2FSK调制系统最差。

3. 对信道特性变化的敏感性

信道特性变化的灵敏度对最佳判决门限有一定的影响。在2FSK系统中，是比较两路解调输出的大小来做出判决的，不需人为设置的判决门限。在2PSK系统中，判决器的最佳判决门限为0，与接收机输入信号的幅度无关。因此，判决门限不随信道特性的变化而变化，接收机总能工作在最佳判决门限状态。对于2ASK系统，判决器的最佳判决门限为$A/2$（当$P(1) = P(0)$时），它与接收机输入信号的幅度A有关。当信道特性发生变化时，接收机输入信号的幅度将随之发生变化，从而导致最佳判决门限随之而变。这时，接收机不容易保持在最佳判决门限状态，误码率将会增大。因此，从对信道特性变化的敏感程度上看，2ASK调制系统最差。

当信道有严重衰落时，通常采用非相干解调或差分相干解调，因为这时在接收端不易得到相干解调所需的相干参考信号。当发射机有严格的功率限制时，则可考虑采用相干解调，因为在给定的传码率及误码率情况下，相干解调所要求的信噪比非相干解调小。

4. 设备的复杂程度

就设备的复杂度而言，2ASK、2PSK及2FSK发端设备的复杂度相差不多，而接收端的复杂程度则和所用的调制和解调方式有关。对于同一种调制方式，相干解调时的接收设备比非相干解调的接收设备复杂；同为非相干解调时，2DPSK的接收设备最复杂，2FSK次之，2ASK的设备最简单。

通过从以上几个方面对各种二进制数字调制系统进行比较可以看出，在选择调制和解调方式时，要考虑的因素是比较多的。只有对系统要求做全面的考虑，并且抓住其中最主要的因素才能做出比较正确的选择。如果抗噪声性能是主要的，则应考虑相干2PSK和2DPSK，而2ASK最不可取；如果带宽是主要的因素，则应考虑2PSK、相干2PSK、2DPSK以及2ASK，而2FSK最不可取；如果设备的复杂性是一个必须考虑的重要因素，则非相干方式比相干方式更为适宜。目前，在高速数据传输中，相干PSK及DPSK用得较多，而在中、低速数据传输中，特别是在衰落信道中，相干2FSK用得较为普遍。

6.4.6 正交振幅调制（QAM）

在2ASK系统中，其最大频带利用率是1/2（Baud/Hz）。若利用正交载波技术传输ASK信号，可使频带利用率提高一倍。如果再把多进制与正交载波技术结合起来，还可进一步提高频带利用率。能够完成这种任务的技术称为正交振幅调制（QAM）。

QAM是用两路独立的基带信号对两个相互正交的同频载波进行抑制载波双边带调幅，利用这种已调信号的频谱在同一带宽内的正交性，实现两路并行的数字信息的传输。该调制方式通常有二进制QAM（4QAM）、四进制QAM（16QAM）、八进制QAM（64QAM）、…，对应的空间信号矢量端点分布图称为星座图，如图6-30a所示，分别有4、16、64、…个矢量端点。由图 6-30b 可以看出，电平数 m 和信号状态 M 之间的关系是 $M = m^2$。对于 4QAM，当两路信号幅度相等时，其产生、解调、性能及相位矢量均与 4PSK 相同。

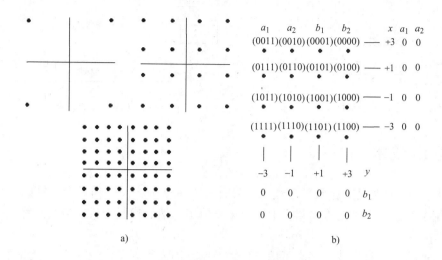

$$
\begin{array}{cccccc}
a_1 & a_2 & b_1 & b_2 & x & a_1\ a_2 \\
(0011) & (0010) & (0001) & (0000) & +3 & 0\ \ 0 \\
(0111) & (0110) & (0101) & (0100) & +1 & 0\ \ 0 \\
(1011) & (1010) & (1001) & (1000) & -1 & 0\ \ 0 \\
(1111) & (1110) & (1101) & (1100) & -3 & 0\ \ 0 \\
\end{array}
$$

				y
-3	-1	+1	+3	
0	0	0	0	b_1
0	0	0	0	b_2

a)   b)

图 6-30　QAM 星座图

a）4QAM、16QAM、64QAM 星座图　b）16QAM 信号电平与信号状态关系

QAM 信号的同相和正交分量可以独立地分别以 ASK 方式传输数字信号。如果两通道的基带信号分别为 $x(t)$ 和 $y(t)$，则 QAM 信号可表示为

$$s_{\mathrm{QAM}}(t) = x(t)\cos\omega_c t + y(t)\sin\omega_c t \tag{6-26}$$

式中

$$
\begin{cases}
x(t) = \displaystyle\sum_{k=-\infty}^{\infty} x_k g(t - kT_\mathrm{b}) \\
y(t) = \displaystyle\sum_{k=-\infty}^{\infty} y_k g(t - kT_\mathrm{b})
\end{cases}
\tag{6-27}
$$

上式 T_b 为多进制码元间隔。为了传输和检测方便，x_k 和 y_k 一般为双极性 m 进制码元，例如取为 ± 1，± 3，$\cdots$，$\pm(m-1)$ 等。

通常，原始数字数据都是二进制的。为了得到多进制的 QAM 信号，首先应将二进制信号转换成 m 进制信号，然后进行正交调制，最后再相加。如图 6-31 所示为产生多进制 QAM 信号的数学模型。图中 $x'(t)$ 由序列 a_1，a_2，$\cdots$，a_k 组成，$y'(t)$ 由序列 b_1，b_2，$\cdots$，b_k 组成，它们是两组互相独立的二进制数据，经 $2/m$ 变换器变为 m 进制信号 $x(t)$ 和 $y(t)$。经正交调制组合后可形成 QAM 信号。

QAM 信号采取正交相干解调的方法解调，其数学模型如图 6-32 所示。解调器首先对收到的 QAM 信号进行正交相干解调。低通滤波器 LPF 滤除乘法器产生的高频分量。LPF 输出经抽样判决可恢复出 m 电平信号 $x(t)$ 和 $y(t)$。因为 x_k 和 y_k 取值一般为 ± 1，± 3，$\cdots$，$\pm(m-1)$，所以判决电平应设在信号电平间隔的中点，即 $U_\mathrm{b}=0$，± 2，± 4，$\cdots$，$\pm(m-2)$。根据多进制码元与二进制码元之间的关系，经 $m/2$ 转换，可将 m 电平信号转换为二进制基带信号 $x'(t)$ 和 $y'(t)$。

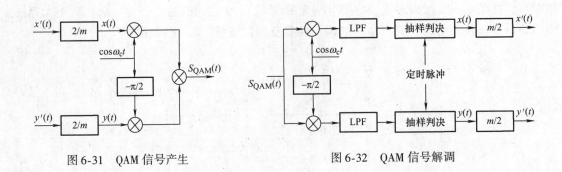

图 6-31　QAM 信号产生　　　　　　　　图 6-32　QAM 信号解调

6.5　复用技术

"复用"是一种将若干个彼此独立的信号合并为一个可在同一信道上传输的复合信号的方法。复用技术是指一种在传输路径上综合多路信道，然后恢复原机制或解除终端各信道复用的过程。

在数据通信中，复用技术提高了信道传输效率，因而得到了广泛应用。多路复用技术是在发送端将多路信号进行组合（如广电前端使用的混合器），在一条专用的物理信道上实现传输，接收端再将复合信号分离出来。多路复用技术主要有三大类：频分多路复用（即频分复用）、时分多路复用（即时分复用）和码分多路复用（即码分复用）。另外还有其他复用技术，如波分复用、统计复用、极化波复用和空分复用等，这里主要介绍前述三类复用技术。

6.5.1　时分复用技术

时分复用（Time Division Multiplexing，TDM）是采用同一物理连接的不同时段来传输不同的信号，也能达到多路传输的目的。时分复用以时间作为信号分割的参量，故必须使各路信号在时间轴上互不重叠。时分复用就是将提供给整个信道传输信息的时间划分成若干时间片（简称时隙），并将这些时隙分配给每一个信号源使用。采用时分复用方式的多用户接入技术也称为时分多址（Time Division Multiple Access，TDMA）技术。

如图 6-33 所示，发送器中 n 路信号按顺序占用总传输信道中的一个时隙进行发送，每完成一轮 n 路信号的发送后，继续从第一路信号开始继续发送数据，依此循环；在接收器端，从信道中接收到的信号按时间顺序分配缓存至各路信号的存储器，最终复原发送信号。

时分多路复用适用于数字信号的传输。由于信道的位传输率超过每一路信号的数据传输率，因此可将信道按时间分成若干片段轮换地给多个信号使用。每一时间片由复用的一个信号单独占用，在规定的时间内，多个数字信号都可按要求传输到达，从而也实现了一条物理信道上传输多个数字信号。

假设每个输入的数据比特率是 9.6kbit/s，线路的最大比特率为 76.8kbit/s，则可传输 8 路信号。在接收端，复杂的解码器通过接收一些额外的信息来准确地区分出不同的数字信号。

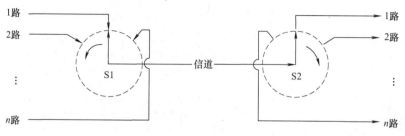

图 6-33　n 路时分复用技术示意图

6.5.2　频分复用技术

　　频分复用（Frequency Division Multiplexing，FDM）就是将用于传输信道的总带宽划分成若干个子频带（或称子信道），每一个子信道传输一路信号。频分复用要求总带宽大于各个子信道带宽之和，同时为了保证各子信道中所传输的信号互不干扰，应在各子信道之间设立隔离带，这样就保证了各路信号互不干扰（条件之一）。频分复用技术的特点是所有子信道传输的信号以并行的方式工作，每一路信号传输时可不考虑传输时延，因而频分复用技术得到了非常广泛的应用。频分复用技术除传统意义上的频分复用外，还有一种是正交频分复用（OFDM），可以使复用效率大大提高。采用频分复用方式的多用户接入技术也称为频分多址（Frequency Division Multiple Access，FDMA）技术。

　　FDMA 技术是数据通信中的一种常用技术，即不同的用户分配在时隙相同而频率不同的信道上。按照这种技术，把在频分多路传输系统中集中控制的频段根据要求分配给用户。同固定分配系统相比，频分多址使通道容量可根据要求动态地进行调整。

　　在 FDMA 系统中，分配给用户一个信道，即一对频谱，以移动通信为例，一个频谱用作前向信道即基站向移动台方向的信道，另一个则用作反向信道即移动台向基站方向的信道。这种通信系统的基站必须同时发射和接收多个不同频率的信号，任意两个移动用户之间进行通信都必须经过基站的中转，因而必须同时占用 2 个信道（2 对频谱）才能实现双工通信。

　　如图 6-34 所示，在发送机端，将经低通滤波器处理过限制最高频率的原始信号 1，2，…，N 分别输入 N 个乘法器，与不同频段的载波信号相乘，实现调制过程。此时 N 路原始信号已经分布于不同频率带上，不再互相干扰，可将其用加法器合成为输出信号，送入信道进行传播。在接收机端，通过限制频率不同的带通滤波器分别滤出不同频率的信号，再使用乘法器乘以载波信号，完成相干（同步）解调过程，最终通过低通滤波器将原始信号恢复。

6.5.3　码分复用技术

　　码分复用（Code Division Multiplexing，CDM）技术与一般的信道分配方法完全不同。之前提到的信道分配方案中，FDM 是将信道分成多个频率段，对它们进行静态分配；TDM 则是根据时帧来划分若干信道（时隙），将整个信道静态地分配给各路信号。码分复用则允许所有站点同时在整个频段上进行传输，并采用一种特殊的编码方法以区分各路信号，当然前提是假定多重信号是线性叠加的（这一条件一般都能满足）。采用码分复用方式的多用户接

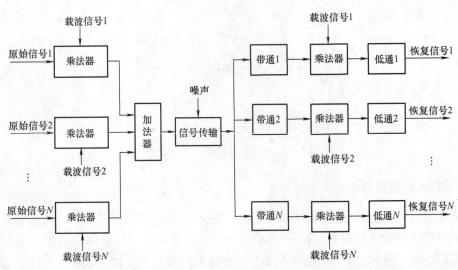

图 6-34　FDMA 系统示意图

入技术也称为码分多址（Code Division Multiple Access，CDMA）技术。

在研究码分复用的算法之前，先考虑一下信道访问的鸡尾酒会原理：在一个大房间里，许多对人正在进行相互交谈。TDM 就好比房间里有人依次讲话，一个结束后另一个再接上。FDM 就好比所有的人分成不同的组，每个组同时进行自己的交谈，但依旧独立。码分复用（CDM）就好比房间里的不同对的人分别用不同的语言进行交谈，讲法语的人只理会法语，其他的就当作噪声不加理会。因此，码分复用的关键就是能够提取出所需的信号，同时将其他的一切无用信号当作随机噪声滤除。

在 CDMA 系统中，每比特时间被分成 m 个更短的时间段，称为码片（Chip）。通常情况下，每比特有 64 个或 128 个码片。但在下面的例子中，为了简化问题，假定每比特有 8 个码片。

每路信号被指定一个唯一的 m 位的代码或码片序列（Chip Sequence）作为其调制码（即伪随机码），该码组具有随机信号的特点，但又是收发两端事先约定的确定码组，因此常称其为伪随机码。当发送比特 1 时，编码器就发送其码片序列，想发送比特 0 时，编码器就发送其码片序列的反码。除此之外，没有其他任何格式。因此，假如某信号的码片序列被指定为 00011011，发送 00011011 就表示发送比特 1，发送 11100100 就表示发送比特 0。

根据传码率与带宽的关系可知，只有在带宽增加到 m 倍的情况下，发送的信息量才能扩展为原信息量的 m 倍。这使得 CDMA 成为一种扩频方式的通信（假设调制及编码技术不变）。假如 100 路喜欢共用 1MHz 的带宽，在使用 FDM 时每路信号传输速率为 10kbit/s（假定 1bit/Hz）。以 CDMA 方式，每路信号使用完整的 1MHz 的带宽，码片速率就为 1Mbit/s。假如每比特少于 100 片，那么 CDMA 中每路信号的有效带宽就高于 FDM，同时也解决了信道分配的问题。当然这 100 路 CDMA 信号是相互独立的信号，这样才能混叠在一起传输，并在接收端可以进行有效地分离和提取。

另外，CDMA 的一个最大的优点是可以最大范围地利用系统带宽，并提高了信号质量。例如，对 FDMA 系统来说，当有一部分子信道空闲时，其分配的频道就浪费了；但对 CDMA 系统来说，每路信号都占满了整个系统带宽，若有部分信号不工作时，则其他正在工作的信号就可以获得更多的有效带宽，在提高各自的传输速率的同时，信号质量也能得到有效地改善。

6.6 数字通信系统的同步技术

6.6.1 同步的概念和分类

在通信系统中，同步具有相当重要的作用。通信系统能否有效、可靠地工作，在很大程度上依赖于有无良好的同步系统。同步的种类很多，在详细介绍各种同步技术之前，现在将先对各种同步的方式作一个概括性的介绍。

如果按照同步的功用来分，同步可以分为载波同步、位同步（码元同步）、群同步（帧同步）和网同步（通信网中用）四种。

当采用同步解调或相干检测时，接收端需要提供一个与发射端调制载波同频同相的相干载波，而这个相干载波的获取就称为载波提取，或称为载波同步。

在数字通信中，除了有载波同步的问题外，还存在位同步的问题。因为信息是一串相继的信号码元的序列，解调时需知道每个码元的起止时刻，以便判决。例如用取样判决器对信号进行取样判决时，一般均应对准每个码元最大值的位置。因此，需要在接收端产生一个"码元定时脉冲序列"，这个定时脉冲序列的重复频率要与发送端的码元速率相同，相位（位置）要对准最佳取样判决位置（时刻）。这样的一个码元定时脉冲序列就被称为"码元同步脉冲"或"位同步脉冲"，而把位同步脉冲的取得称为位同步提取。

数字通信中的信息数字流，总是用若干码元组成一个"字"，又用若干"字"组成一"句"。因此，在接收这些数字流时，同样也必须知道这些"字""句"的起止时刻。而在接收端产生与"字""句"起止时刻相一致的定时脉冲序列，就被称为"字"同步和"句"同步，统称为群同步或帧同步。

有了上面三种同步，就可以保证点与点的数字通信，但对于数字网的通信来说就不够了。此时还要有网同步，使整个数字通信网内有一个统一的时间节拍标准，这就是网同步需要讨论的问题。

按照传输同步信息的方式，同步可分为外同步法（插入导频法）和自同步法（直接法）两种。外同步法是指发送端发送专门的同步信息，接收端把这个专门的同步信息检测出来作为同步信号的方法；自同步法是指发送端不发送专门的同步信息，而在接收端设法从收到的信号中提取同步信息的方法。

不论采用哪种同步的方式，对正常的信息传输来说，都是非常必要的，因为只有收发之间建立了同步才能开始传输信息。因此，在通信系统中，通常都是要求同步信息传输的可靠性高于信号传输的可靠性。

6.6.2 位同步技术

在数字通信系统中，发送端按照确定的时间顺序，逐个传输数码脉冲序列中的每个码元。而在接收端必须有准确的抽样判决时刻才能正确判决所发送的码元，因此，接收端必须提供一个确定抽样判决时刻的定时脉冲序列。这个定时脉冲序列的重复频率必须与发送的数码脉冲序列一致，同时在最佳判决时刻（或称为最佳相位时刻）对接收码元进行抽样判决。

可以把在接收端产生这样的定时脉冲序列称为码元同步，或称位同步。

实现位同步的方法和载波同步类似，也有插入导频法（自同步法）和直接法（外同步法）两种，而在直接法中也分为滤波法和锁相法。

1. 插入导频法

为了得到码元同步的定时信号，首先要确定接收到的信息数据流中是否包含有位定时的频率分量。如果存在此分量，就可以利用滤波器从信息数据流中把位定时信息提取出来。

若基带信号为随机的二进制不归零码序列，这种信号本身不包含位同步信号，为了获得位同步信号需在基带信号中插入位同步的导频信号，或者对该基带信号进行某种码型变换以得到位同步信息。

插入导频法与载波同步时的插入导频法类似，它也是在基带信号频谱的零点插入所需的导频信号，如图6-35a所示。若经某种相关编码处理后的基带信号，其频谱的第一个零点在 $f=1/(2T_b)$ 处时，插入导频信号就应在 $1/(2T_b)$ 处，如图6-35b所示。

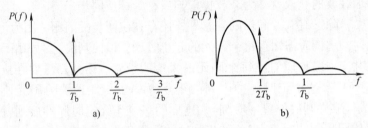

图6-35　插入导频法频谱图

插入导频法的另一种形式是使数字信号的包络按位同步信号的某种波形变化。例如PSK信号和FSK信号都是包络不变的等幅波，因此，可将位导频信号调制在它们的包络上，而接收端只要用普通的包络检波器就可恢复位同步信号。

2. 直接法

当系统的位同步采用直接法时，发送端不专门发送导频信号，而直接从数字信号中提取位同步信号，这种方法在数字通信中经常采用，而直接法具体又可分为滤波法和锁相法。

（1）滤波法

根据基带信号的谱分析可以知道，对于不归零的随机二进制序列，不能直接从其中滤出位同步信号。但是，若对该信号进行某种变换，例如，变成单极性归零脉冲后，则该序列中就有 $f=1/T_b$ 的位同步信号分量，经一个窄带滤波器，可滤出此信号分量，再将它通过一移相器调整相位后，就可以形成位同步脉冲。这种方法的组成框图如图6-36所示。它的特点是先形成含有位同步信息的信号，再用滤波器将其滤出。而单极性归零脉冲序列，由于其包含 $f=1/T_b$ 的位同步信号分量，一般作为提取位同步信号的中间变换过程。

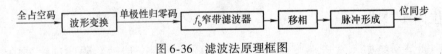

图6-36　滤波法原理框图

图6-36中的波形变换，在实际应用中由微分、整流电路构成，其输入信号为准数字基带信号（全占空码），如图6-37a所示。该信号经微分后的信号为双极性尖脉冲信号，如图6-37b所示。再经过整流，得到单极性尖脉冲信号如图6-37c所示，它包含有位同步信

号分量，可以通过滤波器进行提取。

另一种常用的波形变换方法是对带限信号进行包络检波。在某些数字微波中继通信系统中，经常在中频上用对频带受限的 2PSK 信号进行包络检波，用这种方法来提取位同步信号。由于频带受限，在相邻码元的相位变换点附近会产生幅度的平滑"陷落"。经包络检波后，可以得到位同步信号。

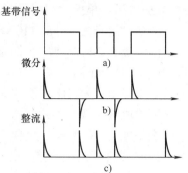

图 6-37　基带信号的微分整流波形

（2）锁相法

模拟锁相法是在图 6-36 所示电路基础上，在窄带滤波器之后插入锁相环路，可以得到频率更为稳定、纯度更好的位同步信号。

下面介绍数字锁相环位同步提取电路原理。

数字通信系统接收端通常采用如图 6-38 所示的数字锁相环（Digital Phase Locked Loop，DPLL）位同步提取电路。DPLL 包括 3 个部件。

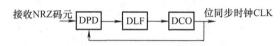

图 6-38　数字锁相环位同步提取电路

（1）数字鉴相器（Digital Phase Detector，DPD）比较接收码元与本地 DCO 输出的位同步时钟相位，输出反映相位差的数字信号。

（2）数字环路滤波器（Digital Loop Filter，DLF）对 DPD 输出相位误差数字信号滤波，去掉随机噪声的影响，输出较准确的相位误差数字信号。

（3）数控振荡器（Digital Controlled Oscillator，DCO）是数字电路构成的振荡器，输出与接收码元相同速率的位同步时钟脉冲 CLK，其相位受相位误差数字信号控制可提前或推迟，最后与接收码元相位锁定。

DPD 及 DCO 是构成数字锁相环必不可少的部件，DLF 可视需要而加入。3 个部件各由多种形式的电路组成不同的数字锁相环。

数字锁相环位同步提取电路需采用单片机或信号处理器进行实时运算和处理，其同步性能更为稳定，但不适合高速码元传输场合。

前已述及，除了位同步外，通信系统中还涉及载波同步、帧同步、网同步等问题，限于篇幅，这些内容就不再讨论了。

思考题与习题

6-1　什么是数字信号的基带传输？什么是数字信号的频带传输？为什么远距离传输不宜采用基带传输方式？

6-2　试画出数字基带传输系统的基本组成框图，并说明各组成部分的作用。

6-3　选择数字基带信号的传输码型时，需要考虑哪些问题？

6-4　设二进制符号序列为 110010001110，试以矩形脉冲为例，分别画出相应的单极性码型、双极性码波形、单极性归零码波形、双极性归零码波形、二进制差分码波形。

6-5　已知信息代码为100000110000011，试确定相应的 AMI 码及 HDB3 码。

6-6　码间串扰是如何形成的？低通截止频率为 f_H 的理想基带传输系统中，无码间串扰的最大传输速率（奈奎斯特速率）是多少？

6-7　什么是眼图？通过眼图能够大致确定传输系统的哪些性能参数？

6-8　试简要说明时域均衡的概念及其基本原理。

6-9　什么是再生中继传输？主要在什么情况下运用？

6-10　已知二进制数字序列为010110，试在图 6-39 中画出对应的 2ASK、2FSK、2PSK 和 2DPSK 波形（载频为码元速率的一倍；FSK 的另一载频为码元速率的两倍）。

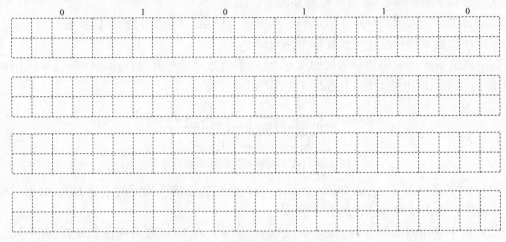

图 6-39　二进制数字调制信号波形图

6-11　试比较 2ASK、2FSK、2PSK 和 2DPSK 数字调制系统的性能特点。

6-12　什么是时分复用，它是如何工作的？

6-13　什么是频分复用，它是如何工作的？

6-14　什么是码分复用，它是如何工作的？

6-15　数字通信系统中为什么要采用同步技术？常用的同步技术有哪几种？

6-16　位同步提取方法有哪几种？各是如何实现的？

第7章 移动通信技术与系统

移动通信（Mobile Communications，MC）泛指沟通移动用户与固定点用户之间或移动用户之间的通信方式，移动体可以是人，也可以是汽车、火车、轮船、收音机等在移动状态中的物体。移动通信已成为现代综合业务通信网中不可缺少的一环，它和卫星通信、光纤通信一起被列为三大新兴通信手段。目前，移动通信已从模拟技术发展到了数字技术阶段，并且正朝着个人通信这一更高阶段发展。

7.1 移动通信发展简述

移动通信技术可以认为是与无线电通信技术同步发生发展的。1897年，意大利人马可尼在一个固定站和一艘拖船之间完成了一项无线电通信实验，开启了人类移动通信的元年，由此移动通信伴随着无线通信的出现而诞生，揭开了移动通信辉煌发展的序幕。

1837年，莫尔斯发明电报，开始通信新纪元。

1865年，英国麦克斯韦提出电磁波学说。

1876年，贝尔发明了电话。

1887年，赫兹第一次验证了电磁波的存在。

1897年，马可尼实现了远距离无线电传送。

1901年，马可尼完成了船岸跨洋无线电通信实验。

1904年，弗莱明发明真空管，人类科技进入电子学时代。

1906年，弗雷斯特发明了真空三极管，是电子技术发展史上第一个重要里程碑。

1938年，美国科学家香农提出电子计算机理论。1942年，第一台电子计算机ENIAC研制成功。

1948年，第一只晶体管在贝尔实验室诞生，这是电子技术发展史上第二个重要里程碑。

1959年，基尔比发明集成电路，人类科技进入微电子时代，这也是电子技术发展史上第三个重要里程碑。

现代意义上的移动通信系统（Mobile Communications System，MCS）起源于20世纪20年代，距今已有近百年的历史。总体来说，现代移动通信系统大致经历了四个发展阶段。

7.1.1 移动通信系统发展的四个阶段

第一阶段从20世纪20年代至20世纪40年代，为早期发展阶段。在这期间，人们首先在短波几个频段上开发出专用移动通信系统，其代表是美国底特律市警察使用的车载无线电系统。该系统工作频率为2MHz，到20世纪40年代提高到30~40MHz，可以认为这个阶段是现代移动通信的起步阶段，特点是专用系统开发，工作频率较低。

第二阶段从20世纪40年代中期至20世纪60年代初期。在此期间，公用移动通信业务开始问世。1946年，根据美国联邦通信委员会（FCC）的计划，贝尔公司在圣路易斯城建立了世界上第一个公用汽车电话网，称为"城市系统"。当时使用了三个频道，间隔为120kHz，通信方式为单工。随后，前联邦德国（1950年）、法国（1956年）、英国（1959年）等相继研制了公用移动电话系统。美国贝尔实验室完成了人工交换系统的接续问题。这一阶段的特点是从专用移动网向公用网过渡，接续方式为人工，网络的容量较小。

第三阶段从20世纪60年代中期至20世纪70年代中期。在此期间，美国推出了改进型移动电话系统（IMTS），使用150MHz和450MHz频段，采用大区制、中小容量，实现了无线频道自动选择并能够自动接续到公用电话网。前联邦德国也推出了具有相同技术水平的B网。可以说，这一阶段是移动通信系统改进与完善的阶段，其特点是采用大区制、中小容量，采用450MHz频段，实现了自动选频与自动接续。

第四阶段从20世纪70年代中后期至今。在此期间，由于蜂窝理论的应用，频率复用的概念得以实用化。蜂窝移动通信系统是基于带宽或干扰受限，它通过分割小区，有效地控制干扰，在相隔一定距离的基站，重复使用相同的频率，从而实现频率复用，大大提高了频谱的利用率，有效地提高了系统的容量。同时，由于微电子技术、计算机技术、通信网络技术以及通信调制编码技术的发展，移动通信在交换、信令网络体系和无线调制编码技术等方面有了长足的发展。这是移动通信蓬勃发展的时期，其特点是通信容量迅速增加，新业务不断出现，通信性能不断完善，技术的发展呈加快趋势。该阶段还可以再分为1G、2G、2.5G、3G、4G以及正在研究的5G等阶段。

7.1.2 从1G到4G

1. 第一代移动通信系统

如图7-1所示，第一代移动通信系统（First Generation MCS，1G）是在20世纪80年代提出的，它完成于20世纪90年代初，如北欧移动电话（Nordic Mobile Telephones，NMT）和高级移动电话系统（Advanced Mobile Phone System，AMPS），NMT于1981年投入运营。第一代移动通信系统是基于模拟传输的。其特点是业务量小，质量差，没有加密和速度低。1G主要基于蜂窝结构组网。直接使用模拟语音调制技术，传输速率约为2.4kbit/s。不同国家采用不同的工作系统。

在第一代移动通信系统在国内刚刚建立的时候，很多人手中拿的还是大块头的摩托罗拉8000X，俗称"大哥大"，如图7-2所示。那个年代虽然没有现在的中国移动、中国联通和中国电信，却有着A网和B网之分[注]，而在这两个网背后就是主宰模拟时代的爱立信和摩托罗拉两家通信巨头公司。

一部1G手机在当时的售价非常高，当然，除了手机价格昂贵之外，手机网络资费的价格也让普通老百姓难以消费。当时的入网费高达6000元，而每分钟通话的资费也有0.5元。

不过由于模拟通信系统有着很多缺陷，经常出现串号、盗号等现象，给运营商和用户带来了不少烦恼。于是在1999年A网和B网被正式关闭，同时也正式迎来了2G时代。

　　⊖ 1G中网络制式A网和B网区别：1G时期，我国的移动电话公众网由美国摩托罗拉移动通信系统和瑞典爱立信移动通信系统构成。经过划分，摩托罗拉设备使用A频段，因而称之为A系统；爱立信设备使用B频段，故称之为B系统。移动通信的A、B两个系统即是人们常说的A网和B网，二者的区别和划分就在于使用频段的不同。

图 7-1　1G 通信示意图

图 7-2　1G 手机

2. 第二代移动通信系统

第二代移动通信系统（2G）起源于 20 世纪 90 年代初期。到了 1995 年，新的通信技术基本成熟，国内也在中国电信的引导下，正式挥别 1G，进入了 2G 时代。从 1G 跨入 2G，也从模拟调制进入数字调制。第二代移动通信具备高度的保密性，系统的容量也在增加，同时从这一代开始手机也可以上网了。

2G 声音的品质较佳，比 1G 多了数据传输的服务，数据传输速度为 9.6～14.4kbit/s，最早的文字简讯也从此开始。相比于第一代移动通信，第二代移动通信一般定义为以数码语音传输技术为核心，无法直接传送如电子邮件、软件等信息；只具有通话和一些如时间日期等传送的手机通信技术规格。不过手机短信（Short Message Service，SMS）在 2G 的某些规格中能够被执行。主要采用的是数字时分多址（TDMA）技术和码分多址（CDMA）技术，与这两种技术相对应的系统主要有 GSM 和 CDMA 两种体制。

GSM（Global System for Mobile Communications）在 1990 年由欧洲发展出来，因此又称为泛欧式移动通信系统，在中国则简称"全球通"。另外还有 TDMA、CDMA、PDC（个人数字蜂窝网）与 iDEN（集成数字增强型网络）。第一款支持无线应用协议（Wireless Application Protocol，WAP）的 GSM 手机是诺基亚 7110，它的出现标志着手机上网时代的开始，而那个时代 GSM 的网速仅有 9.6kbit/s。

2G 时代也是移动通信标准争夺的开始，由于 1G 时代各国的通信模式系统互不兼容，也造成了厂商各自发展其系统的专用设备，无法大量生产，一定程度上抑制了电信产业的发展。由于占尽先机同时获得广大厂商的支持，2G 时代 GSM 开始脱颖而出成为最广泛采用的移动通信制式，如图 7-3 所示。

图 7-3　2G 移动通信与诺基亚手机（2G）

早在 1989 年欧洲就以 GSM 为通信系统的统一标准并正式商业化，同时在欧洲起家的诺基亚和爱立信开始进占美国和日本市场，仅仅 10 年时间诺基亚就取代摩托罗拉成为全球最大的移动电话商。

目前，GSM 仍然是应用最为广泛的移动通信标准。全球超过 200 个国家和地区超过 10 亿人正在使用 GSM 电话。GSM 标准的无处不在使得在移动电话运营商之间签署"漫游协定"后用户的国际漫游变得很平常。

2.5G 是从 2G 迈向 3G 的衔接性技术，当时由于 3G 是个相当浩大的工程，所以 2.5G 手机牵扯的层面多且复杂，要从 2G 迈向 3G 不可能一下就衔接得上，因此出现了介于 2G 和

3G 之间的 2.5G。HSCSD、WAP、EDGE、蓝牙（Bluetooth）、EPOC 等技术都是 2.5G 技术。2.5G 功能通常与 GPRS 技术有关，GPRS 技术是在 GSM 的基础上的一种过渡技术。GPRS 的推出标志着人们在 GSM 的发展史上迈出了意义最重大的一步，GPRS 在移动用户和数据网络之间提供一种连接，给移动用户提供高速无线 IP 和 X.25 分组数据接入服务。相对于 2G 系统而言，2.5G 无线技术可以提供更高的速率和更多的功能。

3. 第三代移动通信系统

第三代移动通信系统（3G）是指支持高速数据传输的第三代移动通信技术。与从前以模拟技术为代表的第一代和目前仍在使用的第二代移动通信技术相比，3G 拥有更宽的带宽，其传输速度最低为 384kbit/s，最高为 2Mbit/s，带宽可达 5MHz 以上。除了能传输高质量话音外，还能够实现高速数据传输和宽带多媒体服务是第三代移动通信的另一个主要特点。目前 3G 存在四种标准，即 CDMA2000、WCDMA、TD-SCDMA 和 WiMAX。

第三代移动通信网络能将高速移动接入和基于互联网协议的服务结合起来，提高无线频率利用效率。提供包括卫星在内的全球覆盖并实现有线和无线以及不同无线网络之间业务的无缝连接。满足多媒体业务的要求，从而为用户提供更经济、内容更丰富的无线通信服务。

相对第一代模拟制式手机（1G）和第二代 GSM、TDMA 等数字手机（2G），第三代手机（3G）一般而言，是指将无线通信与国际互联网等多媒体通信结合的新一代移动通信终端。3G 手机是基于移动互联网技术的终端设备，是通信业和计算机工业完全相融合的产物，其应用水平大大超过前两代手机，上升到了一个更高更新的台阶。因此有人称呼这类新的移动通信产品为"个人通信终端"。

第三代手机都有一个超大的彩色显示屏，通常是触摸式的，如图 7-4 所示。3G 手机除了能完成高质量的日常通信外，还能进行多媒体通信。用户可以在 3G 手机的触摸显示屏上直接写字、绘图，并将其传送给另一台手机，而所需时间可能不到一秒。当然，也可以将这些信息传送给一台计算机，或从计算机中下载某些信息；用户可以用 3G 手机直接上网，查看电子邮件或浏览网页；一般 3G 手机都自带摄像头，用户可以利用手机进行视频会议，甚至可以部分替代数码相机的功能。

图 7-4 3G 移动通信与 3G 手机

4. 第四代移动通信系统

第四代移动通信系统（4G）及其技术是集 3G 与无线局域网（WLAN）于一体并能够传输高质量视频图像，而且图像传输质量与高清晰度电视不相上下的技术产品。4G 系统能够以 100Mbit/s 的速度下载，比拨号上网快 2000 倍，上传的速度也能达到 20Mbit/s，并能够满足几乎所有用户对于无线服务的要求。而在用户最为关注的价格方面，4G 与固定宽带网络在价格方面不相上下，而且计费方式更加灵活机动，用户完全可以根据自身的需求确定所需的服务。此外，4G 可以在数字用户线（Digital Subscriber Line，DSL）和有线电视调制解调器没有覆盖的地方部署，然后再扩展到整个地区。很明显，4G 有着不可比拟的优越性。

正当长期演进（Long Term Evolution，LTE）和全球互通微波访问（Worldwide Interoperability for Microwave Access，WiMax）在全球电信业大力推进时，LTE 也是最强大的 4G 移动通信主导技术。IBM 数据显示，67% 的运营商正考虑使用 LTE，因为这是他们未来市场的主要来源。而只有 8% 的运营商考虑使用 WiMax。尽管 WiMax 可以给客户提供市场上传输速度最快的网络，但仍然不是 LTE 技术的竞争对手。LTE 项目是 3G 的演进，它改进并增强了 3G 的空中接入技术，采用正交频分复用技术（OFDM）和多天线技术（MIMO）作为其无线网络演进的唯一标准。主要特点是在 20MHz 频谱带宽下能够提供下行 100Mbit/s 与上行 50Mbit/s 的峰值速度，相对于 3G 网络大大地提高了小区的容量，同时将网络延迟大大降低：内部单向传输时延低于 5ms，控制用户平面从睡眠状态到启动状态迁移时间低于 50ms，从驻留状态到启动状态的迁移时间小于 100ms。

最后需要说明的是，近两年第五代移动通信及其技术（5G）的研究亦已产生突破性进展，并即将进入商业化应用阶段。稍后将对 5G 通信技术也给予简单介绍。

7.2　移动通信的主要特点

由于移动通信系统允许在移动状态下通信，所以系统与用户之间的信号传输一定得采用无线方式，且系统相当复杂。移动通信的主要特点如下。

1. 移动通信利用无线电波进行信息传输

移动通信中基站至用户间必须依靠无线电波来传送信息。然而无线传播环境十分复杂，导致无线电波传播特性一般很差，表现在传播的电波一般是直射波和随时间变化的绕射波、反射波、散射波的叠加，造成所接收信号的电场强度起伏不定。最大可相差 20 ~ 30dB，这种现象称为衰落。另外，移动台不断运动，当达到一定速度时，固定点接收到的载波频率将随运动速度的不同产生不同的频移，即产生多普勒效应，使接收点的信号场强振幅、相位随时间、地点而不断地变化，严重影响通信的质量。这就要求在设计移动通信系统时，必须采取抗衰落措施，保证通信质量。

2. 移动通信在强干扰环境下工作

在移动通信系统中，除了一些外部干扰外，自身还会产生各种干扰。主要的干扰有互调干扰、邻道干扰及同频干扰等。因此，无论在系统设计中，还是在组网时，都必须对各种干扰问题予以充分考虑。

（1）互调干扰

所谓互调干扰是指两个或多个信号作用在通信设备的非线性器件上，产生同有用信号频率相近的组合频率，从而对通信系统构成干扰的现象。互调干扰是由于在接收机中使用"非线性器件"引起的。如接收机的混频，当输入回路的选择性不好时，就会使不少干扰信号随有用信号一起进入混频级，最终形成对有用信号的干扰。

（2）邻道干扰

邻道干扰是指相邻或邻近的信道（或频道）之间的干扰，是由于一个强信号串扰弱信号而造成的干扰。如有两个用户距离基站位置差异较大，且这两个用户所占用的信道为相邻或邻近信道时，距离基站近的用户信号较强，而远的用户信号较弱，因此，距离基站近的用户有可能对距离远的用户造成干扰。为解决这个问题，在移动通信设备中使用了自动功率控制电路以调节发射功率。

（3）同频干扰

同频干扰是指相同载频电台之间的干扰，由于蜂窝式移动通信采用同频复用来规划小区，这就使系统中相同频率电台之间的同频干扰成为其特有的干扰。这种干扰主要与组网方式有关，在设计和规划移动通信网时必须予以充分的重视。

3. 通信容量有限

频率作为一种资源必须合理安排和分配。由于适于移动通信的频段仅限于 UHF 和 VHF，所以可用的通道容量是极其有限的。为满足用户需求量的增加，只能在有限的已有频段中采取有效利用频率措施，如窄带化、缩小频带间隔、频道重复利用等方法来解决。目前常使用频道重复利用的方法来扩容，增加用户容量，但每个城市要做出长期增容的规划，以利于今后的发展需要。

4. 通信系统复杂

由于移动台在通信区域内随时运动，需要随机选用无线信道，进行频率和功率控制、地址登记、越区切换及漫游存取等跟踪技术，这就使其信令种类比固定网要复杂得多。在入网和计费方式上也有特殊的要求，所以移动通信系统是比较复杂的。

5. 对移动台的要求高

移动台长期处于不固定位置状态，外界的影响很难预料，如尘土、振动、碰撞、日晒雨淋，这就要求移动台具有很强的适应能力。此外，还要求性能稳定可靠、携带方便、小型、低功耗及能耐高、低温等。同时，要尽量使用户操作方便，适应新业务、新技术的发展以满足不同人群的使用，这给移动台的设计和制造带来很大困难。

7.3 移动通信的工作频段

频谱是宝贵的资源。为了有效使用有限的频率，对频率的分配和使用必须服从国际和国内的统一管理，否则将造成互相干扰或频率资源的浪费。

7.3.1 我国早期移动通信的工作频段

原邮电部根据国家无线电委员会规定，2G 及之前的移动通信系统采用 160MHz 频段、450MHz 频段、900MHz 频段作为移动通信工作频段，即

160MHz 频段：138～149.9MHz

150.05～167MHz

450MHz 频段：403～420MHz

450～470MHz

900MHz 频段：890～915MHz（移动台发、基站收）

935～960MHz（基站发、移动台收）

另外，900MHz 频段中的 806～821MHz 和 851～866MHz 分配给集群移动通信；825～

845MHz 和 870~890MHz 分配给部队使用。

IS-95 CDMA 出现后，为其分配的频段为：

800MHz 频段：824~849MHz（移动台发，基站收）

869~894MHz（基站发，移动台收）

7.3.2 现代移动通信的工作频段

为发展公众陆地移动通信，在选择频率时，必须要考虑满足个人通信系统（PCS）的需要，1GHz 以下仅剩少量离散频带，只有在 1GHz 以上的频段中，既有丰富频率资源又适合于微小区电波传播，适合发展个人通信系统。因此，3G 以上的移动通信系统主要工作在 2000MHz 频段上。目前我国关于 2G 及以上的移动通信的频率规划如表 7-1 所示。

表 7-1 我国移动通信的频率规划

通信类型	频段	中国电信频段分配	中国移动频段分配	中国联通频段分配
2G	800~960MHz	上行：825~835MHz 下行：870~880MHz （CDMA）	上行：889~909MHz 下行：934~954MHz （GSM）	上行：909~915MHz 下行：954~960MHz （GSM）
3G	1.7~2.1GHz	1765~1780MHz 1860~1875MHz （LTE FDD） 1920~1940MHz 2110~2130MHz （FDD/3G）	1710~1735MHz 1805~1830MHz （GSM） 1885~1900MHz 2010~2025MHz （TD-SCDMA）	1735~1745MHz 1830~1840MHz （GSM） 1745~1765MHz 1840~1860MHz （LTE FDD） 1940~1965MHz 2130~2155MHz （FDD/3G）
无线局域网	~2.4GHz	数字无绳电话、蓝牙通信、无线 WiFi 的工作频段		
4G	2.3~2.6GHz	2370~2390MHz 2635~2655MHz （TD-LTE）	2320~2370MHz 2575~2635MHz （TD-LTE）	2300~2320MHz 2555~2575MHz （TD-LTE）
5G	~6GHz 及 6GHz 以上	目前主要的规划频段在 3~6GHz，之前低频段的空闲频率也可用于 5G。由于 5G 的宽带高速的需求，未来将考虑开发利用更高频段		

具体的频段分配用途如下。

1）800~960MHz：移动通信频谱，为 2G 的标准工作频段（前已述及）。

2）1.7~2.1GHz：移动通信频谱，主要为 3G 的标准工作频段。

3）~2.4GHz：数字无绳电话、蓝牙通信、无线 WiFi 的工作频段，常用的 WiFi 除了 2.4GHz 之外，还有更高的频率，不过每个 WiFi 路由器都会支持这个最基本的频段。

4）2.3~2.6GHz：移动通信频谱，为 4G 通信的标准工作频段。

由于无线频率是客观存在的物理资源，频率一旦规定并发放，其他无线系统都不能再使用，否则两个不同用途之间的无线频率会形成干扰。但是也有例外，就是将已经发放的频谱收回再重新发放使用，比如在欧洲，由于无线电视部分频率关闭，欧洲统一将 800MHz 频率从无线电视改为无线移动通信的频谱。在我国也有类似的情况，例如根据早期的无线电频率划分表，1700～2300MHz用于移动业务、固定业务和空间业务。其中，1990～2010MHz用于航空无线电导航业务，2090～2120MHz用于空间科学业务（气象辅助和地球探测业务，地对空方向）。在不干扰固定业务的情况下，2085～2120MHz可用于无线电定位业务。1996年12月，国家无线电委员会为了满足发展蜂窝移动通信和无线接入的需要，对2000MHz的部分地面无线电业务频率进行了重新规划，其分配方案如下。分配给无线用户环路（WLL，FDD方式）的频率为1800～1900MHz和1960～1980MHz，该频率只用于公众通信网；分配给公众蜂窝移动通信Ⅰ（1800MHz频段）的频率为1710～1755MHz和1805～1850MHz；分配给公众蜂窝移动通信Ⅱ（1900MHz频段）的频率为1865～1880MHz和1945～1960MHz。

另外需要说明的是，由于5G具有比4G更快的速度，因此其工作频率一般应比4G还要高得多，未来其最高频率可达几十GHz以上。

7.4 移动通信的工作方式

按照通话的状态和频率的使用方法，可将移动通信的工作方式分成不同种类：单向和双向，单工和双工。下面是几种常用的工作方式。

1. 单工通信

所谓单工通信是指通信双方电台交替地进行收信和发信。根据通信双方是否使用相同的频率，单工制又分为同频单工和双频单工，如图7-5所示。单工通信常用于点到点通信。在平时，单工制工作方式双方设备的接收机均处于接听状态。其中A方需要发话时，先按下"按-讲"开关，关闭接收机，由B方接收；B方发话时也将按下"按-讲"开关，关闭接收机，从而实现双向通信。这种工作方式收发信机可使用同一副天线，而不需天线共用器，设备简单，功耗小，但操作不方便。在使用过程中，往往会出现通话断续现象。同频和双频单工的操作与控制方式一样，差异仅仅在于收发频率的异同。单工制一般适用于专业性强的通信系统，如交通指挥等公安系统。

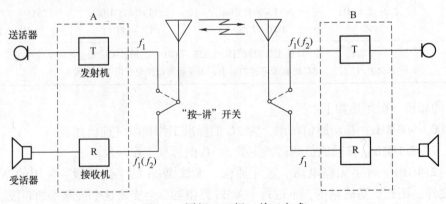

图7-5　同频（双频）单工方式

2. 双工通信

双工通信是指通信双方，接收机与发射机同时工作，即任一方讲话时，可以听到对方的话音，没有"按-讲"开关，双方通话像市内电话通话一样，有时也叫全双工通信。双工通信一般使用一对频道，以实施频分双工（FDD）工作方式。这种工作方式虽然耗电大，但使用方便，因而在移动通信系统中获得了广泛的应用，如图7-6所示。

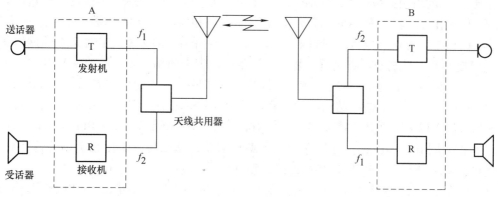

图7-6　双工方式

3. 半双工通信

为解决双工方式耗电大的问题，在一些简易通信设备中可以使用半双工通信方式。半双工制是指通信双方，有一方使用双工方式，即发信机同时工作，且使用两个不同的频率；而另一方面则采用双频单工方式，即接收机与发射机交替工作。这种方式在移动通信中一般使移动台采用单工方式而基站则收发同时工作。其优点是：设备简单，功耗小，克服了通话断断续续的现象。但其操作仍不太方便，所以主要用于专业移动通信系统中，如汽车调度系统等，如图7-7所示。

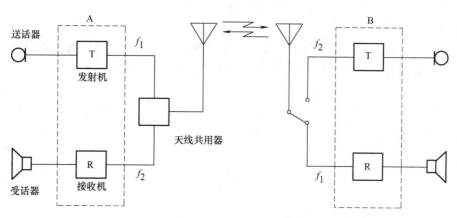

图7-7　半双工方式

7.5　移动通信的组网技术

移动通信组网技术就是网络组建技术，有以太网（Ethernet）组网技术和异步时分复用（Asynchronous Time Division Multiplexing，ATDM）局域网组网技术。

支持 ATDM 技术的是交换机异步传输技术（Asynchronous Transfer Mode，ATM），该技术是 20 世纪 80 年代后期由国际电信联盟电信标准分局（ITU-T）针对电信网支持宽带多媒体业务的要求而提出的，以 ATM 交换机为中心连接计算机所构成的局域网络叫 ATM 局域网，ATM 交换机和 ATM 网卡支持的速率一般为 155Mbit/s ~ 24Gbit/s，满足不同用户的需要，标准 ATM 的组网速率是 622Mbit/s。ATM 是将分组交换与电路交换优点相结合的网络技术，可以工作在任何一种不同的速度、不同的介质和使用不同的传送技术，适用于广域网、局域网场合，可在局域网/广域网中提供一种单一的网络技术，实现完美的网络集成。ATM 组网技术的不足之处是协议过于复杂和设备昂贵带来的相对较高的建网成本。

以太网（Ethernet）是一种最早使用的计算机局域网技术，组网非常灵活和简便，可使用多种物理介质，以不同拓扑结构组网，是目前国内外应用最为广泛的一种网络，已成为网络技术的主流。以太网按其传输速率又分成 10Mbit/s、100Mbit/s、1000Mbit/s。细缆以太网 10BASE - 2 采用 IEEE802.3 标准，它是一种典型的总线型结构，采用细缆为传输介质，通过 T 型接头与网卡上的 BNC 接口相连的总线型网络。

以太网设备具体配置是由设备类型、业务容量、网络结构、网络的保护方式以及未来网络的发展所决定的，设备组网配置的确定必须根据传输网络的实际需求来进行设计选择。

7.5.1　移动通信网的基本概念

移动通信在追求最大容量的同时，还要追求最大的覆盖，也就是无论移动用户移动到什么地方移动通信系统都应覆盖到。当然，在现今的移动通信系统中还无法做到上述提到的最大覆盖，但是系统应能够在其覆盖的区域内提供良好的话音和数据通信。要实现系统在其覆盖区内良好的通信，就必须有一个通信网支撑，这个通信网就是移动通信网。

一般来说，移动通信网络由两部分组成：一部分为空中网络，另一部分为地面网络。空中网络是移动通信网的主要部分，主要内容包括以下方面。

（1）多址接入

在给定的频率资源下，如何提高系统的容量是蜂窝移动通信系统的重要问题。由于采用何种多址接入方式直接影响到系统的容量，所以这一直是人们研究的热点。

（2）频率复用和蜂窝小区

蜂窝小区和频率复用是一种新的概念和想法，由美国贝尔实验室最早提出。它主要解决频率资源限制的问题，并能大大增加系统的容量。

（3）切换和位置更新

采用蜂窝式组网后，切换技术就是一个重要的问题。不同的多址接入切换技术也有所不同。位置更新是移动通信所特有的，由于移动用户会在移动网络中任意移动，网络需要在任何时刻联系到用户，以有效地管理移动用户。

7.5.2　频率复用和蜂窝小区

频率复用和蜂窝小区的设计是与移动网的区域覆盖和容量需求紧密相连的。早期的移动通信系统采用的是大区覆盖，但随着移动通信的发展，这种网络设计已远远不能满足需求，因而以蜂窝小区、频率复用为代表的新型移动网的设计应运而生了，它是解决频率资源有限和用户容量问题的一个重大突破。

一般来说，移动通信网的区域覆盖方式可分为两类：一类是小容量的大区制，另一类是大容量的小区制。

1. 小容量的大区制

大区制是指一个基站覆盖整个服务区。为了增大单基站的服务区域，天线架设要高，发射功率要大，但是这只能保证移动台可以接收到基站的信号。反过来，当移动台发射时，由于受到移动台发射功率的限制，就无法保障通信了。为解决这个问题，可以在服务区内设若干分集接收点与基站相连，利用分集接收来保证上行链路的通信质量，也可以在基站采用全向辐射天线和定向接收天线，从而改善上行链路的通信条件。大区制只能适用于小容量的通信网，例如用户数在 1000 户以下。这种制式的控制方式简单，设备成本低，适用于中小城市、工矿区以及专业部门，是发展专用移动通信网可选用的制式。

2. 大容量的小区制

小区制移动通信系统的频率复用和覆盖有两种：面状服务覆盖区和带状服务覆盖区。

（1）面状服务覆盖区

图 7-8 中标有相同数字的小区使用相同的信道组，图中 N 代表通信系统整个工作频率范围内所划分的不同频段（小区）数，如图 7-8a 中画出了 $N=4$ 时的 3 个完整的含有相同数字 1~4 的小区，而图 7-8b 中画出了 $N=7$ 时的 7 个完整的含有相同数字 1~7 的小区，这样的小区集合一般称为小区簇或区群。在一个小区簇内，要使用不同的频率，而在不同的小区簇间使用对应的相同频率。小区频率复用的设计指明了在哪儿使用了不同的频率信道，哪儿使用了相同的频率信道。另外，图 7-8 所示的六边形小区是概念上的、是每个基站的简化覆盖模型。用六边形作覆盖模型，可用最小的小区数就能覆盖整个地理区域，而且，六边形最接近于全向的基站天线和自由空间传播的全向辐射模式。无线移动通信系统广泛使用六边形系统进行覆盖和满足业务需求。

由于这种网络的区群拓展结构类似于蜂窝状，因此称其为蜂窝网或蜂窝系统。

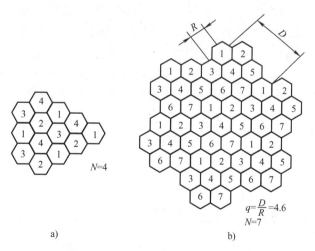

图 7-8　蜂窝系统的频率复用和小区面状覆盖图示
a）$N=4$ 的区群结构　b）$N=7$ 的区群结构

（2）带状服务覆盖区

如图 7-9 所示为带状服务覆盖区示意图，多用于专业通信网，如电力通信网、船舶通信网等。

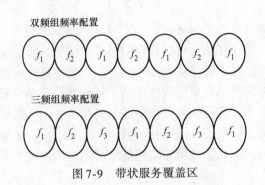

双频组频率配置

三频组频率配置

图 7-9　带状服务覆盖区

7.5.3　多址接入技术

上一章已述及复用技术的有关内容，而复用技术的主要内容之一即为多址技术。当以传输信号的载波频率不同来区分信道建立多址接入时，称为频分多址方式（FDMA）；当以传输信号存在的时间不同来区分信道建立多址接入时，称为时分多址方式（TDMA）；当以传输信号的码型不同来区分信道建立多址接入时，称为码分多址方式（CDMA）。移动通信中除了使用上述多址方式外，还会用到其他的多址方式，这里针对移动通信中的应用情况分别给予简单介绍。

1. 频分多址方式

在 FDD 系统中，分配给用户一个信道，即一对频谱。一个频谱用作前向信道，即基站向移动台方向的信道；另一个则用作反向信道，即移动台向基站方向的信道。这种通信系统的基站必须同时发射和接收多个不同频率的信号；任意两个移动用户之间进行通信都必须经过基站的中转，因而必须同时占用两个信道（两对频谱）才能实现双工通信。

它们的频谱分割如图 7-10 所示。在频率轴上，前向信道占有较高的频带，反向信道占有较低的频带，中间为保护频带。在用户频道之间，设有保护频隙 F_g，以免因系统的频率漂移造成频道间的重叠。前向与反向信道的频带分割，是实现频分双工通信的要求。一定的频道间隔（例如 2G 系统中的 25kHz）是保证频道之间不重叠的条件。

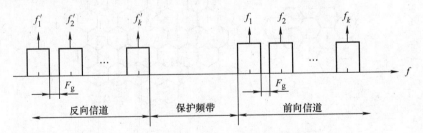

图 7-10　FDMA 系统频谱分割示意图

2. 时分多址方式

时分多址是在一个宽带的无线载波上，把时间分成周期性的帧，每一帧再分割成若干时隙（无论帧或时隙都是互不重叠的），每个时隙就是一个通信信道，分配给一个用户。如图 7-11 所示。

系统根据一定的时隙分配原则，使各个移动台在每帧内只能按指定的时隙向基站发射信号（突发信号），在满足定时和同步的条件下，基站可以在各时隙中接收到各移动台的信号而互不干扰。同时，基站发向各个移动台的信号都按顺序安排在预定的时隙中传输，各移动台只要在指定的时隙内接收，就能在合路的信号（TDM 信号）中把发给它的信号区分出来。

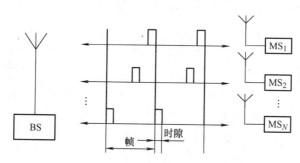

图 7-11　TDMA 系统工作示意图

TDMA 的帧结构如图 7-12 所示。

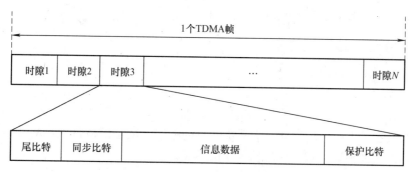

图 7-12　TDMA 帧结构

3. 码分多址方式

码分多址系统为每个用户分配了各自特定的地址码，利用公共信道来传输信息。CDMA 系统的地址码相互具有准正交性，以区别地址，而在频率、时间和空间上都可能重叠。系统的接收端必须有完全一致的本地地址码，用来对接收的信号进行相关检测。其他使用不同码型的信号因为和接收机本地产生的码型不同而不能被解调。它们的存在类似于在信道中引入了噪声或干扰，通常称之为多址干扰。图 7-13 为 CDMA 系统工作方式示意图。

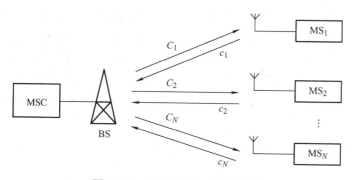

图 7-13　CDMA 系统工作示意图

4. 空分多址方式

空分多址（SDMA）方式就是通过空间的分割来区别不同的用户。在移动通信中，实现空间分割的基本技术就是采用自适应阵列天线，在不同用户方向上形成不同的波束。如图7-14 所示，SDMA 使用定向波束天线来服务于不同的用户。相同的频率（在 TDMA 或 CDMA 系统中）或不同的频率（在 FDMA 系统中）用来服务于被天线波束覆盖的这些不同区域。扇形天线可被看作是SDMA 的一个基本方式。在极限情况下，自适应阵列天线具有极小的波束和无限快的跟踪速度，它可以实现最佳的 SDMA。将来有可能使用自适应天线，迅速地引导能量沿用户方向发送，这种天线看来是最适合于 TDMA 和 CDMA 的。

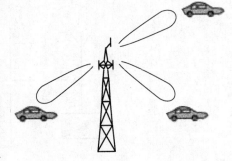

图 7-14　SDMA 系统工作示意图

实际上，新一代移动通信系统还会用到其他多址技术，如波分、统计复用、极化波多址技术等，限于篇幅，这里不再一一讨论。

7.5.4　蜂窝移动通信系统的容量

蜂窝系统的无线容量可定义为

$$m = \frac{B_t}{B_c N} \tag{7-1}$$

式中，m 是无线容量大小；B_t 是分配给系统的总的频谱；B_c 是信道带宽；N 是频率复用的小区数。下面分析 3 种多址方式的理想情况下的容量。

1. FDMA 和 TDMA 蜂窝系统的容量

FDMA 和 TDMA 系统容量的计算较为方便，只需考虑信干比、小区复用、时隙数等因素即可求得。每小区信道数为

$$m = \frac{B_t}{N \Delta f} \tag{7-2}$$

式中，m 为每小区信道数，N 为复用的小区数，B_t 为给定的带宽，Δf 为频道间隔。

2. CDMA 蜂窝系统的容量

CDMA 系统是自干扰系统，容量计算涉及的因素和假设的条件比较多，计算相对复杂。CDMA 系统的容量是由上行链路和下行链路的容量共同决定的。CDMA 系统的最大容量在上下行链路的意义也有所不同，在上行链路指移动台没有足够的功率克服别的移动台干扰，在下行链路则指基站发给各移动台的功率总和达到基站功率限制。理论上来说，系统容量是下行受限的。这是因为基站相对于移动台有较好的接收技术，包括天线分集与多用户检测。在实际应用中，由于具体业务模型和链路情况的差别，容量并不总是下行受限的。所以，小区的容量应由实际受限的链路方向容量决定。

7.5.5　话务量和呼损率

1. 话务量

话务量是衡量通信系统通话业务量或繁忙程度的指标。话务量是指单位时间（1 小时）

内进行的平均电话交换量。

$$A = Ct_0 \qquad (7\text{-}3)$$

其中，C 为每小时的平均呼叫次数（包括呼叫成功和呼叫失败的次数）；t_0 为每次呼叫平均占用信道的时间（包括接续时间和通话时间）。如果在一个小时内不断地占用一个信道，则其呼叫话务量为 1Erl（爱尔兰）。

2. 呼损率

在一个通信系统中，造成呼叫失败的概率称为呼叫损失概率，简称呼损率。

设 A' 为呼叫成功而接通电话的话务量，简称完成话务量，C_0 为一小时内呼叫成功而通话的次数，t_0 为每次通话的平均占用信道的时间，则完成话务量为

$$A' = C_0 t_0 \qquad (7\text{-}4)$$

则呼损率为

$$B = \frac{A - A'}{A} \times 100\% = \frac{C - C_0}{C} \qquad (7\text{-}5)$$

其中，$A - A'$ 为损失话务量。呼损率也称为系统的服务等级（或业务等级）。呼损率与话务量是一对矛盾，即服务等级与信道利用率是矛盾的。

7.5.6 移动通信网发展简介

1. 模拟网介绍

模拟网指第一代无线网（模拟蜂窝和无绳电话），其基于模拟通信技术，所有的蜂窝系统都采用频率调制，在一个小区中，一个频率只能用于一个用户。目前，世界上正在使用的蜂窝移动通信主要有 AMPS、TACS、NMT450/900 等。一般来说，模拟蜂窝网主要由移动终端、基站及 MSC 组成，由 MSC 负责每个覆盖区的系统管理。其能提供基站和移动用户间的模拟话音和低速率数据通信。

2. GSM 网

GSM 是世界上第一个对数字调制、网络层结构和业务作了规定的蜂窝系统。GSM 是为了解决欧洲第一代蜂窝系统四分五裂的状态而发展起来的。在 GSM 之前，欧洲各国在整个欧洲大陆上采用了不同的蜂窝标准，对用户来讲，就不能用一种制式的移动台在整个欧洲进行通信。另外由于模拟网本身的弱点，它的容量也受到了限制。为此欧洲电信联盟在 1980 年初期就开始研制一种覆盖全欧洲的移动通信系统，即现在被人们称为 GSM 的系统。

3. CDMA 网

目前运用的 CDMA 网络标准是美国 1995 年发布的 N-CDMA（窄带 CDMA）标准。其在网络结构上与 GSM 大同小异，它也是由三个网络子系统组成，即：网络交换子系统、基站子系统、网络管理子系统（NMS，即 OMC-S）。不过由于 CDMA 与 GSM 无线接入方式不同，因此 CDMA 网络的空中接口在其内容上和具体实现时与 GSM 有很大的差别，而在地面接口方面两者不会有本质的差别。图 7-15 为 CDMA 网的网络结构。

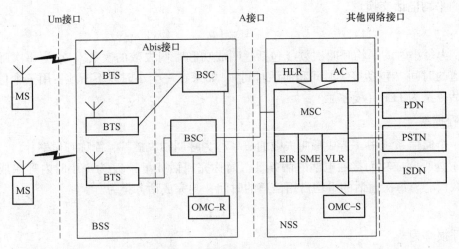

图 7-15   CDMA 系统结构

7.5.7   移动通信网的信令系统

目前移动通信中的信令系统主要是以 ISDN 的信令协议为基础，加之与移动通信有关的高层协议标准构成的。按照 ISDN 的定义，在电话网中交换机之间的信令和交换机到用户之间的信令在特性上差异很大，两者自成系统互不兼容。在数字移动通信中用户到网络间所采用的信令系统是 ISDN 中的 D 信道协议，如图 7-16 所示。

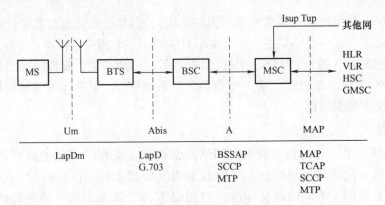

图 7-16   移动通信中的接口信令示意图

下面讨论 ISDN 的信道结构与用户接口协议。

如图 7-17 所示，ISDN 的用户-网络接口有两种接口信道结构：一种是基本接口信道结构，另一种是一次群速率接口信道结构。基本接口信道结构（2B＋D）包括两条 64kbit/s 双工的 B 信道和一条 16kbit/s 双工的 D 信道，总的速率是 144kbit/s。B 信道是业务信道，供传送用户数据用，D 信道是信令信道，用于传送信令和低速率的分组业务。在移动通信系统中，为了有效地利用频率资源多采用 D 信道。一次群速率接口信道结构主要为 23B＋D 和 32B＋D 两种速率的信道结构。

ISDN 的用户接口协议有三层：第一层为物理层；第二层为数据链路层；第三层为网络层。如图 7-17 所示。第一层定义了用户终端设备到网终端设备间的物理接口。第二层是建立数据链路，从第二层开始 B 信道与 D 信道使用不同的协议。平衡型链路访问协议（Link Access Protocol Balanced，LAPB），适用于点对点的链路；D 信道的链路接入协议（Link Access Protocol-D channel，LAP-D）可实现点对多点的连接。第三层建立电路交换和分组交换的连接。

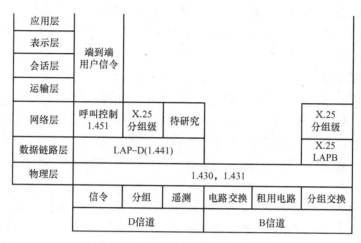

图 7-17 用户-网络接口协议结构

7.6 移动通信系统

目前移动通信应用很广，移动通信系统种类繁多，因划分标准不同，分类的方法也就不同。

7.6.1 移动通信系统的分类

1. 按照通信的业务和用途分类

根据通信的业务和用途分类，有常规通信、控制通信等。其中常规通信又分为话务通信和非话务通信。话务通信业务主要是电话服务为主，程控数字电话交换网络的主要目标就是为普通用户提供电话通信服务。非话务通信主要是分组数据业务、计算机通信、传真、视频通信等。在过去很长一段时期内，由于电话通信网最为发达，因而其他通信方式往往需要借助于公共电话网进行传输，但是随着因特网的迅速发展，这一状况已经发生了显著的变化。控制通信主要包括遥测、遥控等，如卫星测控、导弹测控、遥控指令通信等都是属于控制通信的范围。

话务通信和非话务通信有着各自的特点。话音业务传输具有三个特点，首先人耳对传输时延十分敏感，如果传输时延超过 100ms，通信双方会明显感觉到对方反应"迟钝"，使人感到很不自然；第二要求通信传输时延抖动尽可能小，因为时延的抖动可能会造成话音音调的变化，使得接听者感觉对方声音"变调"，甚至不能通过声音分辨出对方；话音传输的第三个特点是对传输过程中出现的偶然差错并不敏感，传输的偶然差错只会造成瞬间话音的失真和出错，但不会使接听者对讲话人语义的理解造成大的影响。对于数据信息，通常情况下更关注传输的准确性，有时要求实时传输，有时又可能对实时性要求不高。对于视频信息，对传输时延的要求与话务通信相当，但是视频信息的数据量要比话音大得多，如语音信号 PCM 编码的信息速率为 64kbit/s，而 MPEG-II（Motion Picture Experts Group）压缩视频的信息速率则为 2~8Mbit/s。

目前，话务通信在电信网中仍然占据着重要的地位，如现有的程控电话交换网络、第二代数字移动通信网络 GSM 和 IS-95 CDMA 所提供的业务都是以话音业务为主，不过随着 4G 等高速无线数据网络的迅猛发展，非话业务量产生了爆发式增长，在信息流量方面已经大大超过了话音信息流量。

2. 按调制方式分类

根据是否采用调制，可以将通信系统分为基带传输和调制传输。基带传输是将未经调制的信号直接传送，如音频市内电话（用户线上传输的信号）、以太网中传输的信号等。调制的目的是使载波携带要发送的信息，对于正弦载波调制，可以用要发送的信息去控制或改变载波的幅度、频率或相位。接收端通过解调就可以恢复出信息。在通信系统中，调制的目的主要有以下几个方面。

便于信息的传输。调制过程可以将信号频谱搬移到任何需要的频率范围，便于与信道传输特性相匹配。如无线传输时，必须要将信号调制到相应的射频上才能够进行无线电通信。

改变信号占据的带宽。调制后的信号频谱通常被搬移到某个载频附近的频带内，其有效带宽相对于载频而言是一个窄带信号，在此频带内引入的噪声就减小了，从而可以提高系统的抗干扰性。

改善系统的性能。由信息论可知，有可能通过增加带宽的方式来换取接收信噪比的提高，从而可以提高通信系统的可靠性，各种调制方式正是为了达到这些目的而发展起来的。

3. 按传送信号的复用和多址方式分类

复用是指多路信号利用同一个信道进行独立传输。传送多路信号目前有四种复用方式，即频分复用 FDM、时分复用 TDM、码分复用 CDM 和波分复用（Wave Division Multiplexing，WDM）。其中 WDM 使用在光纤通信中，可以在一条光纤内同时传输多个波长的光信号，成倍提高光纤的传输容量。

在移动通信系统中，同时为多个移动用户提供通信服务，需要采取某种方式区分各个通信用户，目前应用的多址方式主要有频分多址 FDMA、时分多址 TDMA 和码分多址 CDMA 三种方式。移动通信系统是各种多址技术应用的一个十分典型的例子。第一代移动通信系统，如 TACS（Total Access Communications System）、AMPS（Advanced Mobile Phone System）都是 FDMA 的模拟通信系统，即同一基站下的无线通话用户分别占据不同的频带传输信息。第二代移动通信系统则多是 TDMA 的数字通信系统，GSM 是目前全球市场占有率最高的 2G 移动通信系统，是典型的 TDMA 的通信系统。2G 移动通信标准中唯一采用 CDMA 技术的是 IS-95 CDMA 通信系统。而第三代移动通信系统的三种主流通信标准 W-CDMA、CDMA2000 和 TD-SCDMA 则全部是基于 CDMA 的通信系统。

4. 按传输信号的特征分类

按照信道中所传输的信号是模拟信号还是数字信号，可以相应地把通信系统分成两类，即模拟通信系统和数字通信系统。数字通信系统在最近几十年获得了快速发展，数字通信系统也是目前商用通信系统的主流。

5. 按传输媒介分类

通信系统可以分为有线（包括光纤）和无线通信两大类，有线信道包括架空明线、双绞线、同轴电缆、光缆等。使用架空明线传输媒介的通信系统主要有早期的载波电话系统，使用双绞线传输的通信系统有电话系统、计算机局域网等，同轴电缆在微波通信、程控交换等系统中以及设备内部和天线馈线中使用。无线通信依靠电磁波在空间传播达到传递消息的目的，如短波电离层传播、微波视距传输等。

6. 按工作波段分类

按照通信设备的工作频率或波长的不同，分为长波通信、中波通信、短波通信、微波通信等。

7.6.2 移动通信应用系统

移动通信应用系统主要有蜂窝系统、集群系统、点对点（Ad - Hoc）网络系统、卫星通信系统、分组无线网、无绳电话系统、无线电传呼系统等。

1. 集群移动通信系统

集群移动通信系统也称大区制移动通信系统。它的特点是只有一个基站，天线高度为几十米至百余米，覆盖半径为30km，发射机功率可高达200W。用户数约为几十至几百，可以是车载台，也可以是手持台。它们可以与基站通信，也可通过基站与其他移动台及市话用户通信，基站与市站以有线网连接。

集群调度移动通信系统属于调度系统的专用通信网。这种系统一般由控制中心、总调度台、分调度台、基地台及移动台组成。

2. 蜂窝移动通信系统

蜂窝移动通信系统也称小区制移动通信。它的特点是把整个大范围的服务区划分成许多小区，每个小区设置一个基站，负责本小区各个移动台的联络与控制，各个基站通过移动交换中心相互联系，并与市话局连接。每个小区的用户在1000户以上，全部覆盖区最终的容量可达100万户。

蜂窝式公用陆地移动通信系统适用于全自动拨号、全双工工作、大容量公用移动陆地网组网，可与公用电话网中任何一级交换中心相连接，实现移动用户与本地电话网用户、长途电话网用户及国际电话网用户的通话接续；与公用数据网相连接，实现数据业务的接续。这种系统具有越区切换、自动或人工漫游、计费及业务量统计等功能。利用超短波电波传播距离有限的特点，相距一定距离的小区可以重复使用频率，使频率资源可以充分利用。

3. 卫星移动通信系统

利用卫星转发信号也可实现移动通信，对于车载移动通信可采用赤道固定卫星；而对手持终端，采用中低轨道的多颗星座卫星较为有利。

4. 无绳电话

对于室内外慢速移动的手持终端的通信，则采用小功率、通信距离近的、轻便的无绳电话机。它们可以经过通信点与市话用户进行单向或双向的通信。使用模拟识别信号的移动通信，初期主要应用于家庭。这种无绳电话系统十分简单，只有一个与有线电话用户线相连接的基站和随身携带的手机，基站与手机之间利用无线电沟通。但是，无绳电话很快得到商业应用，并由室内走向室外。这种公用系统由移动终端（公用无绳电话用户）和基站组成。基站通过用户线与公用电话网的交换机相连接而进入本地电话交换系统。通常在办公楼、居民楼群之间，火车站、机场、繁华街道、商业中心及交通要道设立基站，形成一种微蜂窝或微微蜂窝网，无绳电话用户只要看到这种基站的标志，就可使用手机呼叫，这就是所谓的"公用无绳电话"（Telepoint）。

5. 无线电寻呼系统

无线电寻呼系统是一种单向通信系统，既可作公用也可作专用，仅规模大小有差异而已。专用寻呼系统由用户交换机、寻呼控制中心、发射台及寻呼接收机组成。公用寻呼系统由与公用电话网相连接的无线寻呼控制中心、寻呼发射台及寻呼接收机组成。

6. 卫星移动通信系统

卫星移动通信系统利用卫星中继，它在海上、空中和地形复杂而人口稀疏的地区中实现移动通信具有独特的优越性，很早就引起人们的注意。最近十年来，以手持机为移动终端的非同步卫星移动通信系统已涌现出多种设计及实施方案。其中，呼声最高的要算铱（Iridium）系统，它采用6轨道66颗星的星状星座，卫星高度为780km。另外还有全球星（Global Star）系统，它采用8轨道48颗星的莱克尔星座，卫星高度约为1400km；奥德赛（Odyssey）系统，采用3轨道12颗星的莱克尔星座，中轨，高度约为10 000km；白羊（Aries）系统，采用4轨道48颗星状星座，高度约为1000km；以及俄罗斯的4轨道32颗星的COSCON系统。除上述系统外，海事卫星组织推出Inmarsat－P，实施全球卫星移动电话网计划，采用12颗星的中轨星座组成全球网，提供声像、传真、数据及寻呼业务。该系统设计可与现行地面移动电话系统联网，用户只需携带便携式双模式话机，在地面移动电话系统覆盖范围内使用地面蜂窝移动电话网，而在地面移动电话系统不能覆盖的海洋、空中及人烟稀少的边远山区、沙漠地带，则通过转换开关使用卫星网通信。

7. 无线 LAN/WAN

无线 LAN/WAN 是无线通信的一个重要领域。IEEE 802.11、802a/802.11b 以及 802.11g 等标准已相继出台，为无线局域网提供了完整的解决方案和标准。随着需求的增长和技术的发展，无线局域网的应用越来越广，它的作用不再局限于有线网络的补充和扩展，而是已经成为计算机网络的一个重要组成部分。

WLAN 技术是目前国内外无线通信和计算机网络领域的一大热点，并且正在成为一个新的经济增长点，对 WLAN 技术的研究、开发和应用也正在国内兴起。

7.6.3　GSM 和 GPRS 通信系统

第二代移动通信是以全球移动通信系统（Global System for Mobile Communication，GSM）、N-CDMA 两大移动通信系统为代表。GSM 是基于 TDMA 的数字蜂窝移动通信系统。GSM 是世界上第一个对数字调制、网络层结构和业务作了规定的蜂窝系统。如今 GSM 移动通信系统已经遍及全世界（即所谓全球通）。

GPRS 即通用分组无线业务，是 GSM 网络向第三代移动通信系统（3G）WCDMA 和 TD-SCDMA 演进的重要一步，所以它被称作 2.5G。目前 GPRS 发展十分迅速；我国在 2002 年已经全面开通了 GPRS 网，而且各种数据业务也相继开通。

1. GSM

GSM 是应用最为广泛的移动电话标准，其网络结构如图 7-18 所示。全球超过 200 个国家和地区超过 10 亿人使用 GSM 电话。GSM 标准的无处不在使得在移动电话运营商之间签署"漫游协定"后用户的国际漫游变得很平常。GSM 较之它以前的标准最大的不同是它的信令和语音信道都是数字式的，因此 GSM 被看作是第二代移动电话系统（2G）。

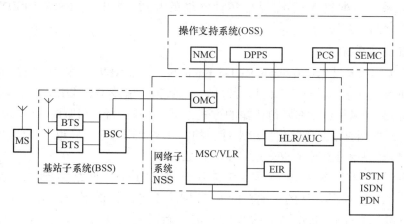

图 7-18　GSM 网络结构图

GSM 系统总体结构由以下功能单元组成。

1）移动台（MS）：它包括移动设备（ME）和用户识别模块（SIM）。根据业务的状况，移动设备包括移动终端（MT）、终端适配功能（TAF）和终端设备（TE）等功能部件。

2）基站收发台（BTS）：为一个小区服务的无线收发信设备。

3）基站控制器（BSC）：具有对一个或多个 BTS 进行控制以及相应呼叫控制的功能。BSC 以及相应的 BTS 组成了基站子系统（BSS）。BSS 是在一定的无线覆盖区中，由 MSC 控制，与 MS 进行通信的系统设备。

4）移动业务交换中心（MSC）：对于位于它管辖区域中的移动台进行控制、交换的功能实体。

5）拜访位置寄存器（VLR）：它是一个动态数据库，存储所管辖区域中统称拜访客户（MS）的来话、去话呼叫所需检索的信息以及用户签约业务和附加业务的信息，例如客户的号码、所处位置区域的识别、向客户提供的服务等参数。在网络中 VLR 都是与 MSCS 合置，协助 MSCS 记录当前覆盖区域内的所有移动用户的相关信息。

6）归属位置寄存器（HLR）：它是一个负责移动用户管理的数据库，永久存储和记录所辖区域内用户的签约数据，并动态地更新用户的位置信息，以便在呼叫业务中提供被呼叫用户的网络路由。HLR 是系统的数据中心，它存储着所有在该 HLR 签约移动用户的位置信息、业务数据和账户管理等信息，并可实时地提供对用户位置信息的查询和修改，及实现各类业务操作，包括位置更新、呼叫处理、鉴权和补充业务等，完成移动通信网中用户的移动性管理。

7）设备识别寄存器（EIR）：存储有关移动台设备参数的数据库，主要完成对移动设备的识别、监视、闭锁等功能。

8）鉴权中心（AUC）：AUC 是 GSM 系统中的安全管理单元，存储鉴权算法和密钥，保证各种保密参数的安全性，向归属位置寄存器（HLR）提供鉴权参数。存储用以保护移动用户通信不受侵犯的必要信息。AUC 一般与 HLR 合置在一起，在 HLR/AUC 内部，AUC 数据作为部分数据表存在。

9）操作维护中心（OMC）：为操作维护系统中的各功能实体。依据实现方式可分为无线子系统的操作维护中心（OMC - R）和交换子系统的操作维护中心（OMC - S）。

10）GSM 系统可通过 MSC 实现与多种网络的互通，包括与 PSTN、ISDN、PLMN 和 PSPDN 等网络之间的互通。

2. GPRS 通信系统

通用分组无线服务技术（General Packet Radio Service，GPRS）是 GSM 移动电话用户可用的一种移动数据业务，属于第二代移动通信中的数据传输技术。GPRS 也可以看成 GSM 功能的扩展。GPRS 和以往连续在频道传输的方式不同，是以封包（Packet）式来传输，因此使用者所负担的费用是以其传输信息量来计算的，并非使用其整个频道，因此理论上较为便宜。GPRS 的传输速率可提升至 56kbit/s 甚至 114kbit/s。

GPRS 网络结构图如图 7-19 所示。它是基于现有的 GSM 网络实现分组数据业务的。GSM 是专为电路型交换而设计的，现有的 GSM 网络不足以提供支持分组数据路由的功能，因此 GPRS 必须在现有的 GSM 网络的基础上增加新的网络实体，如 GPRS 网关支持节点（Gateway GPRS Supporting Node，GGSN）、GPRS 服务支持节点（Serving GSN，SGSN）和分组控制单元（Packet Control Unit，PCU）等，并对部分原 GSM 系统设备进行升级，以满足分组数据业务的交换与传输。同原 GSM 网络相比，新增或升级的设备有如下几种。

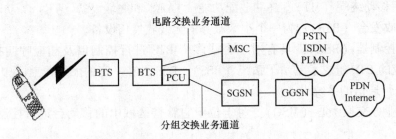

图 7-19　GPRS 网络结构

（1）服务支持节点（SGSN）

服务支持节点（SGSN）的主要功能是对 MS 进行鉴权、移动性管理和进行路由选择，建立 MS 到 GGSN 的传输通道，接收 BSS 传送来的 MS 分组数据，通过 GPRS 骨干网传送给 GGSN 或反向工作，并进行计费和业务统计。

（2）网关支持节点

网关支持节点（GGSN）主要起网关作用，充当与外部多种不同的数据网的相连，如 ISDN、PSPDN（分组交换公用数据网）及 LAN 等。对于外部网络它就是一个路由器，因而也称为 GPRS 路由器。GGSN 接收 MS 发送的分组数据包并进行协议转换，从而把这些分组数据包传送到远端的 TCP/IP 或 X.25 网络。或进行相反的操作。另外，GGSN 还具有地址分配和计费等功能。

（3）分组控制单元

分组控制单元（PCU）通常位于 BSC 中，用于处理数据业务，将分组数据业务在 BSC

处从 GSM 话音业务中分离出来，在 BTS 和 SGSN 间传送。PCU 增加了分组功能，可控制无线链路，并允许多个用户占用同一无线资源。

（4）原 GSM 网设备升级

GPRS 网络使用原 GSM 基站，但基站要进行软件更新；GPRS 要增加新的移动性管理程序，通过路由器实现 GPRS 骨干网互联；GSM 网络系统要进行软件更新和增加新的 MAP 信令和 GPRS 信令等。

（5）GPRS 终端

必须采用新的 GPRS 终端。GPRS 移动台有 A、B 和 C 三种类型。

A 类：可同时提供 GPRS 服务和电路交换承载业务的能力。即在同一时间内既可进行 GSM 话音业务又可以接收 GPRS 数据包。

B 类：可同时侦听 GPRS 和 GSM 系统的寻呼信息，同时附着于 GPRS 和 GSM 系统，但同一时刻只能支持其中一种业务。

C 类：要么支持 GSM 网络，要么支持 GPRS 网络，通过人工方式进行网络选择更换。

GPRS 终端也可以做成计算机 PCMCIA 卡（PC 内存卡），用于移动 Internet 接入。

7.6.4 3G

1. 3G 简介

近 20 年来，移动通信在全球范围内以惊人的速度迅猛发展。尤其是 20 世纪 90 年代，以 GSM 和 IS-95 为代表的第二代移动通信系统得到了广泛的应用，用于提供话音业务和低速数据业务。随着移动通信市场的日益扩大，现有的系统容量与移动用户数量之间的矛盾开始显现出来。这一时期，互联网在全球逐渐普及，人们对数据通信业务的需求日益增高，已不再满足于传统的以话音业务为主的移动通信网所提供的服务。越来越多的互联网数据业务和多媒体业务需要在移动通信系统上被承载，这些都促进和推动了新一代移动通信系统的研究与发展。

为了统一移动通信系统的标准和制式，以实现真正意义上的全球覆盖和全球漫游，并提供更宽带宽和更为灵活的业务，国际电信联盟（International Telecommunication Union，ITU）提出了 IMT-2000 的概念，意指工作在 2000MHz 频段并在 2000 年左右投入商用的国际移动通信系统（International Mobile Telecommunication System），它既包括地面通信系统，也包括卫星通信系统。基于 IMT-2000 的宽带移动通信系统称为第三代移动通信系统（3G），它将支持速率高达 2Mbit/s 的业务，而且业务种类将涉及话音、数据、图像以及多媒体等业务。

第三代移动通信系统有着更好的抗干扰能力。这是由于其宽带特性，可分辨更多多径信号，因此信号较窄带系统更稳定，起伏衰落小，系统对信号功率的动态范围和最大功率信号值的要求降低。

第三代移动通信系统提供多速率的业务，这意味着在高灵活性和高频谱效率的情况下可提供不同服务质量的连接。3G 支持频间无缝切换，从而支持层次小区结构。同时，3G 保持对新技术的开放性，使系统得到许多改进。也就是说，3G 以全球通用、系统综合为基本出发点，建立了一个全球的移动综合业务数字网，提供与固定电信网业务兼容、质量相当的话音和数据业务，从而实现了任何人在任何地点、任何时间与任何其他人进行通信的梦想。

2. 3G 网络结构

ITU – T 的 SG11/WP3 工作组负责 IMT – 2000 的信令和协议研究。该工作组于 1998 年 5 月确定了 IMT – 2000 的网络框架标准 Q1701。该标准明确了由 ITU 定义的系统接口，如图 7-20 所示。ITU 只规定了外部接口，并没有对系统采用的技术加以限制。

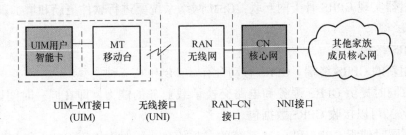

图 7-20　3G 系统接口

系统的无线接口是最重要的一个接口，围绕这个接口各国提出了很多无线传输技术的提案。经过发展与融合，最终的 3 个主流标准是 CDMA2000，WCDMA 以及 TD-SCDMA。

从图中可以看出，IMT – 2000 的网络可以分为无线接入网（RAN）与核心网（CN）两部分，与网络部分有关的接口为无线接口（A 接口）和 NNI 接口。

采用模块化的网络设计是 IMT – 2000 的一大特点，这不仅允许符合 IMT – 2000 兼容性的网络设备接入系统，而且还可以方便地通过标准化接口将各种不同的现有网络与 IMT – 2000 的组件连接在一起。

目前 IMT – 2000 中的核心网主要有 3 种：有两种是基于 GSM MAP 的核心网与基于 ANSI – 41 的核心网，这两种都是第二代系统中的核心网；另外一种是全 IP 的核心网。

图 7-21 给出了 GSM MAP 和 ASNI – 41 与 IMT – 2000 的 3 种主流标准之间的对应关系。

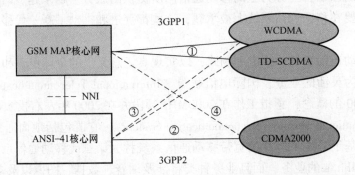

图 7-21　GSM MAP 和 ASNI – 41 与 IMT – 2000 的 3 种主流标准之间的对应关系

从图中可以看出，虽然一般情况下 CDMA2000 对应于 ANSI – 41 核心网，WCDMA 和 TD – SCDMA 对应于 GSM MAP 核心网，但是通过在无线接口上定义相应的兼容协议（符合 RAN – CN 接口），可以接入不同的核心网。

按照各个组成部分的功能划分，IMT – 2000 系统可以分为 3 大部分：移动终端、无线接口和核心网，其系统结构如图 7-22 所示。

（1）移动终端

移动终端是为移动用户提供服务的设备，它与无线接入网之间的通信链路为无线链路。

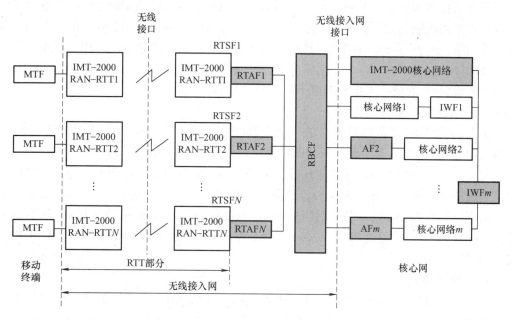

图 7-22　3G 系统结构

由于 IMT－2000 系统建设初期，用户终端不得不处于一个多标准的应用环境中，因此必须提供多模式、多频段的终端设备。

（2）无线接入网

无线接入网包括与无线技术有关的部分，主要实现无线传输功能。无线接入网可以细分为以下两个部分。

1）无线传输特殊功能（RTSF）。RTSF 包括与无线技术有关的各项功能，可以进一步划分为无线传输技术（RTT）和相关的无线传输适配功能（RTAF）用于无线信号的发送与接收处理，RTAF 用于将不同的 RTT 连接至通用的 RBCF。

2）无线载体通用功能（RBCF）。RBCF 包括所有与采用的无线接入技术无关的控制与传输功能。

（3）核心网

核心网的主要作用是提供信息交换和传输，可以采用分组交换或者 ATM 网络，最终将过渡到全 IP 网络，并且与第二代移动通信系统核心网兼容。

IMT－2000 的系统结构允许通过互通功能（IWF）模块来支持第二代移动通信系统的核心网接入，从而实现第三代核心网与第二代核心网的互联互通。类似地，通过一定的适配模块（AF）第二代移动通信系统的核心网也可以支持第三代的无线接入技术等。这充分体现了 IMT－2000 系统的兼容性和从现有网络向 IMT－2000 过渡的灵活性。

7.6.5　4G

1. 4G 简介

随着人们对信息传输速率要求的越来越高，一种超越 IMT－2000 的第四代移动通信（4G）新型技术 IMT-advanced 技术运营而生。4G 通信技术并没有脱离以前的通信技术，而是以传统通信技术为基础，并利用了一些新的通信技术来不断提高无线通信的网络效率和功能。如果说 3G 能为人们提供一个高速传输的无线通信环境的话，那么 4G 通信则是一种超高速无线网络，一种不需要电缆的信息超级高速公路，这种新网络可以给用户带来一种全新的革命性的体验。

总体来说，4G 通信技术主要有以下几个显著的特点。

（1）通信速度快

由于人们研究 4G 通信的最初目的就是提高蜂窝电话和其他移动装置无线访问 Internet 的速率，因此 4G 通信给人印象最深刻的特征莫过于它具有更快的无线通信速度。

以移动通信系统数据传输速率作比较，第一代模拟式仅提供语音服务；第二代数位式移动通信系统传输速率也只有 9.6kbit/s，最高可达 32kbit/s，如 PHS；第三代移动通信系统数据传输速率可达到 2Mbit/s；而第四代移动通信系统传输速率可达到 20Mbit/s，甚至最高可以达到 100Mbit/s，这种速度相当于 2009 年最新手机传输速度的 1 万倍左右，三代手机传输速度的 50 倍。

（2）网络频谱宽

为使通信系统数据传输速率达到 100Mbit/s，4G 通信系统在 3G 通信网络的基础上，进行大幅度的改造和升级，使得 4G 网络在通信带宽上比 3G 网络的蜂窝系统的带宽高出许多。实际上，每个 4G 信道占有 100MHz 的频谱，相当于 W-CDMA 3G 网络的 20 倍。

（3）通信灵活

从严格意义上说，4G 手机的功能，已不能简单划归"电话机"的范畴，毕竟语音资料的传输只是 4G 移动电话的功能之一而已，因此 4G 手机更应该算得上是一台小型计算机了，而且 4G 手机从外观和式样上，也有更惊人的突破。人们可以想象的是，眼镜、手表、化妆盒、旅游鞋，以方便和个性为前提，任何一件能看到的物品都有可能成为 4G 终端。

（4）智能性高

第四代移动通信的智能性更高，不仅表现于 4G 通信的终端设备的设计和操作具有智能化，例如对菜单和滚动操作的依赖程度会大大降低，更重要的 4G 手机可以实现许多难以想象的功能。

例如 4G 手机能根据环境、时间以及其他设定的因素来适时地提醒手机的主人此时该做什么事，或者不该做什么事。4G 手机可以把电影院票房资料，直接下载到 PDA 之上，这些资料能够把售票情况、座位情况显示得清清楚楚，人们可以根据这些信息来进行在线购买自己满意的电影票；4G 手机可以被看作是一台手提电视，用来看体育比赛之类的各种现场直播；当然现今的各类网络消费及电子支付等应用已经被广大用户所熟知并与我们的生活深度融合。

（5）兼容性好

4G 通信系统不但功能强大，而且还考虑到与现有通信的基础做最大限度的兼容，以便让更多的现有通信用户在投资最少的情况下就能很轻易地过渡到 4G 通信。因此，第四代移动通信系统具备全球漫游、接口开放、能跟多种网络互联、终端多样化以及能从第二代平稳过渡等特点。

（6）提供增值服务

4G 通信并不是从 3G 通信的基础上经过简单的升级而演变过来的，它们的核心建设技术根本就是不同的。3G 移动通信系统主要是以 CDMA 为核心技术，而 4G 移动通信系统技术中则以正交多任务分频技术（OFDM）最受瞩目，利用这种技术可以实现例如无线区域环路（WLL）、数字音讯广播（DAB）等方面的无线通信增值服务。

（7）高质量通信

第四代移动通信系统能实现各种高速多媒体通信，为此 4G 通信不仅仅是为了适应用户数的增加，更重要的是适应多媒体的传输需求，当然还包括通信品质的要求。总结来说，4G 通信可以容纳市场庞大的用户数、改善现有通信品质，以及达到高速数据传输的要求。

（8）频率效率高

相比第三代移动通信技术来说，第四代移动通信技术在开发研制过程中使用和引入许多功能强大的突破性技术，例如一些光纤通信产品公司为了进一步提高无线因特网的主干带宽宽度，引入了交换层级技术，这种技术能同时涵盖不同类型的通信接口，也就是说第四代主要是运用路由技术（Routing）为主的网络架构。

由于采用了几项不同的新技术，所以 4G 系统无线频率的利用率比 2G 和 3G 系统好得多。

（9）费用便宜

由于 4G 通信不仅解决了与 3G 通信的兼容性问题，让更多的现有通信用户能轻易地升级到 4G 通信，而且 4G 通信引入了许多尖端的通信技术，这些技术保证了 4G 通信能提供一种灵活性非常高的系统操作方式，因此相对其他技术来说，4G 通信部署起来就容易迅速得多；同时在建设 4G 通信网络系统时，通常都考虑直接在 3G 通信网络的基础设施之上，采用逐步引入的方法，这样就有效地降低了运行者和用户的费用。

2. 4G 系统网络结构及其关键技术

4G 移动系统网络结构可分为三层：物理网络层、中间环境层、应用网络层。物理网络层提供接入和路由选择功能，它们由无线和核心网的结合格式完成。中间环境层的功能有 QoS 映像、地址变换和完全性管理等。物理网络层与中间环境层及其应用环境之间的接口是开放的，它使发展和提供新的应用及服务变得更为容易，提供无缝高数据率的无线服务，并运行于多个频带。这一服务能自适应多个无线标准及多模终端能力，跨越多个运营者和服务，提供大范围服务。移动通信系统的关键技术包括信道传输；抗干扰性强的高速接入技术、调制和信息传输技术；高性能、小型化和低成本的自适应数组智能天线；大容量、低成本的无线接口和光接口；系统管理资源；软件无线电、网络结构协议等。

4G 移动通信系统主要是以正交频分复用（OFDM）为技术核心。OFDM 技术的特点是网络结构高度可扩展，具有良好的抗噪声性能和抗多信道干扰能力，可以提供比目前无线数据技术质量更高（速率高、时延小）的服务和更好的性能价格比，能为 4G 无线网提供更好的方案。例如无线区域环路（WLL）、数码音讯广播（DAB）等，都将采用 OFDM 技术。4G 移动通信对加速增长的广带无线连接的要求提供技术上的响应，对跨越公众的和专用的、室内和室外的多种无线系统和网络保证提供无缝的服务。通过对最适合的可用网络提供用户所需求的最佳服务，能应付基于国际网络通信所期望的增长，增添新的频段，使频谱资源大扩展，提供不同类型的通信接口，运用路由技术为主的网络架构，以傅里叶变换来发展硬件架构实现网络架构。移动通信将向资源化、高速化、宽带化、频段更高化方向发展，移动资料、移动 IP 将成为未来移动网的主流业务。

尽管长期演进（Long Term Evolution，LTE）被宣传为 4G 无线标准，但它其实并未被 3GPP 认可为国际电信联盟（ITU）所描述的下一代无线通信标准 IMT-advanced，因此在严格意义上其还未达到 4G 的标准。主要升级版的 LET-advanced 才满足并且超过电信联盟对 4G 的要求。

3. LTE 网络结构

LTE 系统的基本架构如图 7-23 所示，由两个主要部分组成。一个是 E-UTRAN（Evolved UMTS Terrestrial Radio Access Network，演进的通用移动通信系统陆地无线接入网），由 eNode B（演进型基站）构成，是 LTE 的接入网；另一个是 EPC（Evolved Packet Core，演进分组核心网），由 MME（Mobility Management Entity，移动管理实体）、S-GW（Serving Gateway，服务网关）以及 P-GW（PDN Gateway，PDN 网关）构成，是 LTE 的核心网。

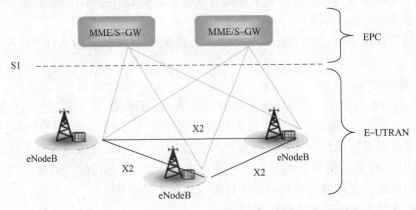

图 7-23　LTE 网络结构

图 7-24 是简化的 LTE 网络整体架构，其各部分功能简介如下。

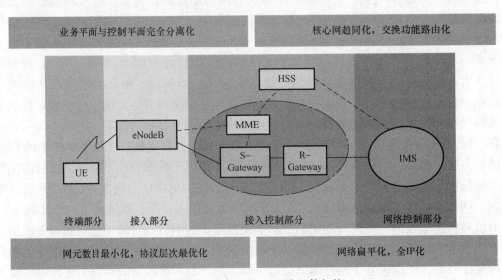

图 7-24　简化的 LTE 网络整体架构

（1）eNode B

● 线资源管理，包括无线承载控制、无线接入控制、连接移动性控制、UE 的上下行动态资源分配等。

- IP 头压缩和用户数据流加密。
- UE 附着时的 MME 选择。
- 用户面数据向 S-GW 的路由。
- 寻呼消息的调度和发送。
- 广播信息的调度和发送。
- 移动性测量和测量报告的配置。

（2）MME

- 分发寻呼信息给 eNode B。
- 接入层安全控制。
- 移动性管理涉及核心网节点间的信令控制。
- 空闲状态的移动性管理。
- SAE 承载控制。
- 非接入层（NSA）信令的加密及完整性保护。
- 跟踪区列表管理。
- PSN GW 与 S-GW 选择。
- 向 2G/3G 切换时的 SGSN 选择。
- 漫游。
- 鉴权。

（3）S－Gateway

- 终止由于寻呼原因产生的用户平面数据包。
- 支持由于 UE 移动性产生的用户面切换。
- 合法监听。
- 分组数据的路由与转发。
- 传输层分组数据的标记。
- 运营商间计费的数据统计。
- 用户计费。

（4）R－Gateway

- 基于每用户的分组包过滤（通过例如深度分组包解析等方法）。
- 合法侦听。
- IP 地址分配。
- 上下行链路传输层分组标记。
- 上行链路和下行链路业务级计费、门控和速率控制。
- 基于 APN-AMBR 的下行速率控制。

7.6.6 5G

从 1G 到 4G，移动通信的核心是人与人之间的通信，个人的通信是移动通信的核心业务。但是 5G 的通信不仅仅是人的通信，物联网、工业自动化、无人驾驶被引入，通信从人与人之间通信开始转向人与物的通信，甚至机器与机器的通信。

第五代移动通信技术（5G）是目前移动通信技术发展的最高峰，也是人类希望不仅改变生活，更要改变社会的重要力量。

5G 是在 4G 基础上，对于移动通信提出更高的要求，它不仅在速度方面，而且还在功耗、时延等多个方面有了全新的提升。由此业务也会有巨大提升，互联网的发展也将从移动互联网进入智能互联网时代。

1. 5G 的三大应用场景

面向 2020 年及未来，5G 将解决多样化应用场景下差异化性能指标带来的挑战，不同应用场景面临的性能挑战有所不同，用户体验速率、流量密度、时延、能效和连接数都可能成为不同场景的挑战性指标。

国际电信联盟 ITU 召开的 ITU－RWP5D 第 22 次会议上确定了未来的 5G 系统具有以下三大主要的应用场景：① 增强型移动宽带；② 超高可靠与低延迟的通信；③ 大规模机器类通信。具体包括：Gbit/s 移动宽带数据接入、智慧家庭、智能建筑、语音通话、智慧城市、三维立体视频、超高清晰度视频、云工作、云娱乐、增强现实、行业自动化、紧急任务应用、自动驾驶汽车等。如图 7-25 所示。

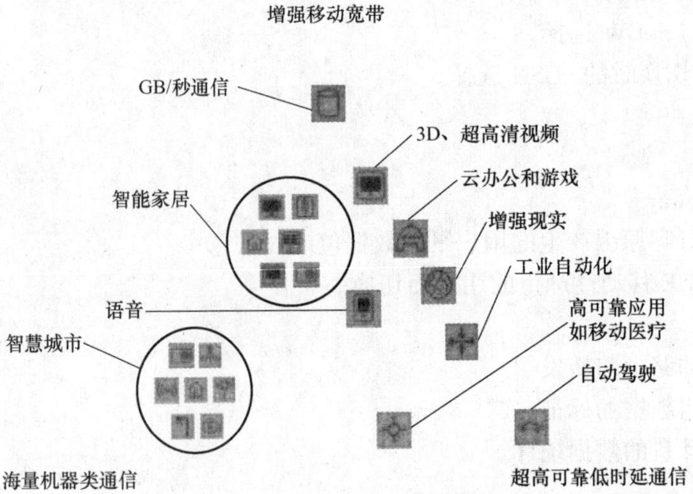

图 7-25　5G 应用场景示意图

5G 的三大应用场景显然对通信提出了更高的要求，不仅要解决一直需要解决的速度问题，把更高的速率提供给用户；而且对功耗、时延等提出了更高的要求，一些方面已经完全超出了人们对传统通信的理解，要把更多的应用能力整合到 5G 网络中，这就对相关的通信技术提出了更高要求。

2. 5G 的六大基本特点

为达到三大应用场景的要求，5G 网络应具有以下六大基本特点。

（1）高速度

相对于 4G 技术，5G 要解决的第一个问题就是高速度。网络速度提升，用户体验与感受才会有较大提高，网络才能面对 VR/超高清业务时不受限制，对网络速度要求很高的业务才能被广泛推广和使用。因此，5G 第一个特点就定义了速度的提升。

其实和每一代通信技术一样，5G 的速度也是很难准确计量的，一方面峰值速度和用户的实际体验速度不一样，不同的技术不同的时期速率也会不同。对于 5G 的基站峰值要求不低于 20Gbit/s，当然这个速度是峰值速度，不是每一个用户的体验。随着新技术使用，这个速度还有提升的空间。

这样一个速度，意味着用户可以每秒钟下载一部高清电影，也可能支持 VR 视频。这样的高速度给未来对速度有很高要求的业务提供了机会和可能。

（2）泛在网

随着业务的发展，网络业务需要无所不包，广泛存在。只有这样才能支持更加丰富的业务，才能在复杂的场景上使用。泛在网有两个层面的含义：一是广泛覆盖，二是纵深覆盖。

广泛覆盖是指社会生活的各个地方，需要广覆盖。比如以前高山峡谷就不一定需要网络覆盖，因为生活的人很少，但是如果能覆盖 5G，可以大量部署传感器，进行环境、空气质量甚至地貌变化、地震的监测，这就非常有价值。5G 可以为更多这类应用提供网络。

纵深覆盖是指人们的生活中，虽然已经有了网络部署，但是需要进入更高品质的深度覆盖。比如人们的住宅中已经有了 4G 网络，但是其中的卫生间可能网络质量不是太好，地下停车库基本没信号，而 5G 技术的运用，可以对这类场所进行网络深度覆盖。

一定程度上，泛在网比高速度还重要，只是建一个少数地方覆盖、速度很高的网络，并不能保证 5G 的服务与体验，而泛在网才是 5G 体验的一个根本保证。

（3）低功耗

面向智慧城市、环境监测、智能农业、森林防火等以传感和数据采集为目标的应用场景，具有小数据包、低功耗、海量连接等特点。这类终端分布范围广、数量众多，不仅要求网络具备超千亿个连接的支持能力，满足 100 万/km² 连接数密度指标要求，而且还要保证终端的超低功耗和超低成本。

新型多址技术通过多用户信息的叠加传输可成倍提升系统的设备连接能力，还可通过免调度传输有效降低信令和终端功耗；滤波正交频分复用（Filtered-OFDM，F-OFDM）和滤波器组多载波（Filter Bank Multi-Carrier，FBMC）等新型多载波技术在灵活使用碎片频谱、支持窄带和小数据包、降低功耗与成本方面具有显著优势；此外，终端直接通信（D to D）可避免基站与终端间的长距离传输，可实现功耗的有效降低。

（4）低时延

5G 的一个新场景是无人驾驶、工业自动化的高可靠连接。通常人与人之间进行信息交流，140 毫秒内的时延是可以接受的，但是如果这个时延用于无人驾驶、工业自动化场景时，其控制的可靠性将无法满足要求。5G 对于时延的最低要求是 1ms，甚至更低，这就对网络提出严苛的要求。而 5G 系统可以满足这些新领域应用的需求。

要满足低时延的要求，需要在 5G 网络建构中找到各种办法，减少时延。边缘计算这样的技术也会被采用到 5G 的网络架构中。

（5）万物互联

传统通信中，终端是非常有限的。固定电话时代，电话数是按人群来设置的。而手机时代，终端数量有了巨大爆发，手机数是按个人应用来设置的。到了 5G 时代，终端不是按人数来定义，因为每个人、每个家庭都可能拥有数个终端。

5G 系统的规划是 1km² 可以支撑 100 万个移动终端。未来接入到网络中的终端，不仅有今天的手机，还会有多元的、多样化的产品。可以说，人们生活中涉及的每一个产品都有可能通过5G接入网络。例如眼镜、手机、衣服、腰带、鞋子都有可能接入网络，成为智能产品。住宅中的门窗、门锁、空气净化器、新风机、加湿器、空调、冰箱、洗衣机都可能进入智能时代，也通过5G接入网络，构成智能家居。当然，从大的方面来看，智慧城市中的市政智慧管理、智慧医疗等功能都可以依托5G系统来实现。

（6）重构安全

传统的互联网要解决的是信息速度、无障碍的传输，自由、开放、共享是互联网的基本精神，但是在5G基础上建立的是智能互联网。智能互联网不仅是要实现信息传输，还要建立起一个社会和生活的新机制与新体系。智能互联网的基本精神是安全、管理、高效、方便。安全是5G之后的智能互联网第一位的要求。假如5G无法重新构建安全体系，那么将会产生巨大的破坏力。比如，如果无人驾驶系统被入侵，那么道路上的汽车就会被黑客控制；智能健康系统被入侵，大量用户的健康信息会被泄露；智慧家庭被入侵，则人身及财产安全根本无法得到保障，等等。

在5G的网络构建中，在底层就开始着手解决安全问题，信息被严格加密，网络并不是开放的，对于特殊的服务需要建立了专门的安全机制。对于不同的应用场景，网络不是完全中立、平等的。比如，网络的保障方面，普通用户上网，可能只有一套系统保证其网络畅通，用户可能会面临拥堵。但是智能交通体系，则需要多套系统保证其安全运行，保证其网络品质，在网络出现拥堵时，必须保证智能交通体系的网络畅通。而这个体系也不是一般终端可以接入实现管理与控制的。

3. 5G 的关键技术

5G作为新一代的移动通信技术，它的网络结构、网络能力和要求都与过去有很大不同，有大量技术被整合在其中。其核心技术简述如下。

（1）基于 OFDM 优化的波形和多址接入

5G采用基于 OFDM 化的波形和多址接入技术，因为 OFDM 技术被当今的 4G LTE 和 WiFi 系统广泛采用，因其可扩展至大带宽应用，而具有较高的频谱效率和较低的数据复杂性，能够很好地满足 5G 系统的要求。OFDM 技术家族可实现多种增强功能，例如通过加窗或滤波增强频率本地化，在不同用户与服务间提高多路传输效率，以及创建单载波 OFDM 波形，实现高能效上行链路传输等。

（2）实现可扩展的 OFDM 间隔参数配置

通过 OFDM 子载波之间的 15kHz 间隔（固定的 OFDM 参数配置），LTE 最高可支持 20MHz 的载波带宽。为了支持更丰富的频谱类型/带（为了连接尽可能丰富的设备，5G 将利用所有能利用的频谱，如毫米微波、非授权频段）和部署方式。即将部署商用的 5G 新空口技术（5G New Radio, 5G NR）将引入可扩展的 OFDM 间隔参数配置。这一点至关重要，因为当快速傅里叶变换（Fast Fourier Transform, FFT）为更大带宽扩展尺寸时，必须保证不会增加处理的复杂性。而为了支持多种部署模式的不同信道宽度，5G NR 必须适应同一部署下不同的参数配置，在统一的框架下提高多路传输效率。另外，5G NR 也能跨参数实现载波聚合，比如聚合毫米波和 6GHz 以下频段的载波。

（3）OFDM 加窗提高多路传输效率

5G 将被应用于大规模物联网，这意味着会有数十亿设备在相互连接，5G 势必要提高多路传输的效率，以应对大规模物联网的挑战。为了相邻频带不相互干扰，频带内和频带外信号辐射必须尽可能小。OFDM 能实现波形后处理（Post-Processing），如时域加窗或频域滤波，来提升频率局域化。

（4）灵活的框架设计

设计 5G NR 的同时，采用灵活的 5G 网络架构，进一步提高 5G 服务多路传输的效率。这种灵活性既体现在频域，更体现在时域上，5G NR 的框架能充分满足 5G 的不同服务和应用场景。这包括可扩展的时间间隔（Scalable Transmission Time Interval，STTI）和自包含集成子帧（Self-Contained Integrated Subframe）。

（5）先进的新型无线技术

5G 演进的同时，LTE 本身也还在不断进化（比如最近实现的千兆级 4G+），5G 不可避免地要利用目前用在 4G LTE 上的先进技术，如载波聚合、MIMO、非共享频谱等。

1）大规模 MIMO。从 2×2 提高到了目前 4×4 MIMO。更多的天线也意味着占用更多的空间，要在空间有限的设备中容纳进更多天线显然不现实，只能在基站端叠加更多 MIMO。从目前的理论来看，5G NR 可以在基站端使用最多 256 根天线，而通过天线的二维排布，可以实现 3D 波束成型，从而提高信道容量和覆盖。

2）毫米波。全新 5G 技术正首次将频率在 24GHz 以上的频段（通常称为毫米波）应用于移动宽带通信。大量可用的高频段频谱可提供极致数据传输速度和容量，这将重塑移动体验。但毫米波的利用并非易事，使用毫米波频段传输更容易造成路径受阻与损耗（信号衍射能力有限）。通常情况下，毫米波频段传输的信号甚至无法穿透墙体。此外，它还面临着波形和能量消耗等问题。

3）频谱共享。用共享频谱和非授权频谱，可将 5G 扩展到多个维度，实现更大容量、使用更多频谱、支持新的部署场景。这不仅将使拥有授权频谱的移动运营商受益，而且会为没有授权频谱的厂商创造机会，如有线运营商、企业和物联网垂直行业，使他们能够充分利用 5G NR 技术。5G NR 原生地支持所有频谱类型，并通过前向兼容灵活地利用全新的频谱共享模式。

4）先进的信道编码设计。目前 LTE 网络的编码还不足以应对未来的数据传输需求，因此迫切需要一种更高效的信道编码设计，以提高数据传输速率，并利用更大的编码信息块契合移动宽带流量配置。同时还要继续提高现有信道编码技术（如 LTE Turbo）的性能极限。LDPC 的传输效率远超 LTE Turbo，且易平行化地解码设计，能以低复杂度和低时延扩展达到更高的传输速率。

（6）超密集异构网络

5G 网络是一个超复杂的网络，在 2G 时代，几万个基站就可以做全国的网络覆盖，但是到了 4G 阶段，我国的网络基站超过 500 万个。而 5G 需要做到支持 100 万台设备/km²，这个网络必须非常密集，需要大量的小基站来进行支撑。同样一个网络中，不同的终端需要不同的速率、功耗，也会使用不同的频率，对于 QoS 的要求也不同。这样的情况下，网络很容易造成相互之间的干扰。5G 网络需要采用一系列措施来保障系统性能，如不同业务在网络中的实现、各种节点间的协调方案、网络的选择以及节能配置方法等。

在超密集网络中，密集地部署使得小区边界数量剧增，小区形状也不规则，用户可能会频繁地切换。为了满足移动性需求，这就需要新的切换算法。

总之，一个复杂的、密集的、异构的、大容量的、多用户的网络，需要平衡、保持稳定、减少干扰，这需要不断完善算法来解决这些问题。

（7）网络的自组织

自组织的网络（Self-Organizing Network，SON）是5G的重要技术，这就是网络部署阶段的自规划和自配置；网络维护阶段的自优化和自愈合。自配置即新增网络节点的配置可实现即插即用，具有低成本、安装简易等优点。自规划的目的是动态进行网络规划并执行，同时满足系统的容量扩展、业务监测或优化结果等方面的需求。自愈合指系统能自动检测问题、定位问题和排除故障，大大减少维护成本并避免对网络质量和用户体验的影响。

SON技术应用于移动通信网络时，其优势体现在网络效率和维护方面，同时减少了运营商的支出和运营成本投入。现有的SON技术都是从各自网络的角度出发，自部署、自配置、自优化和自愈合等操作具有独立性和封闭性，在多网络之间缺乏协作，因此5G网络需要对SON技术进行改进。

（8）网络切片

网络切片就是把运营商的物理网络切分成多个虚拟网络，每个网络适应不同的服务需求，这可以通过时延、带宽、安全性、可靠性来划分不同的网络，以适应不同的场景。通过网络切片技术在一个独立的物理网络上切分出多个逻辑网络，从而避免了为每一个服务建设一个专用的物理网络，这样可以大大节省部署的成本。

在同一个5G网络上，通过技术手段，电信运营商可以把网络切片为智能交通、无人机、智慧医疗、智能家居以及工业控制等多个不同的网络，将其开放给不同的运营者，这样一个切片的网络在带宽、可靠性能力上也有不同的保证，计费体系、管理体系也不同。在切片的网络中，不是如4G一样，都使用一样的网络、一样的服务，服务质量不可控，而是可以向用户提供不一样的网络、不同的管理、不同的服务、不同的计费，让用户更好地使用5G网络。

（9）内容分发网络

在5G网络中，会存在大量复杂业务，尤其是一些音频、视频业务大量出现，某些业务会出现瞬时爆炸性的增长，这会影响用户的体验与感受。这就需要对网络进行改造，让网络适应内容爆发性增长的需要。

内容分发网络（Content Delivery Network，CDN）是在传统网络中添加新的层次，即智能虚拟网络。CDN系统综合考虑各节点连接状态、负载情况以及用户距离等信息，通过将相关内容分发至靠近用户的CDN代理服务器上、实现用户就近获取所需的信息，使得网络拥塞状况得以缓解，缩短响应时间，提高响应速度。

（10）设备到设备通信

这是一种基于蜂窝系统的近距离数据直接传输技术。设备到设备通信（D to D）会话的数据直接在终端之间进行传输，不需要通过基站转发，而相关的控制信令，如会话的建立、维持、无线资源分配以及计费、鉴权、识别、移动性管理等仍由蜂窝网络负责。蜂窝网络引入D to D通信，可以减轻基站负担，降低端到端的传输时延，提升频谱效率，降低终端发射功率。当无线通信基础设施损坏，或者在无线网络的覆盖盲区，终端可借助D to D实现端到端通信甚至接入蜂窝网络。在5G网络中，既可以在授权频段部署D to D通信，也可在非授权频段部署。

（11）边缘计算

在靠近物或数据源头的一侧，采用网络、计算、存储、应用核心能力为一体的开放平台，就近提供最近端服务。其应用程序在边缘侧发起，产生更快的网络服务响应，满足行业在实时业务、应用智能、安全与隐私保护等方面的基本需求。5G要实现低时延，如果数据都是要到云端和服务器中进行计算机和存储，再把指令发给终端，就无法实现低时延。边缘计算是要在基站上即建立计算和存储能力，在最短时间完成计算，发出指令。

（12）软件定义网络和网络虚拟化

软件定义网络（Software Defined Network，SDN）架构的核心特点是开放性、灵活性和可编程性。它主要分为三层。

1）基础设施层位于网络最底层，包括大量基础网络设备，该层根据控制层下发的规则处理和转发数据。

2）中间层为控制层，该层主要负责对数据转发面的资源进行编排，控制网络拓扑、收集全局状态信息等。

3）最上层为应用层，该层包括大量的应用服务，通过开放的API（Application Programming Interface，应用程序编程接口）对网络资源进行调用。网络虚拟化（Network Function Virtualization，NFV）技术作为一种新型的网络架构与构建技术，其内容包括控制与数据分离、软件化、虚拟化等技术实现思路，为突破现有网络的困境带来了一种有效的解决办法。

4. 5G网络架构设计

（1）5G系统设计

如图7-26所示，5G网络逻辑视图由三个功能平面构成：接入平面、控制平面和转发平面。

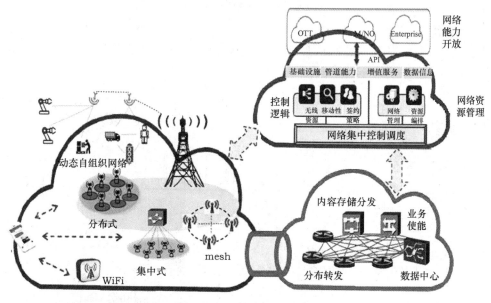

图7-26　5G网络逻辑视图

接入平面：引入多站点协作、多连接机制和多制式融合技术，构建更灵活的接入网拓扑。

控制平面：基于可重构的集中的网络控制功能，提供按需的接入、移动性和会话管理，支持精细化资源管控和全面能力开放。

转发平面：具备分布式的数据转发和处理功能，提供更动态的锚点设置，以及更丰富的业务链处理能力。

在整体逻辑架构基础上，5G 网络采用模块化功能设计模式，并通过"功能组件"的组合，构建满足不同应用场景需求的专用逻辑网络。5G 网络以控制功能为核心，以网络接入和转发功能为基础资源，向上提供管理编排和网络开放的服务，形成了管理编排层、网络控制层、网络资源层的三层网络功能视图，如图 7-27 所示。

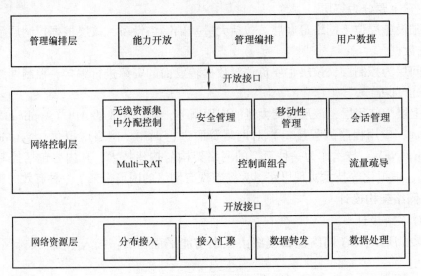

图 7-27　5G 网络功能视图

（2）5G 组网设计

1）5G 网络平台视图如图 7-28 所示。其 SDN/NFV 技术的融合将提升 5G 进一步组大网的能力。

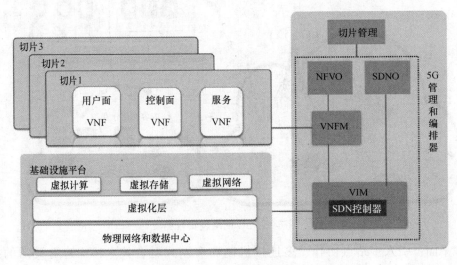

图 7-28　5G 网络平台视图

- SDN 技术实现虚拟机间的逻辑连接，构建承载信令和数据流的通路，最终实现接入网和核心网功能单元动态连接，配置端到端的业务链，实现灵活组网。
- NFV 技术则实现底层物理资源到虚拟化资源的映射，构造虚拟机（VM），加载网络逻辑功能（VNF）；虚拟化系统实现对虚拟化基础设施平台的统一管理和资源的动态重配置。

2）5G 网络组网视图如图 7-29 所示。一般来说，5G 组网功能元素可分为以下四个层次。

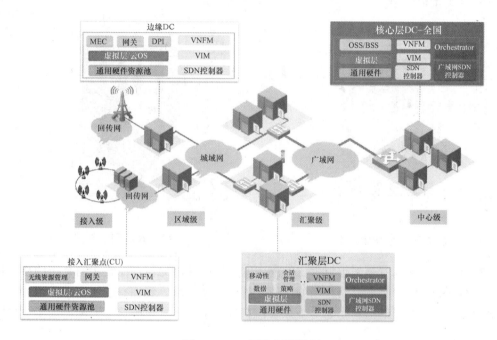

图 7-29 5G 网络组网视图

- 中心级：以控制、管理和调度职能为核心，例如虚拟化功能编排、广域数据中心互连和业务运营支撑系统（Business & Operation Support System，BOSS）等，可按需部署于全国节点，实现网络总体的监控和维护。
- 汇聚级：主要包括控制面网络功能，例如移动性管理、会话管理、用户数据和策略等。可按需部署于省份一级网络。
- 区域级：主要功能包括数据面网关功能，重点承载业务数据流，可部署于地市一级。移动边缘计算功能、业务链功能和部分控制面网络功能也可以下沉到这一级。
- 接入级：包含无线接入网的集中单元或中央单元（CU）和分布单元（DU）功能，CU 可部署在回传网络的接入层或者汇聚层；DU 部署在用户近端。CU 和 DU 间通过增强的低时延传输网络实现多点协作化功能，支持分离或一体化站点的灵活组网。

在 5G 组网实现中，借助于模块化的功能设计和高效的 NFV/SDN 平台，上述组网功能元素部署位置无须与实际地理位置严格绑定，而是可以根据每个运营商的网络规划、业务需求、流量优化、用户体验和传输成本等因素综合考虑，对不同层级的功能加以灵活整合，实现多数据中心和跨地理区域的功能部署。

7.7　移动通信终端设备

移动通信发展的方向是"全球通"，即不论人们使用什么设备或操作系统、选择哪种服务和哪一个运营商，都可以随意地通信、访问和交互信息。移动通信终端或者叫移动终端，是指可以在移动中使用的通信设备，广义地讲包括手机、笔记本电脑、平板电脑、POS 机甚至车载电脑。但是大部分情况下是指手机或者具有多种应用功能的智能手机（见图 7-30 及图 7-31）以及平板电脑。

图 7-30　华为荣耀手机

图 7-31　苹果手机

随着网络和技术朝着越来越宽带化的方向的发展，移动通信产业将走向真正的移动信息时代。另一方面，随着集成电路技术的飞速发展，移动终端已经拥有了强大的处理能力，移动终端正在从简单的通话工具变为一个综合信息处理平台。这也给移动终端增加了更加宽广的发展空间。

7.7.1　认识手机

手机实际上就是一部无线电装置。1876 年，贝尔发明了电话；1894 年，一位年轻的意大利人马可尼正式提出无线电的概念。最终，这两种技术结合到了一起，才有了手机。1973年 4 月，美国著名的摩托罗拉公司工程技术员马丁·库帕（见图 7-32）发明了世界上第一部推向民用的手机，马丁·库帕从此也被称为"手机之父"。

图 7-32　手机之父——马丁·库帕

其实，手机这个概念早在 20 世纪 40 年代就出现了。当时是美国最大的通讯公司贝尔实验室开始试制的。1946 年，贝尔实验室造出了第一部所谓的移动通信电话。但是由于体积太大，研究人员只能把它放在实验室的架子上，慢慢人们就淡忘了。

1. 手机的分类

手机作为人们日常生活的必需品，其种类也是多样化的。不同类型的手机具有不同的特点。手机按照其是否具有操作系统可分为智能手机与非智能手机。智能手机是基于操作系统的手机，其功能更加强大，安装应用更加方便，应用程序也是多种多样，因此颇受用户喜爱。现在绝大多数的手机都是智能手机，其主流操作系统有 Google 公司开发的 Android 操作系统与苹果公司开发的 iSO 操作系统。但由于 Android 操作系统是基于 Linux 内核的操作系统，并且是开源的，因此有许多深度开发的操作系统如锤子科技的 Smartisan 系统，小米 MI-UI 系统等。非智能手机随着智能手机的崛起逐渐低迷，非智能手机使用各大公司自己的系统，具有封闭性，如是诺基亚公司的 Symbian 系统等。

手机根据支持的网络不同可以分为 GSM 手机、CDMA 手机、3G 手机和 4G 手机等。不同的手机使用不同的编解码方式，同时功能也不同。GSM、CDMA 手机主要用于电话服务业务，而 3G 与 4G 以及即将出现的 5G 手机主要是为了满足用户访问因特网等大数据量或特大数据量而产生的，不同的网络访问模式使用不同的技术。

按照手机的主要功能分为商务手机、拍照手机和音乐手机。商务手机更加突出商务功能，例如待机时长更长、拥有抗窃听功能、具有各种防火墙等，以保证商务人员的个人隐私及商业机密等不被泄密并方便其办公等。音乐手机不是 MP3 手机，音乐手机有多样的音频解码方式、较高容量的存储介质、通用兼容的耳机接口类型、持久的电池续航力、具有方便音乐来源和简单印业管理等功能，而 MP3 仅仅只是音乐手机能够支持格式中的一种。拍照手机很好地将手机功能与数字式照相机的功能结合在了一起，拍照手机灵活多变，便携性强，用户可以随时使用手机来进行拍照而不用时刻带着数字式照相机，并且拍完照片还可以以多媒体短信的形式发送或者上传网络等。

还有其他分类方法。如可以把手机分为折叠式（单屏、双屏）、直立式、滑盖式、旋转式等几类。这里就不再详细讨论。

2. 手机功能

提到手机功能，很多人马上会想到打电话、发短信、上网、拍照等，这些均属于手机的基本功能。目前移动通信已经基本实现了人与人的互联，人与互联网的互联，接着人类将迎来人与物、物与物之间互联的物联网时代，而物联网的重要基础之一就是移动通信技术。届时，手机用途将大大增加，"随时、随地、无所不在"将成为移动通信的基本特征。因此，未来手机应用将取代手机技术成为移动通信领域的主角，开发手机新用途将是未来行业竞争的焦点。

（1）与通话相关的功能

通话是手机的最基本的功能，在此基础上现在的智能手机还增加了如语音、视频通话、短信、联系人存储、号码归属地、输入法等一些功能。

（2）与摄像头相关的功能

如拍照、文字识别、条码及二维码扫描、录像、录音、摄像头、视频监控、监听、行车记录等，这些功能都是一些扩展功能，一般基于智能手机。这些功能简化了人们生活，给人们生活带来了便利。

（3）与娱乐相关的功能

如游戏、电视直播、蓝牙传输、收音机、手电筒、视频、音频播放、K歌、图片浏览等，这些功能使人们的生活更加丰富多彩，带给人们许多欢乐。

（4）与上网、阅读相关的功能

如网页浏览、购物、支付、新闻、天气、电子书、语音朗读、下载、邮件收发等，这些方便了人们进行信息的获取、充电及办公。

（5）与计算、测量相关的功能

如计算、换算、长度角度测量、垂直度和水平度测量、声音测量、脉搏测量、光线测量、方向指南、GPS、日历、农历节日节气、日程、提醒等，极大地方便了人们的工作、生产和生活。

（6）与文档编辑、查询相关的功能

如文档编辑、浏览、存储、字典查询、翻译、火车公交查询、地图查询等，这些功能极大地促进了人们的工作效率以及旅行体验等。

随着科技的进步，手机的应用越来越广泛地渗透到我们生活的方方面面，还可以是指尖上的银行、影院、教室；可以提供定位服务；甚至可以远程操纵家中的电器设备等。因用途不同，附加功能就不同，今后一定还会出现层出不穷的新技术、新应用。

7.7.2　手机的结构

1. 整机结构

手机功能的越来越强大离不开其整机结构的快速发展。当前主流的手机基本上均是智能手机，因此这里仅讨论智能手机的整机结构。

智能手机硬件结构原理图如图7-33所示，其大致分为处理器、存储器、无线Modem部分以及按键屏幕等外设部分。

（1）处理器

处理器即图中的主处理器部分，主处理器主要运行手机操作系统及处理外设传回来的消息。主处理器是整个手机硬件系统的核心部分，它在手机中扮演大脑的角色，所有的外设均要听从它的分配，因此手机性能的高低和主处理器有极大的关系。现在手机的主处理器一般是16核，运行速度很快。

（2）存储器

存储器分为三部分，如图中的SDRAM、NAND Flash、SD卡等。存储器中存储着操作系统、个人文件等信息，是手机硬件系统中的重要组成部分，与主处理器共同扮演着大脑的角色。存储器还可以用来存储手机工作需要的信息（程序和数据）的部件，构成手机的信息记忆功能。

（3）无线Modem

无线Modem部分是手机通信过程中的主要部分，无线Modem是在手机通信的过程中，将数字信号在具有有限带宽的模拟信道上进行无线传输而设计的。一般由基带处理、调制解调、信号放大和滤波、均衡等几部分组成；无线Modem又名无线调制解调器。调制是将电信号转换成模拟信号的过程，解调是将模拟信号又还原成电信号的过程，它的特殊之处就在于其是用于无线传输的。

（4）外设

其他外设部分属于人机接口，如按键、屏幕、传声器、扬声器等，类似于人的躯干、四肢、眼睛及耳朵等部分。人们可以利用外设部分完成对手机的操作，或者主处理器使用外设来感知世界及接受人们操作并返回结果。

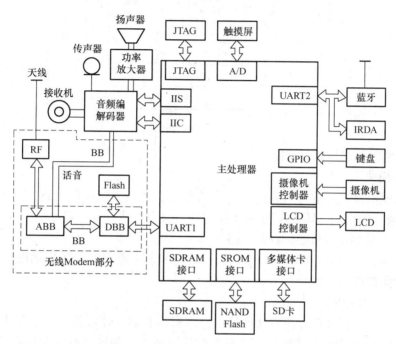

图 7-33　智能手机硬件结构原理图

2. 手机电路

数字手机电路如图 7-34 所示，可分为射频电路与逻辑音频电路两大部分。其中射频电路包含从天线到接收机的解调输出与发射的 I/O（输入/输出）调制到功率放大器输出部分的电路；逻辑音频包含从接收解调到接收音频输出、发射话音拾取（送话器电路）到发射 I/O 调制器及逻辑电路部分的中央处理单元、数字语音处理及各种存储器电路等。手机电路由以下若干模块构成。

（1）射频模块

射频的接收通道主要将天线接收到的微弱信号进行放大、混频和解调，恢复出（接收）I、Q 信号（通信中的两路信号）供基带单元使用。射频的发射通道主要将基带单元输出的（发射）I、Q 信号进行调制、放大，处理成一定功率的发射信号，由天线发射出去。

（2）基带单元

发信时，基带单元将消息识别码（Message Identification Code，MIC）输出的模拟语音信号进行处理，形成模拟的 I、Q 信号，送到射频单元进行处理。收信时，将射频单元产生的模拟基带 I、Q 信号进行处理，恢复出模拟的语音信号。

（3）控制单元

实现对手机系统的控制，包括协议处理、射频电路控制、基带电路控制、键盘输入、显

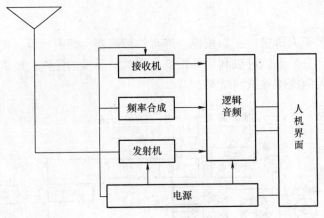

图 7-34　手机电路简图

示输出、卡电路及接口电路等功能。

（4）电源模块

为各单元模块提供合适的电源电压。包括电压变换和适配接口电路，开机与关机的电路，电源复位、自锁、维修信号产生及欠压检测电路，电池充电电路等。

（5）以中央处理器为核心的控制电路

手机电路中，以中央处理器（CPU）为核心的控制电路其基本组成如图7-35所示。其各组成部分功能简单介绍如下。

1）中央处理器CPU。

CPU是一个4位或8位专用单片计算机，内有控制器、计数器、程序存储器、定时器、运算器等。CPU处理的是二进制数，是整机的控制核心。如控制收、发信机按TDMA时隙工作，控制发信机的发射功率等级，控制电源的开、关机，向PLL提供编程数据，检测信号场强、电池电压等。另外CPU要正常工作还必须有主时钟，它提供给CPU的工作节拍脉冲。如果没有时钟CPU就没有办法工作。

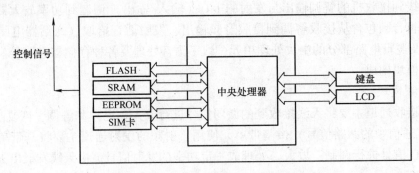

图 7-35　以中央处理器为核心的控制电路

2）键盘。

键盘的作用是传达操作者的要求，是人机对话的窗口。CPU与键盘之间有若干个纵横交错的线（也称行线与列线），并在行列线上跨着按键。如图7-36所示。当然，目前的智能手机均采用软键盘方式，其电路结构与图7-36所示电路有较大差异，但从目标功能来看，

192

其原理本质上是相似的。

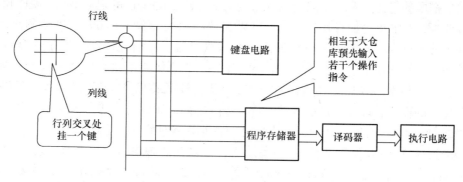

图 7-36　键盘矩阵

3）显示屏。

手机的显示屏有发光二极管屏（LED）和液晶屏（LCD），屏面用 LED 或 LCD 点阵组成，用来显示数码和文字。

4）接口电路。

接口电路是 CPU 和被控制对象间的"桥路"。接口电路有多种形式：缓冲器、驱动器、译码器、A/D 和 D/A 转换器等。

7.7.3　手机的操作系统

手机的操作系统主要应用于智能手机或者平板电脑上。智能手机与非智能手机的主要区别为是否基于操作系统平台的功能扩展。当前智能手机的主流操作系统有谷歌公司的 Android 系统和苹果公司的 iOS 操作系统，另外还有像 Windows Phone、BlackBerry OS 等操作系统。

1. Android 操作系统

Android 操作系统是由谷歌公司基于 Linux 内核研发的手机操作系统。其应用程序接口是基于 Java 的开发的，编程语言是 Java。Android 操作系统采用了软件堆层（Software Stack，又名软件叠层）的架构。底层 Linux 内核只提供基本功能；其他的应用软件则由各公司自行开发，部分程序以 Java 编写。

Android 平台最大优势是开发性，允许任何移动终端厂商、用户和应用开发商加入到 Android 联盟中来，允许众多的厂商推出功能各具特色的应用产品。平台提供给第三方开发商宽泛、自由的开发环境，由此会诞生丰富的、实用性好、新颖、别致的应用。产品具备触摸屏、高级图形显示和上网功能，界面友好，是移动终端的 Web 应用平台。

许多厂商根据各自的需要开发了基于 Android 的操作系统，如锤子科技团队的 Smartisan 和小米 MIUI 系统等。

2. iOS 操作系统

iOS 是由苹果公司开发的手持设备操作系统。iOS 系统应用文件是基于 Object-C 进行开发的，近年来苹果公司将开发语言 Object-C 替换为更加便捷高效的 Swift 语言。iOS 的产品有如下特点。

优雅直观的界面。iOS 创新的 Multi-Touch 界面专为手指而设计，苹果公司特别注重用户的个人体验。

软硬件搭配的优化组合。苹果公司同时制造的 iPad、iPhone 和 iPod Touch 硬件和操作系统都可以匹配，高度整合使应用（App）得以充分利用视网膜（Retina）屏幕的显示技术、多点式触控屏幕技术（Multi-Touch）界面、加速感应器、三轴陀螺仪、加速图形功能以及更多硬件功能。视频通话软件（Face Time）就是一个绝佳典范，它使用前后两个摄像头、显示屏、麦克风和 WLAN 网络连接，使得 iOS 是优化程度最好、最快的移动操作系统。

安全可靠的设计。设计了低层级的硬件和固件功能，用以防止恶意软件和病毒；还设计有高层级的 OS 功能，有助于在访问个人信息和企业数据时确保安全性。

多种语言支持。iOS 设备支持 30 多种语言，可以在各种语言之间切换。内置词典支持 50 多种语言，语音辅助程序（Voiceover）可阅读超过 35 种语言的屏幕内容，语音控制功能可读懂 20 多种语言。

新用户界面（UI）的优点是视觉轻盈，色彩丰富，更显时尚气息。控制中心（Control Center）的引入让操控更为简便，扁平化的设计能在某种程度上减轻跨平台的应用设计压力。

由于 iOS 操作系统具有流畅和方便的操作特性以及美观的界面等优点，因此长期以来一直被用户所喜爱。

3. 其他操作系统

微软公司发布的智能手机操作系统 Windows Phone。Windows Phone 具有桌面定制、图标拖曳、滑动控制等一系列前卫的操作。Windows Phone 还具有以下特点：增强的 Windows Live，更好的电子邮件，Office Mobile 办公套装，包括 Word、Excel、PowerPoint 等组件，Windows Phone 的短信功能集成了 Live Messenger（俗称 MSN），在手机上使用 Windows Live Media Manager 同步文件，使用 Windows Media Player 播放媒体文件。这些性能将极大提升 Windows Phone 的吸引力。

BlackBerry OS 是 Research In Motion 专用的操作系统，由第三方开发。第三方软件开发商可以利用 APIs 以及专有的 BlackBerry APIs 编写软件，但任何应用程序，如需使它限制使用某些功能，必须附有数码签署（Digitally Signed），以便用户能够联系到 RIM 公司开发者的账户。这种签署的程序能保障开发者的申请有效，但并不能保证它的质量或安全代码。

随着移动业务的发展，手机操作系统的种类也越来越多，用户体验也越来越好，操作系统性能也有很大的提高。

思考题与习题

7-1　什么是移动通信？其主要特点是什么？

7-2　简述移动通信发展的四个阶段。

7-3　从 1G 到 4G，各有什么特点？试分别简述。

7-4　移动通信中主要干扰有哪些？它们是如何产生的？

7-5　从 2G 到 5G，它们各自工作在什么频段？选择这些频段所考量的依据是什么？

7-6　移动通信的工作方式有哪些？各有什么特点？

7-7　移动通信网的基本网络结构包括哪些功能？

7-8　简述大区制小容量和小区制大容量的概念、特点及应用场合。

7-9　为什么蜂窝网通信可以实现小区制大容量通信？

7-10　移动通信中常采用哪些多址接入方式？各有什么特点？

7-11　说明通信系统容量、话务量及呼损的概念。它们是如何计算的？

7-12　移动通信系统的分类方法有哪几种？

7-13　移动通信的应用系统有哪几种？各有什么特点及分别应用在什么场合？

7-14　试画出 GSM 网络结构组成框图，并简要说明各组成部分的作用。

7-15　试画出 GPRS 网络结构组成框图，并简要说明各组成部分的作用。

7-16　试画出 3G 网络结构组成框图，并简要说明各组成部分的作用。

7-17　试画出 4G 网络结构组成框图，并简要说明各组成部分的作用。

7-18　试说明 5G 网络的主要技术特征和三大应用场景。相比较 4G 网络而言，5G 网络有哪些突出的优势？

7-19　智能手机与非智能手机有什么不同？4G 智能手机一般具备哪些功能？

7-20　试画出智能手机硬件结构组成框图，并说明各组成部分的作用。

7-21　目前主流的手机操作系统有哪些？分别有什么特点？

参 考 文 献

［1］陈立万. 信号与线性系统 ［M］. 北京：机械工业出版社，2006.

［2］吴大正. 信号与线性系统分析 ［M］. 4 版. 北京：高等教育出版社，2005.

［3］黄亚平. 高频电子技术 ［M］. 北京：机械工业出版社，2009.

［4］林春方. 高频电子线路 ［M］. 北京：电子工业出版社，2010.

［5］张肃文. 高频电子线路 ［M］. 5 版. 北京：高等教育出版社，2009.

［6］刘学观，郭辉萍. 微波技术与天线 ［M］. 3 版. 西安：西安电子科技大学出版社，2015.

［7］龚佑红，周友兵. 数字通信技术及应用 ［M］. 北京：电子工业出版社，2011.

［8］王兴亮，寇媛媛. 数字通信原理与技术 ［M］. 4 版. 西安：西安电子科技大学出版社，2016.

［9］崔雁松. 移动通信技术 ［M］. 2 版. 西安：西安电子科技大学出版社，2015.

［10］邹铁刚，孟庆斌. 移动通信技术及应用 ［M］. 北京：清华大学出版社，2013.